中国通信学会普及与教育工作委员会推荐教材

21世纪高职高专电子信息类规划教材 · 移动通信系列
21 Shiji Gaozhi Gaozhuan Dianzi Xinxilei Guihua Jiaocai

LTE 无线网络优化

张敏 主编
杨学辉 毕杨 蒋招金 副主编

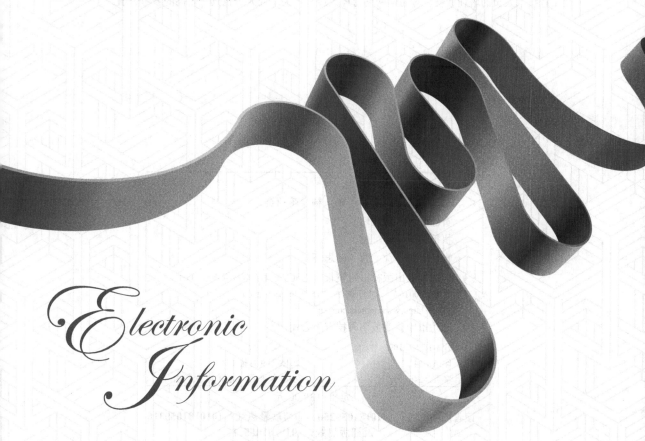

Electronic Information

人 民 邮 电 出 版 社
北 京

图书在版编目（CIP）数据

LTE无线网络优化 / 张敏主编. -- 北京 : 人民邮电出版社, 2015.9（2023.8重印）
21世纪高职高专电子信息类规划教材
ISBN 978-7-115-39486-6

Ⅰ. ①L… Ⅱ. ①张… Ⅲ. ①无线电通信－移动网－高等职业教育－教材 Ⅳ. ①TN929.5

中国版本图书馆CIP数据核字(2015)第181200号

内 容 提 要

本书共分为 8 个项目，主要介绍了 LTE 基本原理及关键技术、LTE 无线网络规划、LTE 基本信令流程；从项目化的角度，重点介绍了 LTE 覆盖、接入、小区选择和重选、切换和功率控制等问题的优化，并以大量实际工程案例说明了目前工程中覆盖、接入、切换等问题的优化方法。

本书既可作为高职高专通信技术、移动通信技术类专业的教材，也可作为广大网络规划与网络优化工程技术人员的培训教材，对通信网络管理人员和相关从业人员也具有较高的参考价值。

◆ 主　　编　张　敏
副 主 编　杨学辉　毕　杨　蒋招金
责任编辑　张孟玮
执行编辑　李　召
责任印制　沈　蓉　彭志环

◆ 人民邮电出版社出版发行　　北京市丰台区成寿寺路 11 号
邮编　100164　　电子邮件　315@ptpress.com.cn
网址　http://www.ptpress.com.cn
廊坊市印艺阁数字科技有限公司印刷

◆ 开本：787×1092　1/16
印张：14　　2015 年 9 月第 1 版
字数：346 千字　　2023 年 8 月河北第 15 次印刷

定价：39.00 元

读者服务热线：(010)81055256　印装质量热线：(010)81055316
反盗版热线：(010)81055315
广告经营许可证：京东市监广登字20170147号

前 言

为了培养适应现代电信技术发展的应用型、技能型高级专业人才，保证4G技术优质高效推广应用，促进电信行业发展，我们在总结多年教学实践和工作实践的基础上，组织专业老师和企业专家编写《LTE 无线网络优化》一书。本书采用项目任务驱动式的内容结构形式，全面介绍LTE无线网络优化，分为8个项目。项目1是LTE概述，项目2是LTE基本原理及关键技术，项目3是LTE基本信令流程，项目4是LTE覆盖问题优化，项目5是接入问题优化，项目6是小区选择和重选问题优化，项目7是切换问题优化，项目8是功率控制问题优化。

本书在编写过程中，坚持“以就业为导向，以能力培养为本位”的改革方向；打破传统学科教材编写思路，根据岗位任务需要合理划分模块；做到“理论够用、突出岗位知识、重视技能应用、引入实践活动”的编写理念；较好地体现了面向应用型人才培养的高职高专教育特色。

本书由湖南邮电职业技术学院《LTE 无线网络优化》编写组编写，张敏担任主编。项目1、项目3和项目5由张敏编写，项目2和项目4由杨学辉编写，项目6由蒋招金编写，项目7和项目8由毕杨编写，全书由张敏统稿并主审。

在本书的编写和审稿过程中，得到了湖南邮电职业技术学院领导和老师、中兴通讯NC学院、中国电信湖南邮电规划设计院有限公司4G技术专家的大力支持和热心帮助并提出了很多有益的宝贵意见。本书的素材来自大量的参考文献和4G技术应用经验，特此感谢。

由于水平和时间的限制，书中错误和不当之处在所难免，敬请大家在使用过程中指正错误，并提供宝贵意见，以使本教材再版时提高质量。

编　者

目　录

项目 1 LTE 概述

【知识目标】掌握 LTE 演进需求及网络架构；领会移动通信演进历程、频谱划分；掌握 3GPP 要求 LTE 支持的主要指标和需求、系统结构，领会无线协议结构、S1 接口和 X2 接口、天线基础知识、天线选型；掌握 LTE 无线网络规划概述、频率规划、码规划、LTE 无线网络优化流程与方法、LTE RF 优化的基本性能指标；了解 LTE 覆盖规划、LTE 容量规划。

【技能目标】能够进行 LTE 项目进展和 LTE 频谱规划资料收集；会 S1 接口简单信令分析、读懂 LTE 天线参数表、LTE 无线网优基本性能指标测试；能够进行 LTE 无线网络覆盖规划、容量仿真和 LTE 参数规划。

任务 1　概述

【工作任务单】

工作任务单名称	概述	建议课时	2
工作任务内容： 1. 掌握移动通信演进历程； 2. 掌握 LTE 演进需求及网络架构； 3. 进行 LTE 网络发展情况资料收集			
工作任务设计： 首先，单个学生通过 Internet 进行 LTE 网络发展资料收集； 其次，分组进行资料归纳，总结国际国内 LTE 的发展现状； 最后，教师讲解移动通信演进历程、LTE 演进需求及网络架构知识点			
建议教学方法	教师讲解、情景模拟、分组讨论	教学地点	实训室

【知识链接 1】 移动通信演进历程

1．移动通信演进过程概述

移动通信发展的最终目标是实现任何人可以在任何时候、任何地方与其他任何人以任何方式进行通信。蜂窝移动通信系统从 20 世纪 70 年代发展至今，根据其发展历程和发展方向，可以划分为四个阶段，即：第一代，模拟蜂窝通信系统，简称 1G；第二代，数字蜂窝移动通信系统，简称 2G；第三代，国际移动通信（IMT-2000），简称 3G；第四代，高级国际移动通信（IMT-Advanced），简称 4G。

移动通信从 2G、3G 到 4G 的发展过程，是从低速语音业务到高速多媒体业务发展的过程。第三代合作伙伴计划（3GPP）正逐渐完善 R8 的 LTE 标准：2008 年 12 月 R8 LTE RAN1 冻结，2008 年 12 月 R8 LTE RAN2、RAN3、RAN4 完成功能冻结，2009 年 3 月 R8 LTE 标准完成，此协议的完成能够满足 LTE 系统首次商用的基本功能。无线通信技术发展和演进过程如图 1-1 所示。

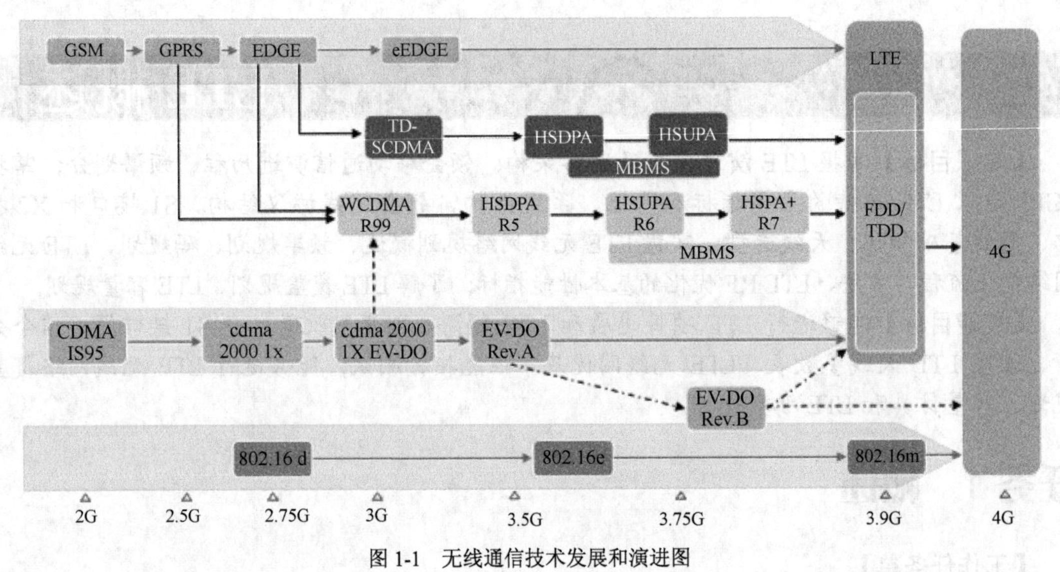

图 1-1　无线通信技术发展和演进图

2. 3G 技术演进过程

在 1985 年，国际电信联盟（ITU）提出了第三代移动通信系统的概念，当时被称为未来公共陆地移动通信系统。后来考虑该系统预计在 2000 年左右开始商用，且工作于 2000 MHz 的频段，故 1996 年 ITU 采纳日本等国的建议，将 FPLMTS 更名为国际移动通信系统（IMT-2000）。

目前国际上最具代表性的第三代移动通信技术标准有三种，它们分别是：cdma2000、WCDMA、TD-SCDMA。其中，cdma2000 和 WCDMA 属于频分双工（FDD）方式；TD-SCDMA 属于时分双工（TDD）方式，其上、下行工作于同一频率。

3 种 3G 制式的对比见表 1-1。

表 1-1　　3 种 3G 制式的对比

比较项目	TD-SCDMA	WCDMA	1X EV-DO
继承基础	GSM	窄带 CDMA	GSM
同步方式	异步	同步	同步
码片速率	3.84Mchip/s	1.2288Mchip/s	1.28Mchip/s
系统带宽	5MHz	1.25MHz	1.6MHz
核心网	GSM MAP	ANSI-41	GSM MAP
语音编码方式	AMR	QCELP,EVRC,VMR-WB	AMR

（1）WCDMA 技术演进过程

WCDMA 的技术演进过程如图 1-2 所示。

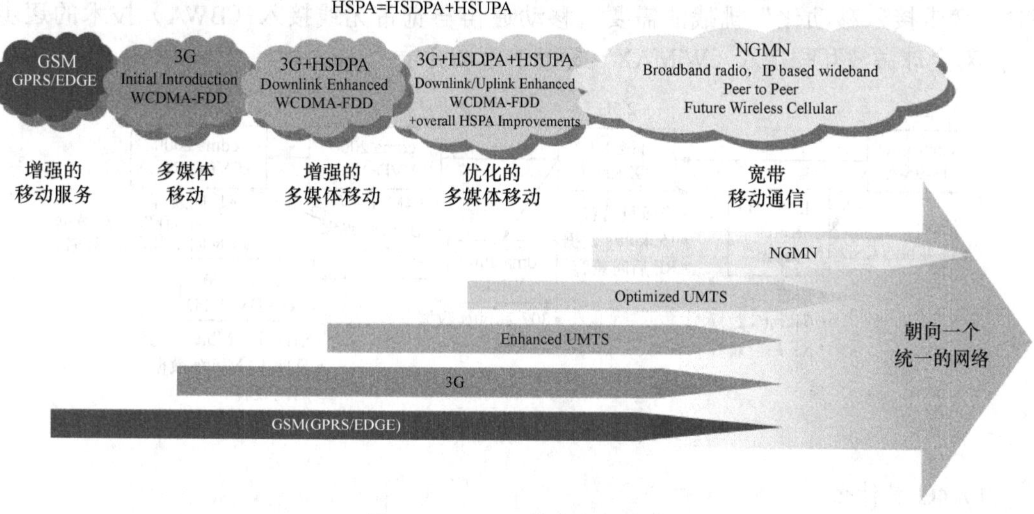

图 1-2　WCDMA 技术演进过程

（2）TD-SCDMA 技术演进过程

TD 演进可分为两个阶段，CDMA 技术标准阶段和 OFDMA 技术标准阶段。CDMA 技术标准阶段可平滑演进到 HSPA+。频谱效率接近 LTE。TD-SCDMA 技术演进过程如图 1-3 所示。

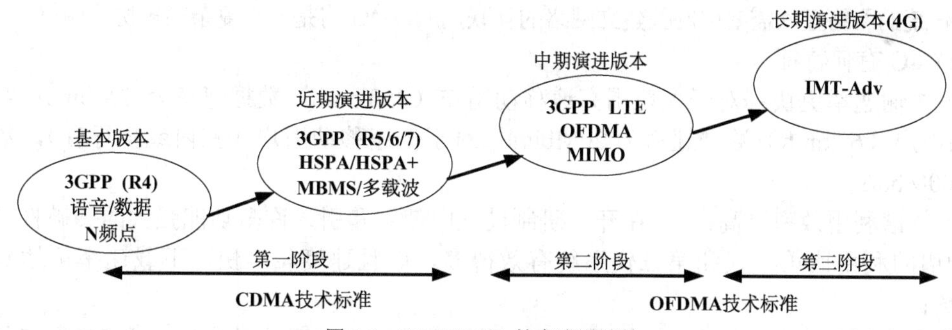

图 1-3　TD-SCDMA 技术演进过程

（3）cdma2000 技术演进过程

cdma One 是基于 IS-95 标准的各种 CDMA 产品的总称，即所有基于 cdma One 技术的产品，其核心技术均以 IS-95 作为标准。cdma2000 1x 在 1.25MHz 频谱带宽内，单载扇提供 307.2kbit/s 高速分组数据速率，1xEV-DO Rev.0 提供 2.4Mbit/s 下行峰值速率，Rev.A 提供 3.1Mbit/s 下行峰值速率。cdma 2000 技术演进过程如图 1-4 所示。

3．4G 是什么

长期演进计划（Long Term Evolution，LTE）项目启动的背景是：其一，基于 CDMA 技

术的 3G 标准在通过高速下行分组接入（HSDPA）以及增强型上行链路（Enhanced Uplink）等技术增强之后，可以保证未来几年内的竞争力，但需要考虑如何保证在更长时间内的竞争力。其二，在正交频率复用（OFDM）、多天线、调度、反馈等技术领域的研究成熟度已基本可以支撑标准化和产品开发的需要。其三，基于通信产业对“移动通信宽带化”的认识和应对“宽带接入移动化”挑战的需要，移动通信与宽带无线接入（BWA）技术的逐步融合，应对全球微波互联接入（WiMAX）标准的市场竞争。

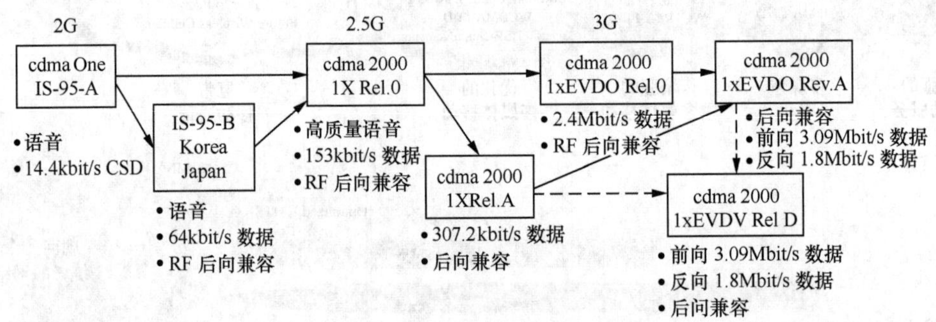

图 1-4　cdma2000 技术演进过程

（1）4G 是什么

4G 就是第四代移动通信系统。第四代移动通信系统可称为宽带接入和分布式网络，其网络结构将是一个采用全 IP 的网络结构。4G 网络采用许多关键技术来支撑，包括：正交频率复用技术（Orthogonal Frequency Division Multiplexing，OFDM），多载波调制技术，自适应调制和编码（Adaptive Modulation and Coding，AMC）技术，多入多出（Multiple Input Multiple Output，MIMO）和智能天线技术，基于 IP 的核心网，软件无线电技术以及网络优化和安全性等。另外，为了与传统的网络互联需要用网关建立网络的互联，所以 4G 将是一个复杂的多协议网络。

（2）4G 有何特征

① 传输速率更快：对于大范围高速移动用户（250km/h）数据速率为 2Mbit/s；对于中速移动用户（60km/h）数据速率为 20Mbit/s；对于低速移动用户（室内或步行者），数据速率为 100Mbit/s；

② 频谱利用效率更高：4G 在开发研制过程中使用和引入许多功能强大的突破性技术，无线频谱的利用比第二代和第三代系统有效得多，而且速度相当快，下载速率可达到 5～10Mbit/s；

③ 网络频谱更宽：每个 4G 信道将会占用 100MHz 或是更多的带宽，而 3G 网络的带宽则在 5～20MHz 之间。

④ 容量更大：4G 将采用新的网络技术（如空分多址技术等）来大幅度地提高系统容量，以满足未来大信息量的需求。

⑤ 灵活性更强：4G 系统采用智能技术，可自适应地进行资源分配，采用智能信号处理技术对信道条件不同的各种复杂环境进行信号的正常收发。另外，用户将使用各式各样的设备接入到 4G 系统。

⑥ 实现更高质量的多媒体通信：4G 网络的无线多媒体通信服务将包括语音、数据、影像等，大量信息透过宽频信道传送出去，让用户可以在任何时间、任何地点接入到系统中，因此 4G 也是一种实时的宽带的以及无缝覆盖的多媒体移动通信。

⑦ 兼容性更平滑：4G 系统应具备全球漫游，接口开放，能跟多种网络互联，终端多样化以及能从第三代平稳过渡等特点。

（3）4G 牌照下发

4G 牌照是无线通信与国际互联网等多媒体通信结合的第 4 代移动通信技术（4G）的经营许可权。许可权由中华人民共和国工业和信息化部许可发放。4G 是第四代移动通信及其技术的简称，是集 3G 与 WLAN 于一体并能够传输高质量视频图像且图像传输质量与高清晰度电视不相上下的技术产品。2013 年 12 月 4 日，工信部正式向三大运营商发布 4G 牌照，中国移动、中国电信和中国联通均获得 TD-LTE 牌照。

【想一想】

1．无线通信技术的发展和演进过程。

2．4G 是什么？有何特征？

【知识链接 2】 LTE 演进需求及网络架构

1．LTE 演进需求

（1）LTE 项目启动的背景

其一，基于 CDMA 技术的 3G 标准在通过高速下行分组接入（HSDPA）以及上行增强（Enhanced Uplink）等技术增强之后，可以保证未来几年内的竞争力，但需要考虑如何保证在更长时间内的竞争力。其二，在 OFDM、多天线、调度、反馈等技术领域的研究成熟度已基本可以支撑标准化和产品开发的需要。其三，基于通信产业对“移动通信宽带化”的认识和应对“宽带接入移动化”挑战的需要，移动通信与宽带无线接入（BWA）技术的逐步融合，应对 WiMAX 标准的市场竞争。

（2）LTE 标准进展

LTE 项目的时间进展如图 1-5 所示。3GPP 于 2004 年 12 月开始 LTE 相关的标准工作，长期演进计划（Long Term Evolution，LTE）是关于 UTRAN 和 UTRA 改进的项目。3GPP 标准制定分为 LTE 研究阶段（Study Item，SI）和 LTE 工作阶段（Work Item，WI）。LTE 研究阶段原定于 2006 年 6 月完成，但在 2006 年 9 月才最终完成，延迟了 3 个月；LTE 工作阶段原定于 2007 年 6 月完成，但直到 2008 年底才基本完成。

SI 又可以称为第 1 阶段（Stage 1），这个阶段主要是以研究的形式确定 LTE 的基本框架和主要技术选择，对 LTE 标准化的可行性作出判断。WI 阶段包括第 2 阶段（Stage 2）和第 3 阶段（Stage 3）。Stage 2 是对 Stage 1 中初步讨论的系统基本框架进行确认，并进一步丰富系统的细节，形成规范 TR36.300。Stage 3 则最终完成 R8 LTE 规范。

LTE SI 阶段由于尚未对 LTE WI 正式立项，故沿用了原来 RAN 使用的 25 系列为 SI 各个研究报告编号，如需求报告（TR25.913）、RAN1 研究报告（TR25.814）、RAN2 研究报告（TR25.813）、RAN3 研究报告（R3.018）等一系列研究报告。2006 年 9 月，RAN 通过 LTE WI 立项申请，WI 正式开始。3GPP 将 36 系列的规范编号分配给了 LTE 专用，如 LTE 物理层总体描述（TS36.201）、复用和信道编码（TS36.212）、物理层提供的服务（TS36.302）、架构描述（TS36.401）等 30 多个 LTE 技术规范。

3GPP 以工作组（WG）的方式工作，与 LTE 直接相关的是 RAN1/2/3/4/5 工作组。

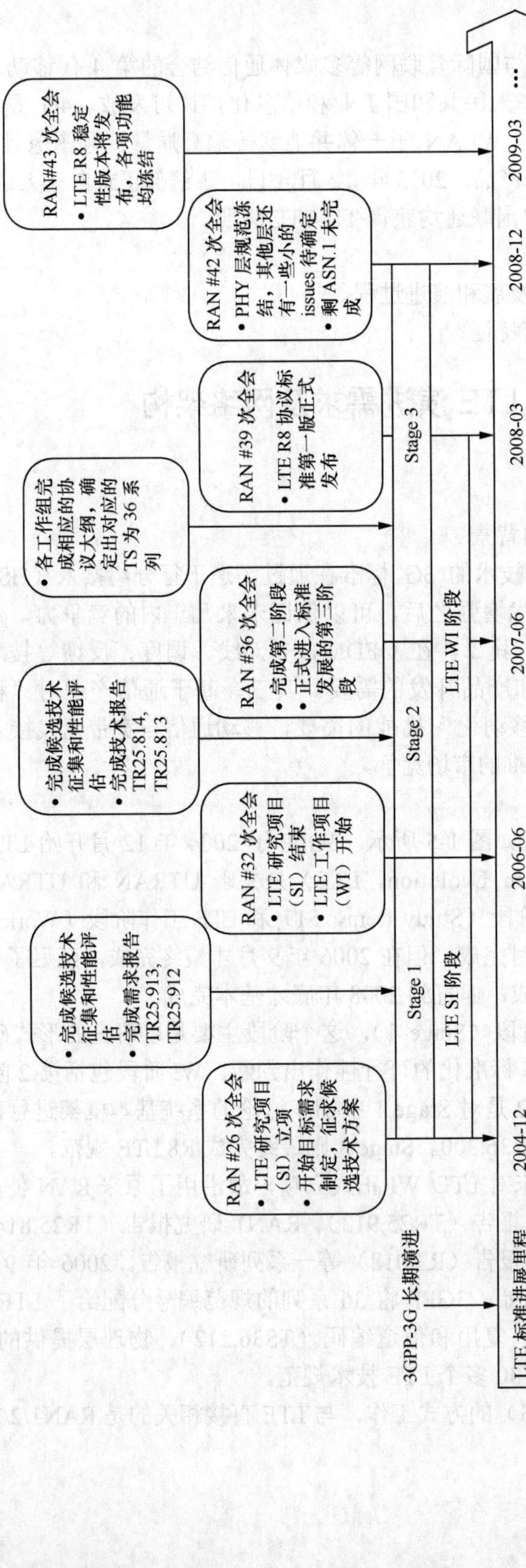

RAN #26 次全会
- LTE 研究项目（SI）立项
- 开始目标需求制定，征求候选技术方案

- 完成候选技术征集和性能评估
- 完成需求报告 TR25.913，TR25.912

RAN #32 次全会
- LTE 研究项目（SI）结束
- LTE 工作项目（WI）开始

- 完成候选技术征集和性能评估
- 完成技术报告 TR25.814，TR25.813

RAN #36 次全会
- 完成第二阶段
- 正式进入标准发展的第三阶段

- 各工作组完成相应的协议大纲，确定出对应的 TS 为 36 系列

RAN #39 次全会
- LTE R8 协议标准第一版正式发布

RAN #42 次全会
- PHY 层规范冻结，其他层还有一些小的 issues 待确定
- 剩 ASN.1 未完成

RAN#43 次全会
- LTE R8 稳定性版本将发布，各项功能均冻结

3GPP-3G 长期演进

Stage 1　Stage 2　Stage 3

LTE SI 阶段　LTE WI 阶段

LTE 标准进展里程　2004-12　2006-06　2007-06　2008-03　2008-12　2009-03　…

图 1-5　LTE 项目的时间进展

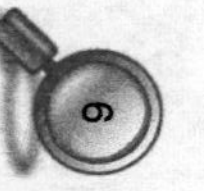

（3）3GPP 组织架构

第 3 代合作伙伴计划（3rd Generation Partnership Project，3GPP）于 1998 年 12 月成立，是一个由无线工业及商贸联合会（ARIB）、中国通信标准化协会（CCSA）、欧洲电信标准研究所（ESTI）、电信行业解决方案联盟（ATIS）、电信技术协会（TTA）和电信技术委员会（TTC）合作成立的通信标准化组织。

按照 3GPP 成立之初确定的工作范畴，3GPP 只能开展与 IMT2000 相关的研究和标准化工作。2007 年 7 月，3GPP 合作伙伴（Organizational Partners，OP）会议专门通过了扩大 3GPP 工作范围的决议，使 3GPP 可以开展针对 IMT-Advanced 的工作，这项工作即先进 LTE（LTE-Advanced）。

3GPP 的基本组织结构如图 1-6 所示，主要分为 4 个技术规范组（Technical Specification Group，TSG）。

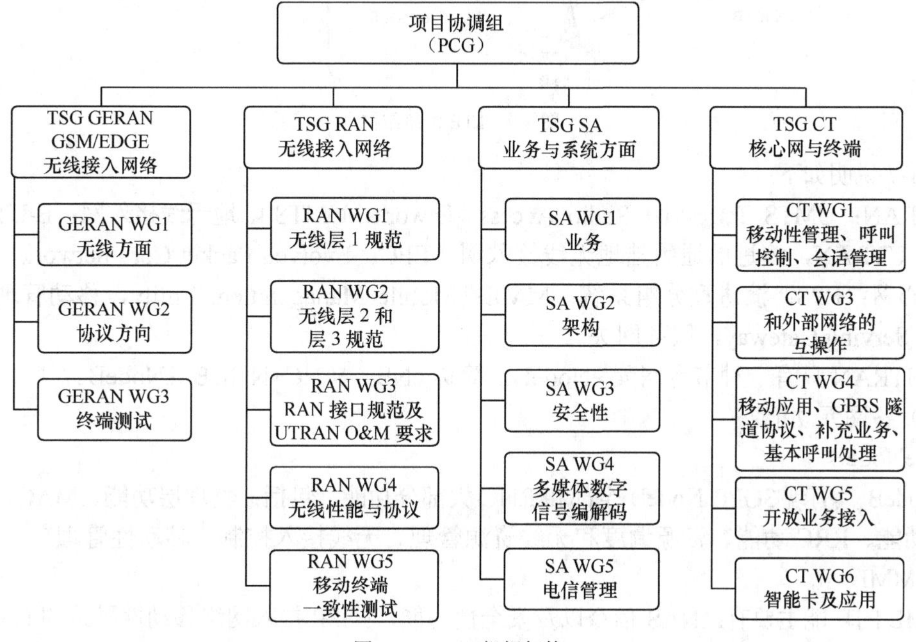

图 1-6　3GPP 组织架构

① TSG GERAN（GSM/EDGE RAN）：负责 GSM/EDGE 无线接入网技术规范的制定。

② TSG RAN：负责 3GPP 除 GERAN 之外的无线接入网技术规范的制定。

③ TSG SA（业务与系统方面）：负责 3GPP 业务与系统方面的技术规范制定。

④ TSG CT（核心网及终端）：负责 3GPP 核心网及终端方面的技术规范定制。

在 4 个 TSG 之上，设立了一个项目协调组（PCG），代表 OP 对 4 个 TSG 的工作进行管理和协调。在每个 TSG 下面，又包含 3～5 个不等的工作组（WG）负责该 TSG 各个方面的工作。每个 TSG 每年一般召开 4 次会议，每个 WG 每年也一般开 4 次会议。

相对 WG 会议，TSG 会议被称为“全会”（Plenary），TSG 全会有设立研究和标准化项目的权力，研究项目又称为研究阶段（SI），标准化项目又称为工作阶段（WI）。SI 只输出研究报告（TR），WI 则输出技术规范（TS）。一个重要的课题通常会先经过 SI 阶段的研究，然后再进入 WI 阶段的标准化制定工作。TSG 在设立了 SI 或 WI 后，会交由对口的 WG 去完成，WG 在一阶段工作完成后会向 TSG 全会汇报该 SI/WI 的进展情况，以便 TSG 对这些 SI/WI 进行项目管理。例如，LTE 就是一个由 RAN1～RAN5 各 WG 共同参与的项目，分成 SI 阶段和 WI 阶段。

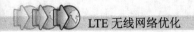

2．LTE 网络架构

（1）LTE 网络结构

LTE 网络结构如图 1-7 所示。

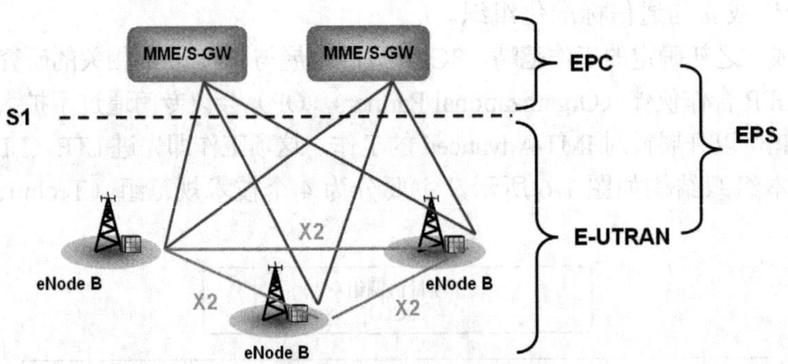

图 1-7　LTE 网络结构

图 1-7 说明如下：

UTRAN：UMTS Terrestrial Radio Access Network，UMTS 陆地无线接入网；E-UTRAN：Evolved UTRAN，演进的通用陆地无线接入网；EPC：Evolved Packet Core network，演进型分组核心网；EPS：演进型分组系统；MME：Mobile Managenment Entity，移动管理实体；S-GW：Serving Gateway，服务网关。

E-UTRAN 只有一种节点网元 eNodeB，简称 eNB，R NC+NodeB=eNodeB。

（2）各网元功能

① eNodeB

eNodeB 具有现 3GPP NodeB 全部和 RNC 大部分功能，包括：物理层功能、MAC、RLC、PDCP 功能、RRC 功能、资源调度和无线资源管理、无线接入控制、移动性管理。

② MME

MME 的功能主要有：NAS 信令以及安全性功能、3GPP 接入网络移动性导致的 CN 节点间信令、空闲模式下 UE 跟踪和可达性、漫游、鉴权、承载管理功能（包括专用承载的建立）。

③ S-GW

支持 UE 的移动性切换用户面数据的功能、E-UTRAN 空闲模式下行分组数据缓存和寻呼支持、数据包路由和转发、上下行传输层数据包标记。

④ P-GW

基于用户的包过滤、合法监听、IP 地址分配、上下行传输层数据包标记、DHCPv4 和 DHCPv6（client、relay、server）。

（3）LTE 网络结构的特点

① 基于 ALL IP 的网络扁平化，网络扁平化使得系统延时减少，从而改善用户体验，可开展更多业务。

② 网元数目减少，使得网络部署更为简单，网络的维护更加容易。

③ 取消了 RNC 的集中控制，避免单点故障，有利于提高网络稳定性。

④ 真正实现网络控制和承载分离。

⑤ 支持多种制式共接入：2G/3G/LTE/WiMAX。

⑥ 网络控制的 QoS 策略控制和计费体系。

【想一想】

1．LTE 技术的发展历程。

2．3GPP 是一个什么组织？它的组织架构是怎样的？

3．LTE 网络结构怎样？有何特点？

【技能实训】 LTE 项目进展资料收集

1．实训目标

（1）培养良好的职业道德与习惯，增强团队意识。
（2）能够利用 Internet 网络进行 LTE 项目发展情况的资料收集。
（3）能够利用 Internet 网络进行本地 LTE 网络规划建设资料的收集。

2．实训设备

能连接 Internet 网络的计算机一台。

3．实训步骤及注意事项

（1）通过 Internet 网络了解国际、国内 LTE 项目发展情况。
（2）通过 Internet 网络了解本地经济情况、人文情况和网络现状。
（3）通过前面的调查，对资料进行电子归档，并整理成一个文档。

4．实训考核单

考核项目	考 核 内 容	所占比例	得分
实训态度	1. 积极参加技能实训操作； 2. 按照安全操作流程进行操作； 3. 纪律遵守情况	30%	
实训过程	1. 国际、国内 LTE 项目发展情况资料收集； 2. 本地经济情况、人文情况和网络现状资料收集	40%	
成果验收	提交国内 LTE 和本地 LTE 网络发展情况报告	30%	
合计		100%	

任务 2　LTE 主要指标和需求

【工作任务单】

工作任务单名称	LTE 主要指标和需求	建议课时	2
工作任务内容： 1. 了解 LTE 频谱划分； 2. 掌握 3GPP 要求 LTE 支持的主要指标和需求； 3. 进行国际、国内 LTE 频率规划情况收集			

续表

工作任务单名称	LTE 主要指标和需求	建议课时	2
工作任务设计： 首先，通过 Internet 进行国际、国内 LTE 频率规划情况收集和归纳； 其次，分组讨论国际、国内 LTE 频率规划情况； 最后，教师讲解 3GPP 要求 LTE 支持的主要指标和需求			
建议教学方法	教师讲解、情景模拟、分组讨论	教学地点	实训室

【知识链接 1】 频谱划分

1. E-UTRA 频谱划分

E-UTRA（演进的通用陆地无线接入网）的频谱划分如表 1-2 所示。

表 1-2　E-UTRA 频段范围

E-UTRA 工作频带	上行工作频带 BS 收 UE 发	下行工作频带 BS 发 UE 收	双工方式
	F_{UL_low}～F_{UL_high}	F_{DL_low}～F_{DL_high}	
1	1920～1980 MHz	2110～2170 MHz	FDD
2	1850～1910 MHz	1930～1990 MHz	FDD
3	1710～1785 MHz	1805～1880 MHz	FDD
4	1710～1755 MHz	2110～2155 MHz	FDD
5	824～849 MHz	869～894MHz	FDD
6	830～840 MHz	875～885 MHz	FDD
7	2500～2570 MHz	2620～2690 MHz	FDD
8	880～915 MHz	925～960 MHz	FDD
9	1749.9～1784.9 MHz	1844.9～1879.9 MHz	FDD
10	1710～1770 MHz	2110～2170 MHz	FDD
11	1427.9～1452.9 MHz	1475.9～1500.9 MHz	FDD
12	698～716 MHz	728～746 MHz	FDD
13	777～787 MHz	746～756 MHz	FDD
14	788～798 MHz	758～768 MHz	FDD
…			
17	704～716 MHz	734～746 MHz	FDD
...			
33	1900～1920 MHz	1900～1920 MHz	TDD
34	2010～2025 MHz	2010～2025 MHz	TDD
35	1850～1910 MHz	1850～1910 MHz	TDD
36	1930～1990 MHz	1930～1990 MHz	TDD
37	1910～1930 MHz	1910～1930 MHz	TDD
38	2570～2620 MHz	2570～2620 MHz	TDD
39	1880～1920 MHz	1880～1920 MHz	TDD
40	2300～2400 MHz	2300～2400 MHz	TDD

2. 中国 LTE 频谱规划

2013 年 12 月 4 日，工信部颁发的是 TDD-LTE 牌照，移动获得 130MHz 频谱资源，分别为 1880～1900MHz、2320～2370MHz、2575～2635MHz；电信获得 40MHz 频谱资源，分别为 2370～2390MHz、2635～2655MHz；联通也获得 40MHz 的频谱资源，分别为 2300～2320MHz、2555～2575MHz。总的来看，分配的频谱主要集中在 2.3GHz 和 2.6GHz，这与国际 TD-LTE 划分的整体情况吻合。其中，中国移动获得了 130M 频谱，其中包括 D 频段（2500MHz 至 2690MHz）的 60M 频谱。中国电信和中国联通分别获得了 40M TDD-LTE 频谱，其中用于室内覆盖的 E 频段各 20M，D 频段各 20M。

FDD-LTE 牌照未发放，据猜测电信可能获得 1800MHz 频段上的 FDD 频谱，而联通则是 2.1GHz 频段上的频谱。

【想一想】

1. 国际上 LTE 频率的划分情况。
2. 中国的 LTE 牌照的发放情况。

【知识链接 2】 3GPP 要求 LTE 支持的主要指标和需求

LTE 具有 FDD 和 TDD 两种模式，采用了 OFDM 和 MIMD 等新技术，具有：（1）峰值速率高，下行峰值速率 100Mbit/s，上行峰值速率 50Mbit/s；（2）采用扁平化、全 IP 网络架构，降低了系统时延，控制面延时小于 100ms，用户面延时小于 5ms；（3）频谱利用率相对于 3G 提高 2～3 倍；灵活支持不同带宽，带宽有 1.4MHz、3MHz、5MHz、10MHz、15MHz、20MHz 6 种；增强了小区覆盖；更低的设备成本和维护成本等特性。3GPP 要求 LTE 支持的主要指标和需求如图 1-8 所示。

1. 峰值数据速率

下行链路的瞬时峰值数据速率在 20MHz 下行链路频谱分配的条件下，可以达到 100Mbit/s（5 bit/s/Hz）（网络侧 2 根发射天线，UE 侧 2 根接收天线条件下）；上行链路的瞬时峰值数据速率在 20MHz 上行链路频谱分配的条件下，可以达到 50Mbit/s（2.5 bit/s/Hz）（UE 侧 1 根发射天线情况下）。

宽频带、MIMO、高阶调制技术都是 LTE 提高峰值数据速率的关键所在。

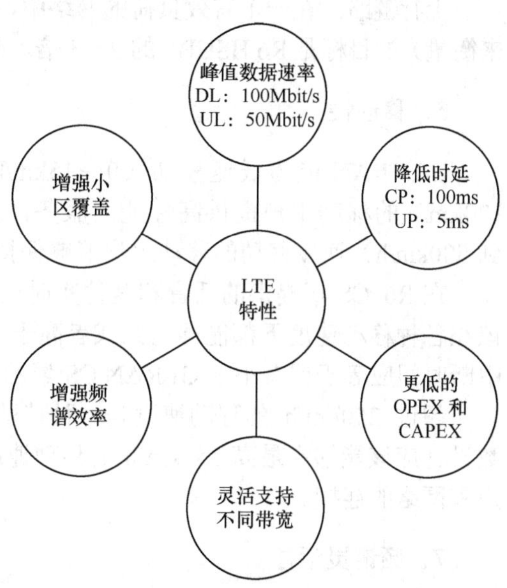

图 1-8 3GPP 要求 LTE 支持的主要指标和需求

2. 控制面延迟

从驻留状态到激活状态，也就是类似于从 Release 6 的空闲模式到 CELL_DCH 状态，控制面的传输延迟时间小于 100ms，这个时间不包括寻呼延迟时间和 NAS 延迟时间；从睡眠状态到激活状态，也就是类似于从 Release 6 的 CELL_PCH 状态到 CELL_DCH 状态，控制面传输延迟时间小于 50ms，这个时间不包括

DRX 间隔。

另外控制面容量是在频谱分配为 5MHz 的情况下，期望每小区至少支持 200 个激活状态的用户。在更高的频谱分配情况下，期望每小区至少支持 400 个激活状态的用户。

3．用户面延迟

用户面延迟定义为一个数据包从 UE/RAN 边界节点（RAN edge node）的 IP 层传输到 RAN 边界节点/UE 的 IP 层的单向传输时间。这里所说的 RAN 边界节点指的是 RAN 和核心网的接口节点。

在“零负载”（即单用户、单数据流）和“小 IP 包”（即只有一个 IP 头、而不包含任何有效载荷）的情况下，期望的用户面延迟不超过 5ms。

4．用户吞吐量

下行链路：在 5% CDF（累计分布函数）处的每 MHz 用户吞吐量应达到 R6 HSDPA 的 2～3 倍；每 MHz 平均用户吞吐量应达到 R6 HSDPA 的 3～4 倍。此时 R6 HSDPA 的天线是 1 发 1 收，而 LTE 的天线是 2 发 2 收。

上行链路：在 5% CDF 处的每 MHz 用户吞吐量应达到 R6 HSUPA 的 2～3 倍；每 MHz 平均用户吞吐量应达到 R6 HSUPA 的 2～3 倍。此时 R6 HSUPA 的天线是 1 发 2 收，LTE 的天线也是 1 发 2 收。

5．频谱效率

下行链路：在一个有效负荷的网络中，LTE 频谱效率（用每站址、每 Hz、每秒的比特数来衡量）的目标是 R6 HSDPA 的 3～4 倍。此时 R6 HSDPA 是 1 发 1 收，而 LTE 是 2 发 2 收。

上行链路：在一个有效负荷的网络中，LTE 频谱效率（用每站址、每 Hz、每秒的比特数来衡量）的目标是 R6 HSUPA 的 2～3 倍。此时 R6 HSUPA 是 1 发 2 收，LTE 也是 1 发 2 收。

6．移动性

E-UTRAN 能为低速移动（0～15km/h）的移动用户提供最优的网络性能，能为 15～120km/h 的移动用户提供高性能的服务，对以 120～350km/h（甚至在某些频段下，可以达到 500km/h）速度移动的移动用户能够保持蜂窝网络的移动性。

在 R6 CS 域提供的话音和其他实时业务在 E-UTRAN 中将通过 PS 域支持，这些业务应该在各种移动速度下都能够达到或者高于 UTRAN 的服务质量。E-UTRA 系统内切换造成的中断时间应等于或者小于 GERAN CS 域的切换时间。

超过 250km/h 的移动速度是一种特殊情况（如高速列车环境），E-UTRAN 的物理层参数设计应该能够在最高 350km/h 的移动速度（在某些频段甚至应该支持 500km/h）下保持用户和网络的连接。

7．频谱灵活性

频谱灵活性一方面支持不同大小的频谱分配，譬如 E-UTRA 可以在不同大小的频谱中部署，包括 1.4 MHz、3 MHz、5 MHz、10 MHz、15 MHz 以及 20 MHz，支持成对和非成对频谱。

频谱灵活性另一方面还体现在：支持不同频谱资源的整合。

8．与现有 3GPP 系统的共存和互操作

E-UTRA 与其他 3GPP 系统的互操作需求包括但不限于以下几点。

① E-UTRAN 和 UTRAN/GERAN 多模终端支持对 UTRAN/GERAN 系统的测量，并支持 E-UTRAN 系统和 UTRAN/GERAN 系统之间的切换。

② E-UTRAN 应有效支持系统间测量。

③ 对于实时业务，E-UTRAN 和 UTRAN 之间的切换中断时间应低于 300ms。

④ 对于非实时业务，E-UTRAN 和 UTRAN 之间的切换中断时间应低于 500ms。

⑤ 对于实时业务，E-UTRAN 和 GERAN 之间的切换中断时间应低于 300ms。

⑥ 对于非实时业务，E-UTRAN 和 GERAN 之间的切换中断时间应低于 500ms。

⑦ 处于非激活状态（类似 R6 Idle 模式或 Cell_PCH 状态）的多模终端只需监测 GERAN，UTRA 或 E-UTRA 中一个系统的寻呼信息。

9．减小 CAPEX 和 OPEX

体系结构的扁平化和中间节点的减少使得设备成本（CAPEX）和维护成本（OPEX）得以显著降低。

【想一想】

3GPP 要求 LTE 支持的主要指标和需求主要有哪些方面？

【技能实训】 LTE 频谱规划资料收集

1．实训目标

（1）培养良好的职业道德与习惯，增强团队意识。

（2）能够利用 Internet 网络进行国际 LTE 频谱规划资料收集。

（3）能够利用 Internet 网络进行国内 LTE 频谱规划资料收集。

2．实训设备

有一台能连接 Internet 网络的计算机。

3．实训步骤及注意事项

（1）通过 Internet 网络了解国际 LTE 频谱规划情况。

（2）通过 Internet 网络了解国内 LTE 频谱规划情况。

（3）通过前面的调查，对资料进行电子归档，并整理成一个文档。

4．实训考核单

考核项目	考核内容	所占比例	得分
实训态度	1. 积极参加技能实训操作； 2. 按照安全操作流程进行操作； 3. 纪律遵守情况	30%	

续表

考核项目	考核内容	所占比例	得分
实训过程	1. 国际 LTE 频率规划情况资料收集； 2. 国内 LTE 频率规划情况资料收集	40%	
成果验收	提交 LTE 频率规划情况报告	30%	
合计		100%	

任务 3　LTE 总体架构

【工作任务单】

工作任务单名称	LTE 总体结构	建议课时	2
工作任务内容： 1. 掌握 LTE 系统结构及各网元节点功能； 2. 了解 LTE 无线协议结构； 3. 掌握 S1 和 X2 接口协议结构及功能； 4. 进行 S1 接口或 X2 接口简单信令跟踪			
工作任务设计： 首先，教师讲解 LTE 系统结构、无线协议结构； 其次，分组讨论 S1 和 X2 接口协议结构及功能； 最后，分组进行 S1 接口或 X2 接口简单信令跟踪			
建议教学方法	教师讲解、情景模拟、分组讨论	教学地点	实训室

【知识链接 1】 系统结构

1. LTE 的系统结构

整个 TD-LTE 系统由 3 部分组成：核心网（Evolved Packet Core，EPC）、接入网（eNodeB）、用户设备（UE）。其中，EPC 分为三部分：负责信令处理部分（Mobility Management Entity，MME）、负责本地网络用户数据处理部分（Serving Gateway，S-GW）、负责用户数据包与其他网络的处理（PDN Gateway，P-GW）。接入网（也称 E-UTRAN）由 eNodeB（简称 eNB）构成。网络接口有：S1 接口（eNodeB 与 EPC 之间）、X2 接口（eNodeB 之间）、Uu 接口（eNodeB 与 UE 之间）。

LTE 采用了与 2G、3G 均不同的空中接口技术，即基于 OFDM 技术的空中接口技术，并对传统 3G 的网络架构进行了优化，采用扁平化的网络架构，亦即接入网（E-UTRAN）不再包含 RNC，仅包含节点 eNB，提供 E-UTRA 用户面 PDCP/RLC/MAC/物理层协议的功能和控制面 RRC 协议的功能。LTE 的系统结构如图 1-7 所示。

在 LTE 架构中，没有了原有的 Iu 和 Iub 以及 Iur 接口，取而代之的是新接口 S1 和 X2。eNB 之间由 X2 接口互连，每个 eNB 又和演进型分组核心网 EPC 通过 S1 接口相连。S1 接口的用户面终止在服务网关 S-GW 上，S1 接口的控制面终止在移动性管理实体 MME 上。控制面和用户面的另一端终止在 eNB 上。TD-LTE EPS 的承载管理架构如图 1-9 所示。

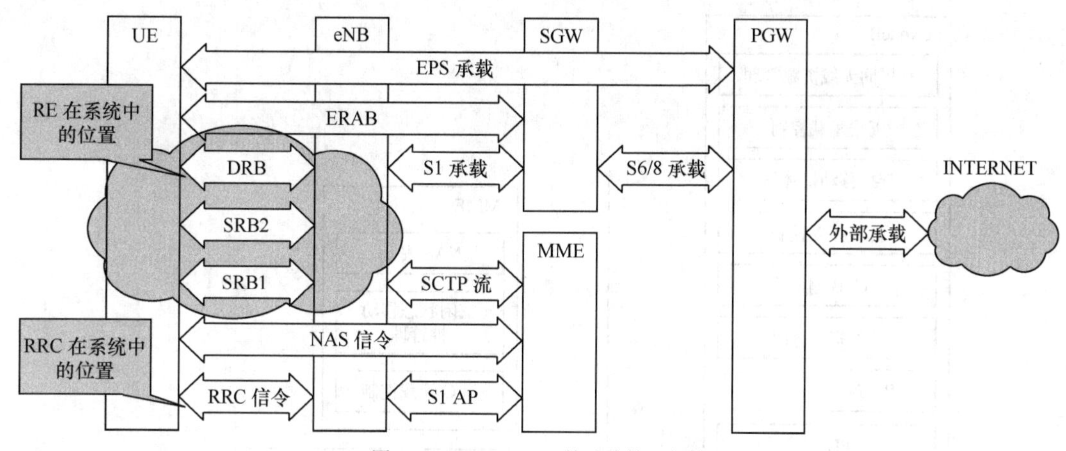

图 1-9 TD-LTE EPS 的承载管理架构

2．各网元节点的功能

E-UTRAN 即 LTE 的接入网部分，包括 eNodeB 网元。SAE（系统架构演进）即 LTE 的核心网部分，包括 MME、S-GW、P-GW、PCRF 和 HSS。SAE 网络类似于 3G 网络中的软交换系统，将信令和业务分开承载，MME 负责信令部分，Serving GW 负责业务的承载，SGW 是 LTE 内的锚点网关；PGW 是无线网络的锚点，是到 Internet 的网关。

（1）eNB 的功能

LTE 的 eNB 除了具有原来 NodeB 的功能之外，还承担了原来 RNC 的大部分功能，包括有物理层功能、MAC 层功能（包括 HARQ）、RLC 层（包括 ARQ 功能）、PDCP 功能、RRC 功能（包括无线资源控制功能）、调度、无线接入许可控制、接入移动性管理以及小区间的无线资源管理功能等。具体包括：

① 无线资源管理：无线承载控制、无线接纳控制、连接移动性控制、上下行链路的动态资源分配（即调度）等功能；

② IP 头压缩和用户数据流的加密；

③ 当从提供给 UE 的信息无法获知到 MME 的路由信息时，选择 UE 附着的 MME；

④ 路由用户面数据到 S-GW；

⑤ 调度和传输从 MME 发起的寻呼消息；

⑥ 调度和传输从 MME 或 O&M 发起的广播信息；

⑦ 用于移动性和调度的测量和测量上报的配置；

⑧ 调度和传输从 MME 发起的 ETWS（即地震和海啸预警系统）消息。

E-UTRAN 和 EPC 的功能划分如图 1-10 所示。

（2）MME 的功能

MME（移动管理实体）是 SAE 的控制核心，主要负责用户接入控制、业务承载控制、寻呼、切换控制等控制信令的处理。MME 功能与网关功能分离。这种控制平面/用户平面分离的架构，有助于网络部署、单个技术的演进以及全面灵活的扩容。具体包括：

① NAS 信令和 NAS 信令安全；

② AS 安全控制；

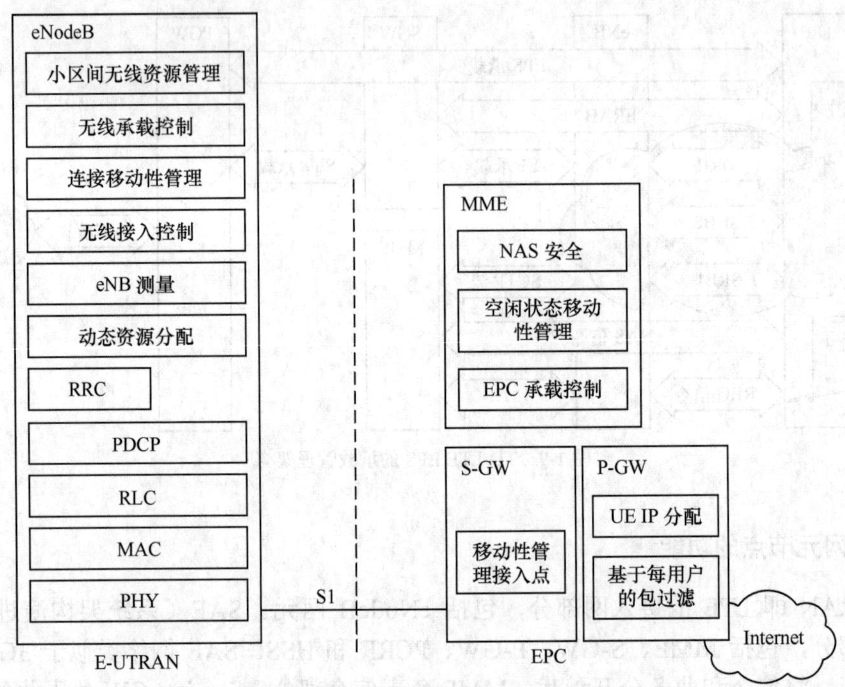

图 1-10　E-UTRAN 和 EPC 的功能划分

③ 3GPP 无线网络的网间移动信令；

④ Idle 状态 UE 的可达性（包括寻呼信号重传的控制和执行）；

⑤ 跟踪区列表管理；

⑥ P-GW 和 S-GW 的选择；

⑦ 切换中需要改变 MME 时的 MME 选择；

⑧ 切换到 2G 或 3GPP 网络时的 SGSN 选择；

⑨ 漫游；

⑩ 鉴权；

⑪ 包括专用承载建立的承载管理功能；

⑫ 支持 ETWS 信号传输。

（3）S-GW 的功能

S-GW（服务网关）作为本地基站切换时的锚定点，主要负责以下功能：在基站和公共数据网关之间传输数据信息；为下行数据包提供缓存；基于用户的计费等。具体包括：

① eNB 间切换时，本地的移动性锚点；

② 3GPP 系统间的移动性锚点；

③ E-UTRAN Idle 状态下，下行包缓冲功能以及网络触发业务请求过程的初始化；

④ 合法侦听；

⑤ 包路由和前转；

⑥ 上行、下行传输层包标记；

⑦ 运营商间的计费时，基于用户和 QCI 粒度统计；

⑧ 分别以 UE、PDN、QCI 为单位的上下行计费。

（4）PDN 网关（P-GW）的功能

公共数据网关（P-GW）作为数据承载的锚定点，提供以下功能：包转发、包解析、合法监听、基于业务的计费、业务的 QoS 控制，以及负责和非 3GPP 网络间的互联等。具体包括有：

① 基于每用户的包过滤（如借助深度包探测方法）；

② 合法侦听；

③ UE 的 IP 地址分配；

④ 下行传输层包标记；

⑤ 上下行业务级计费、门控和速率控制；

⑥ 基于聚合最大比特速率（AMBR）的下行速率控制。

（5）PCRF 的功能

策略与计费规则功能单元（Policy and charging Rules Function，PCRF）是账号秘密认证和资源分配，主要功能包括有：提供基于业务数据流的 QoS 控制、门控和计费控制等。

（6）HSS 的功能

归属用户服务器（Home Subscriber Server，HSS），类似 3G 中的 HLR，主要功能包括：存储了 LTE/SAE 网络中用户所有与业务相关的数据。

【想一想】

1．LTE 系统结构。

2．LTE 各功能节点的功能。

【知识链接 2】 无线协议结构

1．接入层和非接入层

无线资源控制（Radio Resource Control，RRC）以下的都是接入层；RRC 以上的都是非接入层。无线网络层能理解的都是接入层，不需要无线网络层解析的是非接入层消息。接入层就是 UE 和核心网之间需要读懂的东西。接入层和非接入层如图 1-11 所示。

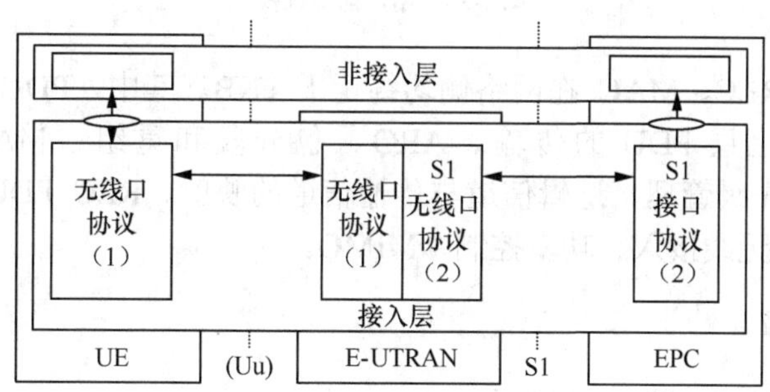

图 1-11 接入层和非接入层

2．控制面协议结构

控制面协议结构如图 1-12 所示。

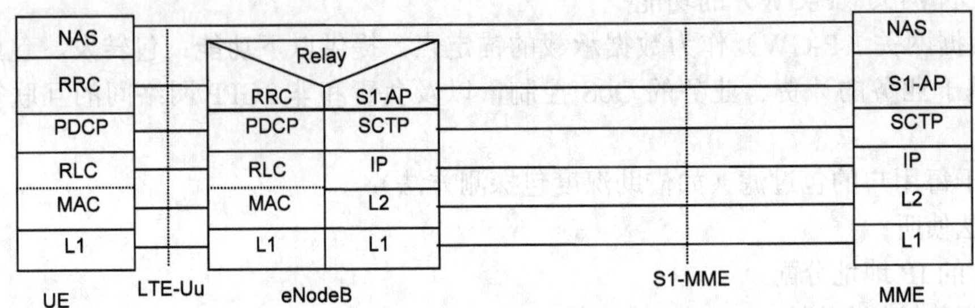

图 1-12　控制面协议栈

① PDCP 在网络侧终止于 eNB，需要完成控制面的加密、完整性保护等功能。

② RLC 和 MAC 在网络侧终止于 eNB，在用户面和控制面执行功能没有区别。

③ RRC 在网络侧终止于 eNB，主要实现广播、寻呼、RRC 连接管理、RB 控制、移动性功能、UE 的测量上报和控制功能。

④ NAS 控制协议在网络侧终止于 MME，主要实现 EPS 承载管理、鉴权、ECM（EPS 连接性管理）idle 状态下的移动性处理、ECM Idle 状态下发起寻呼、安全控制功能。

3．用户面协议结构

用户面协议结构如图 1-13 所示。

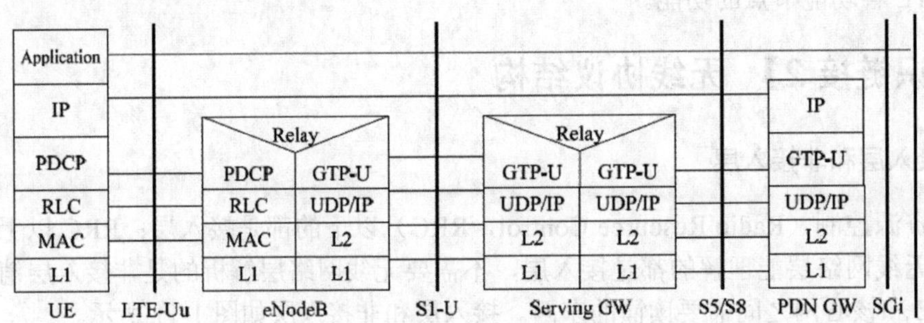

图 1-13　用户面协议栈

用户面 PDCP、RLC、MAC 在网络侧均终止于 eNB。其中，PDCP 功能是头压缩、加密；RLC 层功能是上层 PDU 的传输、ARQ、包分段和重组；MAC 层功能是调度、HARQ、逻辑信道优先级管理、逻辑信道与传输信道的映射、RLC PDU 的复用与解复用；PHY 层（L1）功能是无线接入、功率控制、MIMO。

4．层 2 协议结构

层 2 下行的协议结构如图 1-14 所示。

层 2 上行的协议结构如图 1-15 所示。

5．逻辑信道、传输信道和物理信道映射关系

（1）逻辑信道与传输信道的映射关系

逻辑信道与传输信道的映射关系如图 1-16 所示。

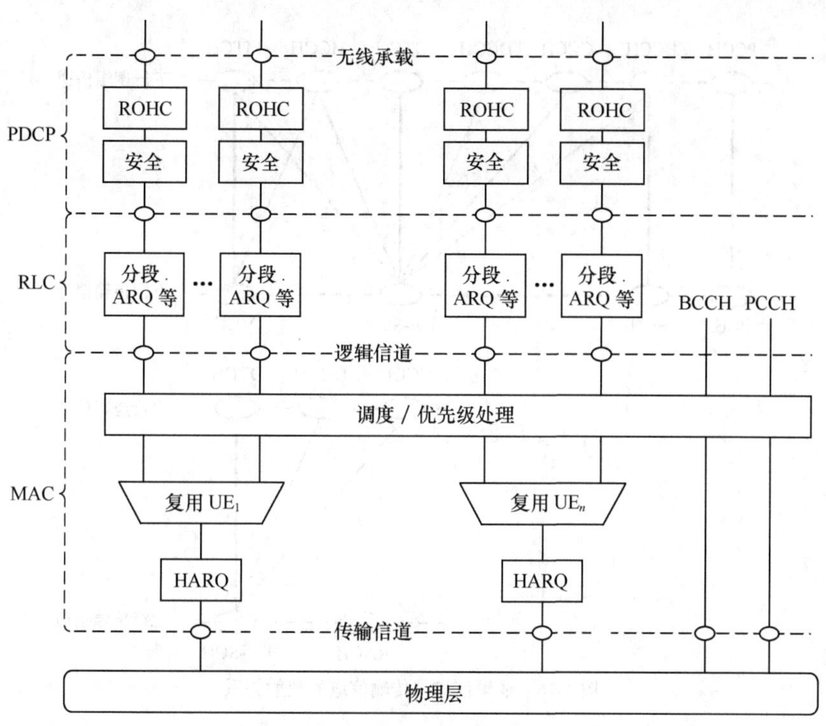

图 1-14　层 2 的协议结构（DL）

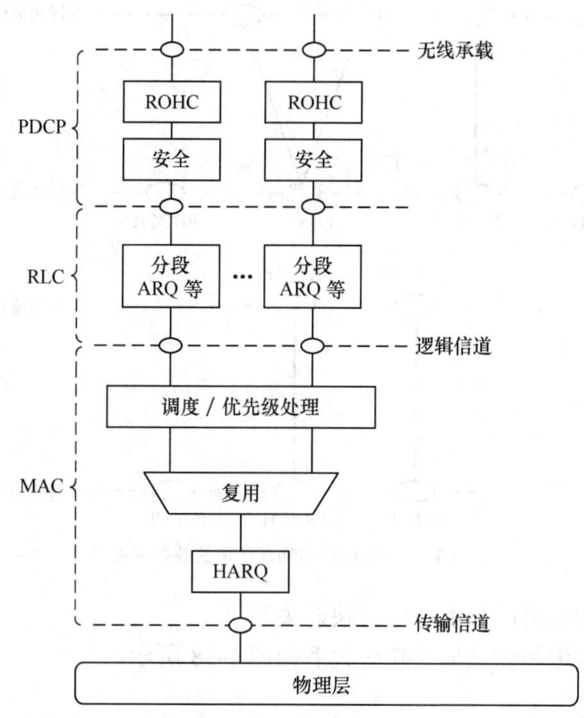

图 1-15　层 2 的协议结构（UL）

（2）传输信道与物理信道的映射关系

传输信道与物理信道的映射关系如图 1-17 所示。

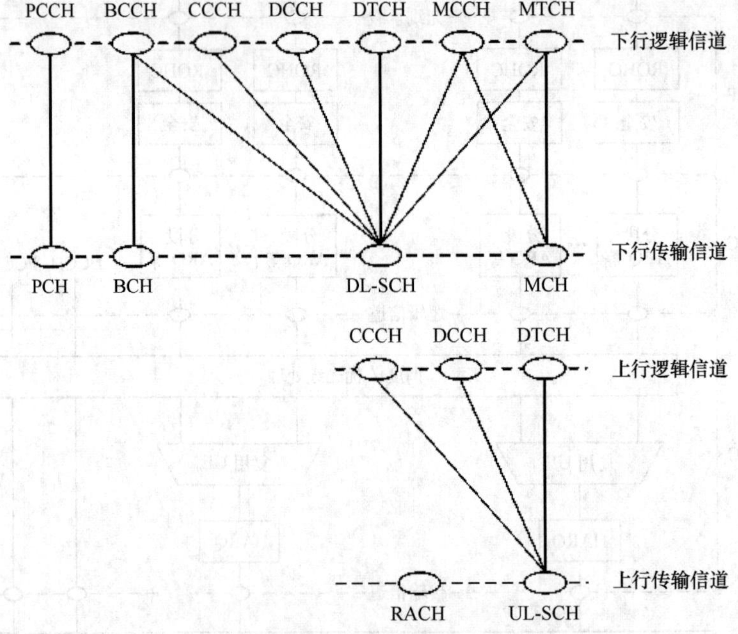

图 1-16　逻辑信道与传输信道的映射关系

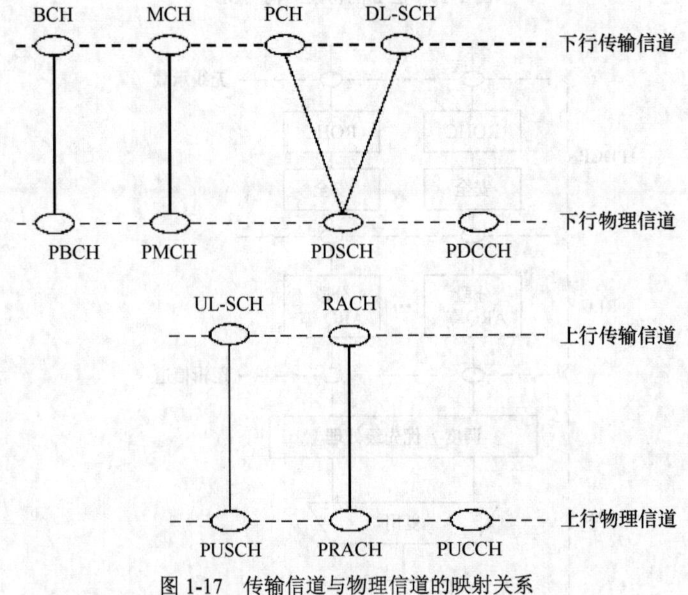

图 1-17　传输信道与物理信道的映射关系

（3）逻辑信道、传输信道和物理信道映射关系

逻辑信道、传输信道和物理信道映射关系如图 1-18 所示。

6．Uu 口协议结构

E-UMTS 无线接口协议栈结构水平方向可分为：NAS 控制协议；L3 层：无线资源控制（RRC）层；L2 层：媒体接入控制（MAC）子层、无线链路控制（RLC）子层、分组数据集

中协议（PDCP）子层；L1 层：物理层、传输信道、传输信道与物理信道的映射，如图 1-19 所示。

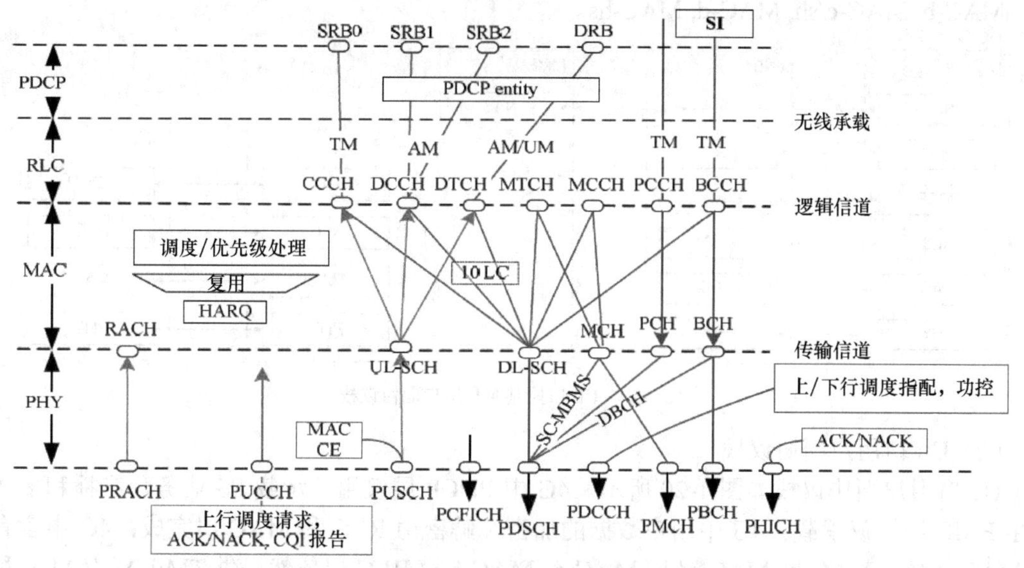

图 1-18　逻辑信道、传输信道和物理信道映射关系

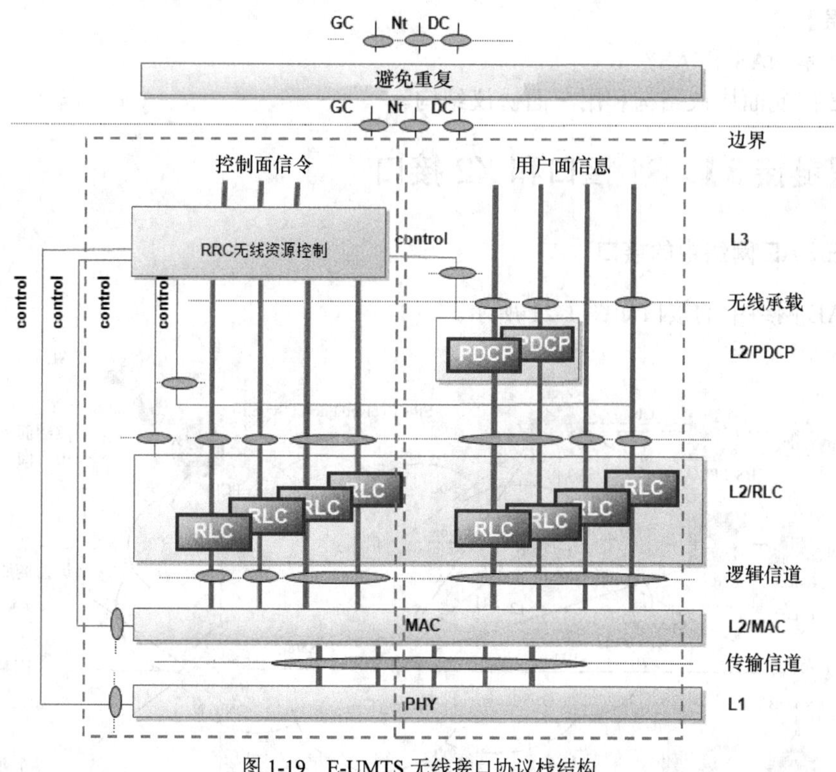

图 1-19　E-UMTS 无线接口协议栈结构

（1）Uu 口控制面协议栈

Uu 口控制面协议栈如图 1-20 所示。4G 中控制平面不存在 PDCP 协议栈，由 RLC 层提

供无线信令承载 SRB；RLC 层依然提供 TM/UM /AM 三种传输模式；4G 中 UM/AM 传输模式下的加密由 RLC 层实现，TM 模式下的加密由 MAC 层实现；4G 中含有多个 MAC 实体：MAC-b, MAC-c/sh, MAC-d, MAC-hs。

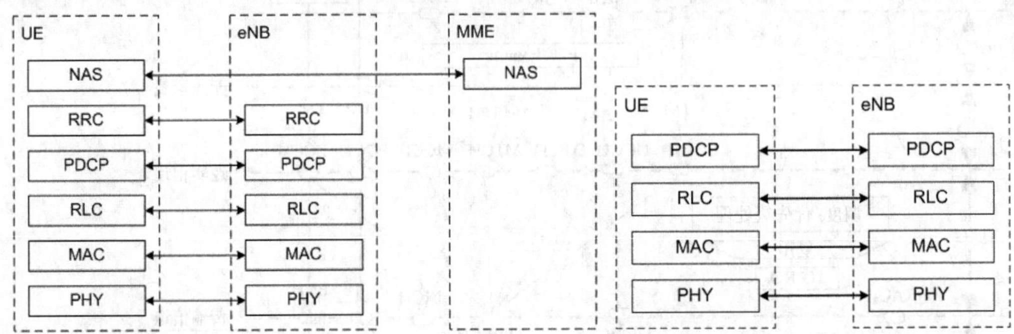

图 1-20　Uu 口控制面和用户面协议栈

（2）Uu 口用户面协议栈

Uu 口用户面协议栈如图 1-20 所示。4G 中 PDCP 层仅用于承载 PS 业务，广播和多播业务由 BMC 层协议承载；4G 中用户数据的加密和解密由 RLC 和 MAC 层完成；4G 中含有多个 MAC 实体：MAC-b, MAC-c/sh, MAC-d, MAC-hs；RLC 层依然提供 TM/UM /AM 三种传输模式。

【想一想】

1．什么是 NAS 和 AS?

2．LTE 控制面协议结构和用户面协议结构。

【知识链接 3】 S1 接口和 X2 接口

1．LTE/SAE 网络中的接口

LTE/SAE 网络中的接口如图 1-21 所示。

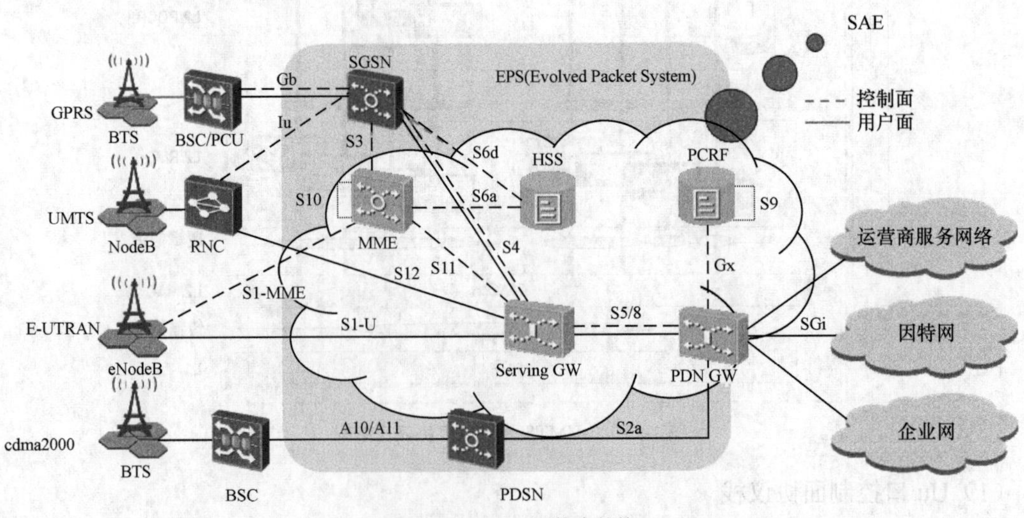

图 1-21 LTE/SAE 网络中的接口

图 1-21 中：E-UTRAN：LTE Universal Terrestrial Radio Access Network，即 LTE 的接入网部分。SAE：System Architecture Evolution，即 LTE 的核心网部分（系统架构演进）。

S1：为用户面和控制面提供向 E-UTRAN 无线资源的接入，可以支持 MME 和 SGW 的分开部署和合并部署。

S2a：在 SAE 锚点和一个可信任的非 3GPP IP 接入网之间，提供支持控制和移动性的用户面连接。

S2b：在 SAE 锚点和演进型分组数据网关（Evolved Packet Data Gateway, ePDG）之间，提供支持控制和移动性的用户面连接。

S3：针对 Idle 和 Active 状态下，不同 3GPP 接入系统之间的移动性，提供用户和承载信息的交互。

S4：在 GPRS 核心网和 3GPP 锚点之间，提供一个支持控制和移动性的用户面连接。

S5a：在 MME/SGW 和 3GPP 锚点之间，提供一个支持控制和移动性的用户面连接。

S5b：在 SAE 锚点和 3GPP 锚点之间，提供一个支持控制和移动性的用户面连接。

S6：实现订阅和鉴权数据向演进系统的传输，以实现对用户接入的鉴权和授权。

S7：实现 QoS 政策和计费规则。从政策与计费规则功能向政策与计费强制点的传输。

SGi：SAE 锚点和分组数据网络之间的参考点。

2．E-UTRAN 接口通用协议模型

E-UTRAN 接口通用协议模型如图 1-22 所示。

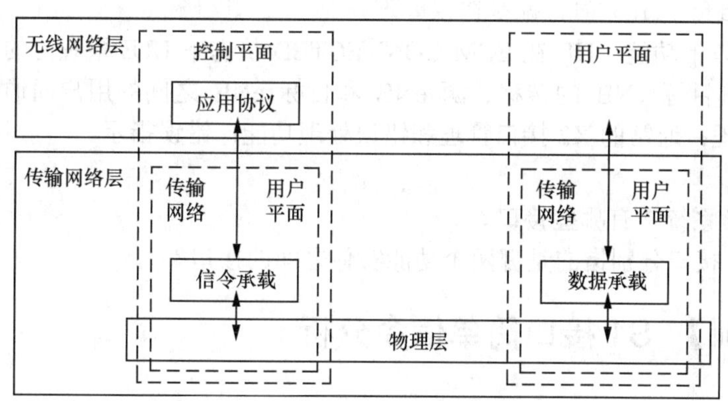

图 1-22　E-UTRAN 接口通用协议模型

3．S1 接口

S1 接口定义为 E-UTRAN 和 EPC 之间的接口。S1 接口包括两部分：控制面 S1-MME 接口和用户面 S1-U 接口。S1-MME 接口定义为 eNB 和 MME 之间的接口；S1-U 定义为 eNB 和 S-GW 之间的接口。S1-MME 和 S1-U 接口的协议栈结构如图 1-23 所示。

S1 接口支持功能包括 E-RAB 业务管理功能：建立，修改，释放；UE 在 ECM-CONNECTED 状态下的移动性功能：LTE 系统内切换、与 3GPP 系统间切换；S1 寻呼功能；NAS 信令传输功能；S1 接口管理功能：错误指示、复位；网络共享功能；漫游和区域限制支持功能；NAS 节点选择功能；初始上下文建立功能；UE 上下文修改功能；MME 负载均衡功能；位置上报功能；ETWS 消息传输功能；过载功能；RAN 信息管理功能。

4．X2 接口

X2 接口定义为各个 eNB 之间的接口。X2 接口包含 X2-CP 和 X2-U 两部分，X2-CP 是各个 eNB 之间的控制面接口，X2-U 是各个 eNB 之间的用户面接口。如图 1-24 所示为 X2-CP 和 X2-U 接口的协议栈结构。

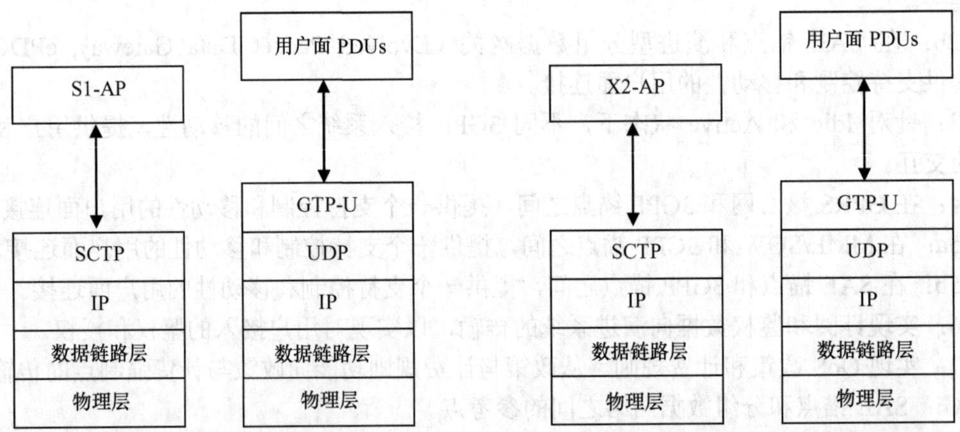

图 1-23　S1-MME 接口和 S1-U 接口的协议栈　　　　图 1-24　X2-CP 和 X2-U 接口的协议栈

S1 接口和 X2 接口类似的地方是：S1-U 和 X2-U 使用同样的用户面协议，以便于 eNB 在数据反传（data forward）时，减少协议处理。

X2-CP 支持以下功能：UE 在 ECM-CONNECTED 状态下 LTE 系统内的移动性支持：上下文从源 eNB 到目标 eNB 的转移、源 eNB 和目标 eNB 之间的用户面通道控制、切换取消；上行负荷管理；通常的 X2 接口管理和错误处理功能：错误指示。

【想一想】

1．LTE/SAE 系统中有哪些接口？

2．S1 和 X2 接口分别指的是哪两个功能实体之间的接口？

【技能实训】 S1 接口简单信令分析

1．实训目标

（1）培养良好的职业道德与习惯，增强团队意识。

（2）能够利用路测软件进行初始上下文建立过程信令跟踪。

（3）能够利用路测软件进行初始上下文建立过程信令分析。

2．实训设备

具有一台能连接 Internet 网络的计算机。

3．实训步骤及注意事项

（1）使用路测软件进行初始上下文建立过程（in Idle-to-Active procedure）信令跟踪，如图 1-25 所示。

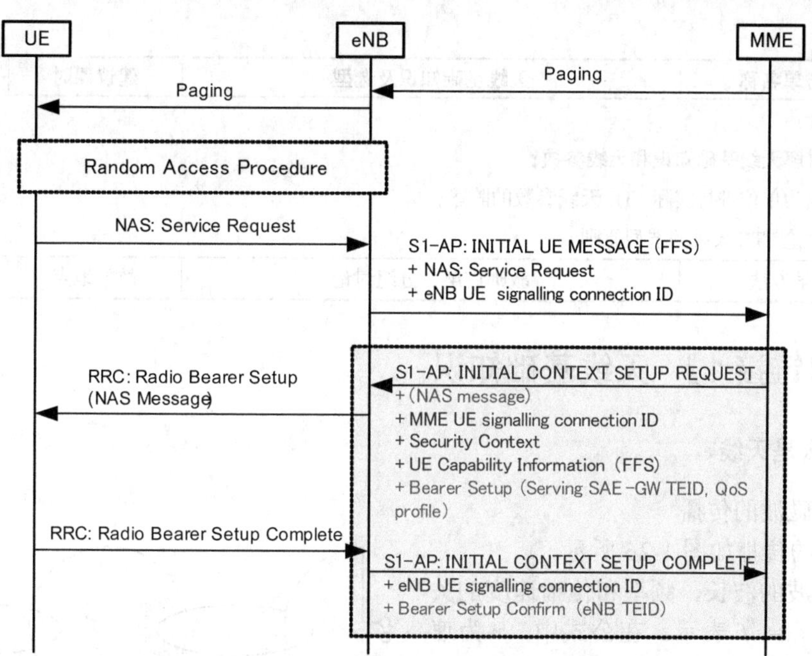

图 1-25　初始上下文建立过程（in Idle-to-Active procedure）信令

（2）使用路测软件进行初始上下文建立过程信令分析。

（3）将信令跟踪结果进行分析，并整理成一个文档。

4．实训考核单

考核项目	考 核 内 容	所占比例	得分
实训态度	1. 积极参加技能实训操作； 2. 按照安全操作流程进行操作； 3. 纪律遵守情况	30%	
实训过程	1. 使用路测软件进行初始上下文建立过程信令跟踪； 2. 使用路测软件进行初始上下文建立过程信令分析	40%	
成果验收	初始上下文建立过程信令分析报告	30%	
合计		100%	

任务 4　天线基础知识及选型

【工作任务单】

工作任务单名称	天线基础知识及选型	建议课时	2
工作任务内容： 1. 掌握天线基础知识和天线参数； 2. 掌握 LTE 天线的选型原则； 3. 通过 Internet，进行某种型号的 LTE 天线参数的查找			

续表

工作任务单名称	天线基础知识及选型	建议课时	2
工作任务设计： 首先，教师讲解天线基础知识和天线参数； 其次，以小组为单位进行实际 LTE 天线参数的陈述； 最后，分组讨论 LTE 天线的选型原则			
建议教学方法	教师讲解、分组讨论	教学地点	实训室

【知识链接 1】 天线基础知识

1．什么是天线

（1）电磁波的传播

电磁波的传播如图 1-26 所示。

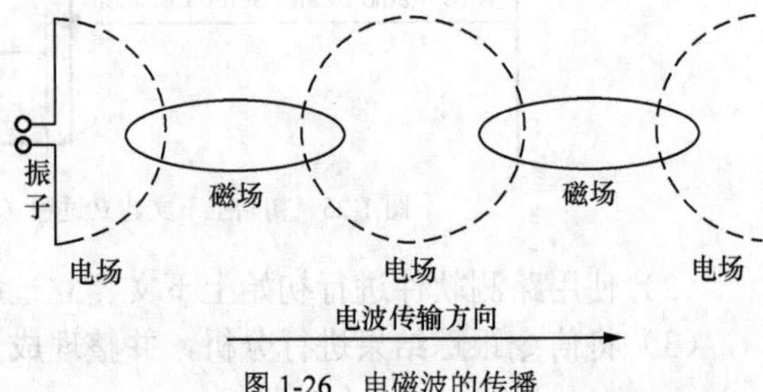

图 1-26 电磁波的传播

无线电波的波长、频率和传播速度的关系，可用式 $\lambda=v/f$ 表示。在公式中，v 为速度，单位为米/秒；f 为频率，单位为赫兹；λ 为波长，单位为米。由上述关系式不难看出，同一频率的无线电波在不同的媒质中传播时，速度是不同的，因此波长也不一样。

（2）无线和辐射电磁波的基本原理

天线是将传输线中的电磁能转化成自由空间的电磁波或将空间电磁波转化成传输线中的电磁能的设备。因为天线是无源器件，所以仅仅是起转化作用而不能放大信号。

导线载有交变电流时，就可以形成电磁波的辐射，辐射的能力与导线的长短和形状有关。当导线的长度增大到可与波长相比拟时，导线上的电流就大大增加，因而就能形成较强的辐射。通常将上述能产生显著辐射的直导线称为振子。如果两导线的距离很近，且两导线所产生的感应电动势几乎可以抵消，因而辐射很微弱。如果将两导线张开，这时由于两导线的电流方向相同，由两导线所产生的感应电动势方向相同，因而辐射较强，如图 1-27 所示。

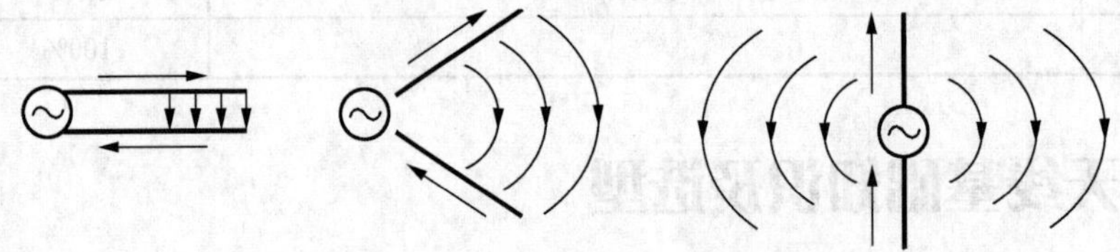
图 1-27 振子的角度与电磁波辐射能力的关系

（3）半波对称振子

两臂长度相等的振子叫做对称振子，也叫半波振子。每臂长度为四分之一波长、全长为二分之一波长的振子，称半波对称振子，如图 1-28 所示。

对称振子是一种经典的、迄今为止使用最广泛的天线，单个半波对称振子可简单、独立地使用或用作抛物面天线的馈源，也可采用多个半波对称振子组成天线阵。天线需要多个半

波对称振子组阵以得到更大的增益。

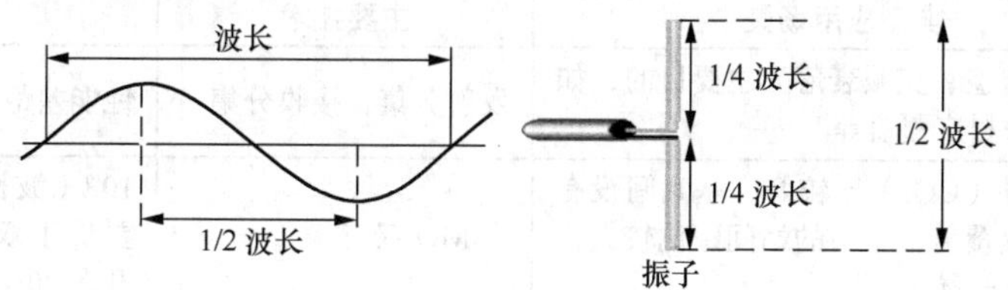

图 1-28　半波对称振子

2. 天线参数解析

(1) 极化方式

天线的极化就是指天线辐射时形成的电场强度方向。若地面为入射面，则当电波的电场方向垂直于地面，我们就称它为垂直极化波。当电波的电场方向与地面平行，则称它为水平极化波，如图 1-29 所示。

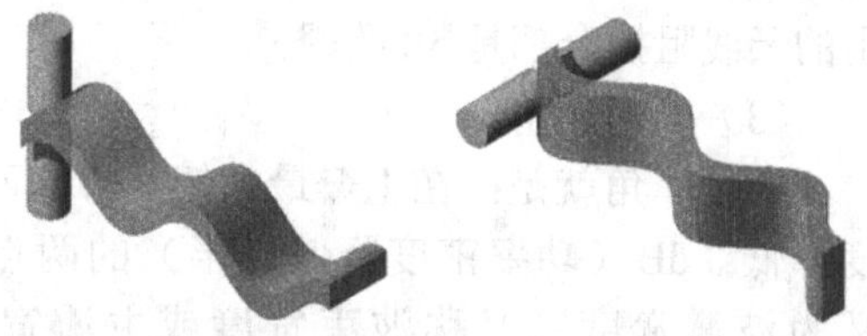

图 1-29　垂直极化（Vertical）和水平极化（Horizontal）

双极化天线是由极化彼此正交的两根天线封装在同一天线罩中组成的，采用双线极化天线，可以大大减少天线数目，简化天线工程安装，降低成本，减少了天线占地空间。在双极化天线中，通常使用+45° 和−45° 正交双极化天线，如图 1-30 所示。

实际工程中，一般单极化天线多采用垂直线极化；双极化天线多采用±45° 双线极化。两种极化天线外观识别，双极化天线有两个端口，单极化天线仅一个端口。实际工程中，采用空间分集需要多个单极化天线，而采用极化分集则只需要一幅双极化天线，如图 1-31 所示。

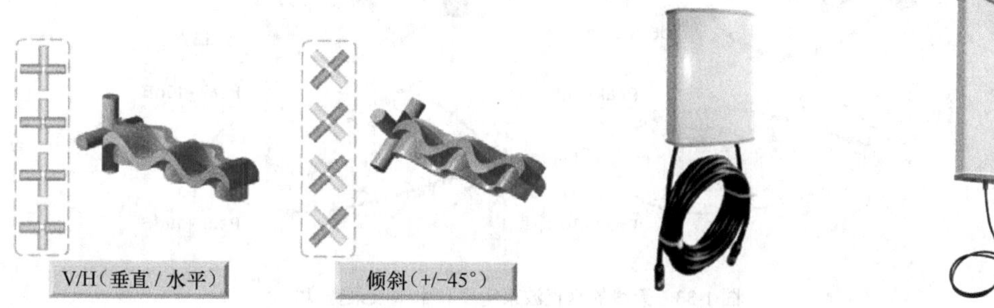

图 1-30　双极化天线　　　　图 1-31　双极化天线和单极化天线

双极化天线和单极化天线在不同的系统中的对比结果以及典型应用场景和采用的主要技术，如表 1-3 所示。

表 1-3　双极化天线和单极化天线典型应用场景的对比

类型	典型应用场景	主要技术	性能差距
干扰受限系统	主要应用于密集城区，站间距比较小。干扰是影响网络性能的主要因素	MIMO 双流；MIMO 单流；RANK 自适应	性能基本相当

续表

类型	典型应用场景	主要技术	性能差距
功率受限系统	以增加覆盖、克服衰落为主要目的，如效区、农村广覆盖等	发射分集，接收分集	性能差距不大
带宽受限系统	信道条件（CQI）比较好，基站间没有形成连续覆盖，基站的站间距比较大，用户数比较稀少	MIMO 双流	10λ（波长）单极化天线性能要优于双极化天线，性能提升在 20%左右

（2）阻抗

天线可以看作是一个谐振回路。一个谐振回路当然有其阻抗。对阻抗的要求就是匹配，和天线相连的电路必须具有与天线一样的阻抗。和天线相连的是馈线，天线的阻抗和馈线阻抗必须一样，才能达到最佳效果。如图 1-32 所示，移动通信系统目前使用的天线阻抗全部是 50 欧姆。

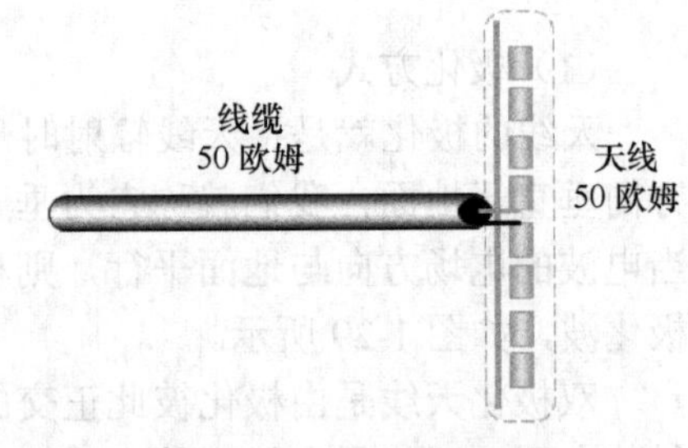

图 1-32　最佳匹配效果

（3）半功率角

半功率角就是：在主瓣最大辐射方向两侧，辐射强度降低 3 dB（功率密度降低一半）的两点间的夹角定义为波瓣宽度（又称波束宽度或主瓣宽度或半功率角）。波瓣宽度越窄，方向性越好，作用距离越远，抗干扰能力越强。

在板状定向天线的参数里，波束宽度又有垂直波束宽度和水平波束宽度。如图 1-33 所示，分别为 3dB 和 10dB 的垂直波束宽度和水平波束宽度。

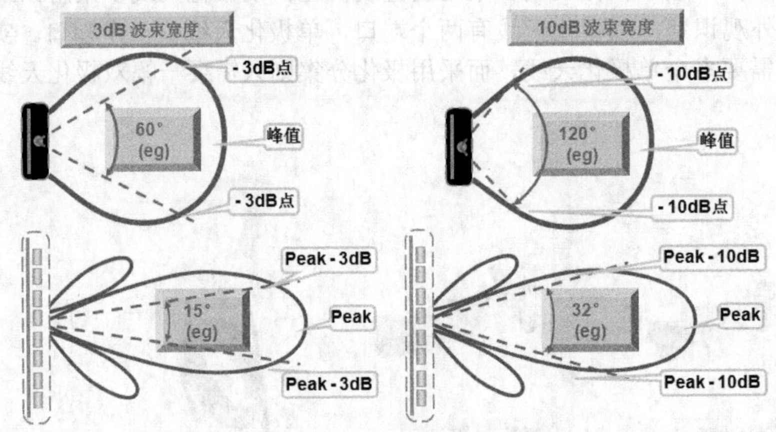

图 1-33　天线的垂直波束宽度和水平波束宽度

（4）倾角

天线的倾角是指电波的倾角，而并不是天线振子本身机械上的倾角。倾角反映了天线接收哪个高度角来的电波最强。倾角类型有：无下倾、机械下倾、固定电子下倾、可调电子下倾、遥控可调电子下倾和机械电调可组合使用等。对于定向天线可以通过机械方式调整倾角。全向天线的倾角是通过电子下倾来实现的。

电子下倾的原理是通过改变共线阵天线振子的相位，改变垂直分量和水平分量的幅值大小，改变合成分量场强强度，从而使天线的垂直方向图下倾。由于天线各方向的场强强度同

时增大和减小，保证在改变倾角后天线方向图变化不大，使主瓣方向覆盖距离缩短，同时又使整个方向图在服务区内减小覆盖面积但又不产生干扰。

机械调整天线指的是通过调整夹具的方法实现下倾角度的调整；电调天线指的是通过拉杆的调节控制天线内置的调节装置调整天线下倾角度，如图 1-34 所示。

（5）前后比

前后比是主瓣最大值与后瓣最大值之比，表明了天线对后瓣抑制的好坏。

选用前后比低的天线，天线的后瓣有可能产生越区覆盖，导致切换关系混乱，产生掉话。前后比一般在 25～30dB 之间，应优先选用前后比为 30dB 的天线。

（6）驻波比

天线驻波比（Voltage Standing Wave Ratio，VSWR）是表示天馈线与基站匹配程度的指标。它的产生是由于入射波能量传输到天线输入端后未被全部辐射出去，产生反射波，叠加而成的。一般要求天线的驻波比小于 1.5，驻波比是越小越好，但工程上没有必要追求过小的驻波比。

如图 1-35 所示，假设基站发射功率是 10W，反射回 0.5W，由此可算出回波损耗（Return Loss，RL），$RL=10\lg(10/0.5)=13\text{dB}$。计算反射系数：$RL=-20\lg\Gamma$, $\Gamma=0.2238$。故 $VSWR=(1+\Gamma)/(1-\Gamma)=1.57$。

图 1-34 电调天线和机械调整天线

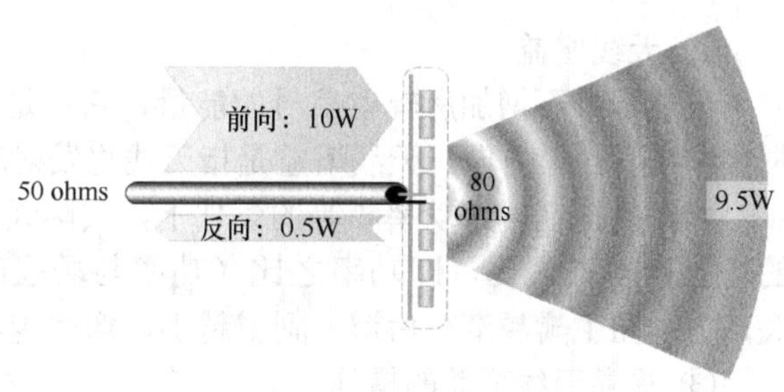

图 1-35 回波损耗

（7）天线增益

天线增益为 0～20dBi。0～8dBi 用于室内，全向天线增益为 9～12dBi，定向天线增益为 15.5～18.5dBi，天线增益超过 20dBi 仅用于道路覆盖。

① 天线的方向性

天线的方向性是指天线向一定方向辐射电磁波的能力。对于接收天线而言，方向性表示天线对不同方向传来的电波所具有的接收能力。天线的方向性的特性曲线通常用方向图来表示。方向图可用来说明天线在空间各个方向上所具有的发射或接收电磁波的能力。

全向天线是指一种在水平方向图上表现为 360°都均匀辐射，也就是平常所说的无方向性，在垂直方向图上表现为有一定宽度的波束，一般情况下波瓣宽度越小，增益越大。如图 1-36 所示。

定向天线在水平方向图上表现为一定角度范围辐射，也就是平常所说的有方向性，在垂直方向图上表现为有一定宽度的波束，同全向天线一样，波瓣宽度越小，增益越大，如图 1-37 所示。

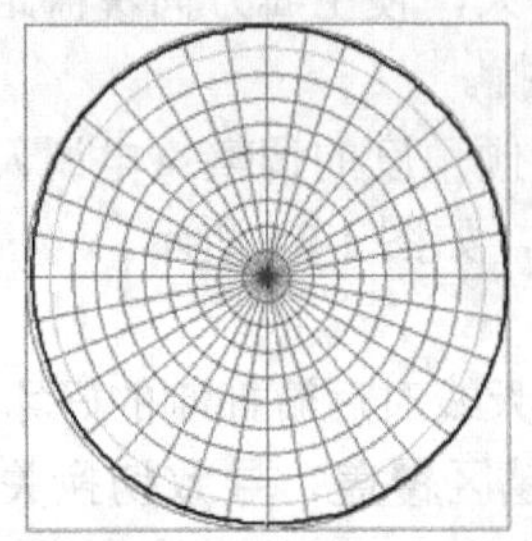
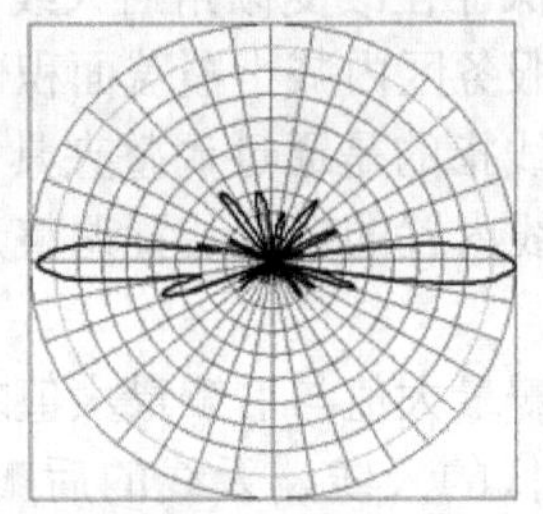

图 1-36　全向天线的水平方向图和垂直方向图

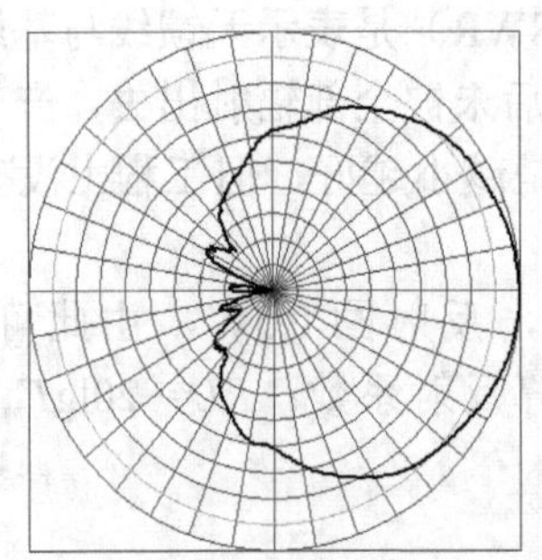
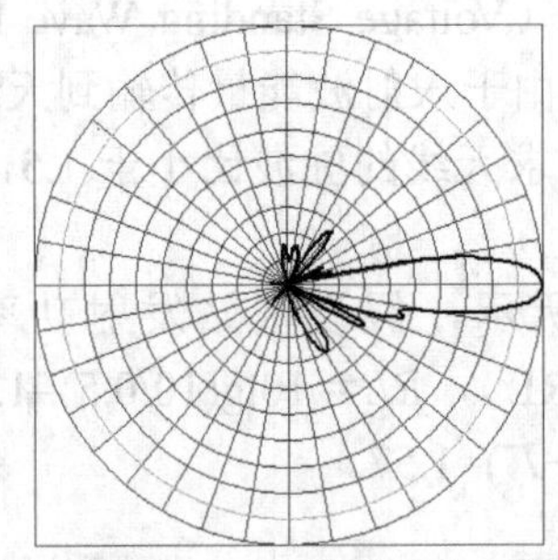

图 1-37　定向天线的水平方向图和垂直方向图

② 天线增益

天线本身不增加所辐射信号的能量，它只是通过天线振子的组合并改变其馈电方式把能量集中到某一个方向。天线增益是指天线将发射功率往某一指定方向集中辐射的能力。

增益是指在输入功率相等的条件下，实际天线与理想的辐射单元在空间同一点处所产生的场强的平方之比，即功率之比（功率与场强的平方成正比）。增益一般与天线方向图有关，方向图主瓣越窄，后瓣、副瓣越小，增益越高。

③ 提高天线增益的措施

板状天线的高增益是通过多个基本振子排列成天线阵而合成。例如，1 个对称振子的接收功率是 1mW，则 4 个对称振子组阵的接收功率就是 4 mW，相当于 *GAIN*= 10log(4mW/1mW) = 6dBd 的天线增益。

利用反射板可把辐射能控制聚焦到一个方向，反射面放在阵列的一边构成扇形覆盖天线。如图 1-38 所示，利用扇形覆盖天线，反射面把功率聚焦到一个方向进一步提高了增益。这里，“扇形覆盖天线” 与单个对称振子相比的增益为 10log(8mW/1mW)=9dBd。

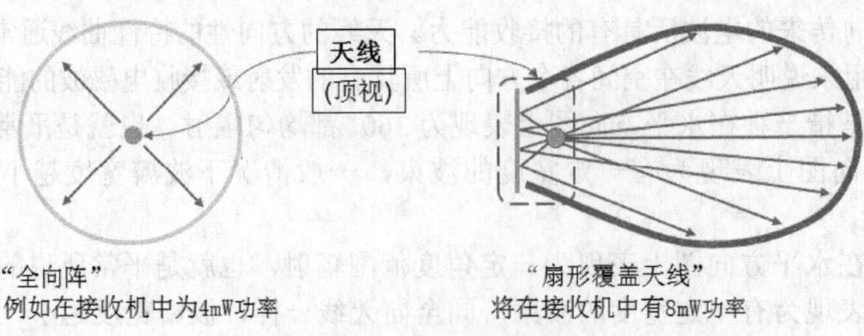

图 1-38　扇形覆盖天线的增益

（8）实际天线参数举例

根据组网的要求建立不同类型的基站，而不同类型的基站可根据需要选择不同类型的天线。选择的依据就是上述技术参数。比如全向站就是采用了各个水平方向增益基本相同的全向型天线，而定向站就是采用了水平方向增益有明显变化的定向型天线。一般在市区选择水平波束宽度为 65° 的天线，在郊区可选择水平波束宽度为 65°、90° 或 120° 的天线（按照站型配置和当地地理环境而定），而在乡村选择能够实现大范围覆盖的全向天线则是最为经济的。

实际工程中，某全向天线参数和某定向天线参数如图 1-39 所示。

某全向天线参数	
电气性能指标（Electrical Specifications）	
频带（Frequency Range）	824 ～ 896MHz
增益（Gain）	11dBi
驻波比（V.S.W.R）	<1.4
极化（Polarization）	垂直 Vertical
水平波速宽度（Horizontal-3dB Beamwidth）	360°
垂直波束宽度（Vertical-3dB Beamwidth）	8°
预置电下倾角（Electrical Downtilt）	3°
不圆度（Non-Circularity）	±0.5dB
三阶无源交调（IMD3）	≤107dBc
输入阻抗（Impedance）	50Ω
雷电保护（Lightning Protection）	直流接地 Direct Ground
最大功率（Maximum Input Power）	500W

某定向天线参数	
电气性能指标（Electrical Specifications）	
频带（Frequency Range）	824 ～ 896MHz
增益（Gain）	17dBi
驻波比（V.S.W.R）	<1.4
极化（Polarization）	±45°
端口隔离（Isolation Between Two Ports）	≥30dB
交叉极化鉴别率（Cross-Polar Discrimination）	≥15dB
水平波束宽度（Horizontal-3dB Beamwidth）	90°
垂直波束宽度（Vertical-3dB Beamwidth）	7°
预置电下倾角（Electrical Downtilt）	0°
前后比（Front-to-Back Ratio）	≥25dB
三阶无源交调（IMD3）	<-107dBc
输入阻抗（Impedance）	50Ω
接头型式（Connector Type）	7/16DIN(F)
雷电保护（Lightning Protection）	直流接地 Direct Ground
最大功率（Maximum Input Power）	500W

图 1-39　某全向天线参数和某定向天线参数

3．天线覆盖的计算

（1）天线方向图覆盖范围的估算

任何传播模型的估计都是默认工作在天线方向图覆盖范围内的，而方向图的覆盖范围在天线无下倾角是无限的，实际覆盖范围完全取决于传播模型估计，在有下倾角时如图 1-40 所示，是有范围的，可以得出天线高度、下倾角和覆盖距离三者之间的关系为：

$$\alpha = \arctan(H/S)+\beta/2$$

其中，α：下倾角；β：垂直波束宽度；H：天线高度；S：方向图覆盖范围。

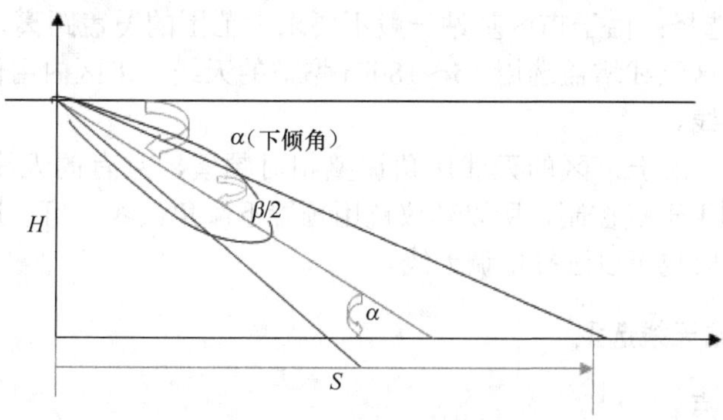

图 1-40　天线高度、下倾角和覆盖距离三者之间的关系

（2）改变天线倾角，合理进行容量控制

对高话务量区也可通过调整基站天线的俯仰角改善照射区的范围，使基站的业务接入能力加大；而对低话务量区也可通过调整基站天线的俯仰角加大照射区范围，吸入更多的话务量，这样可以使整个网络的容量扩大，通话质量提高，如图 1-41 所示。

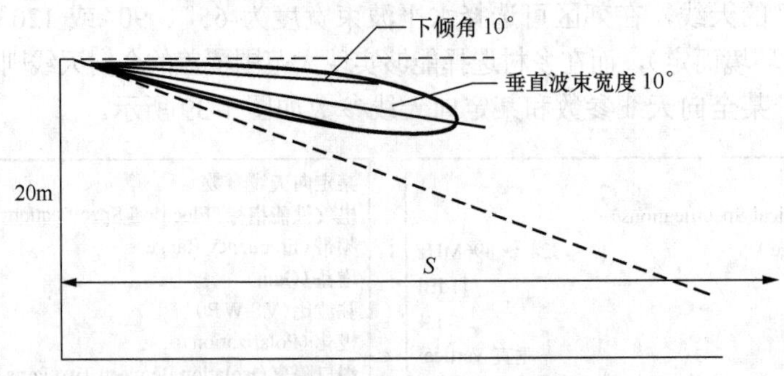

图 1-41　调整基站天线的倾角改变覆盖范围

【想一想】

1．天线有哪些基本参数？

2．如何估算天线方向图的覆盖范围？

【知识链接 2】　天线选型

1．市区基站天线选型

（1）应用环境特点

基站分布较密，要求单基站覆盖范围小，希望尽量减少越区覆盖的现象，减少基站之间的干扰，提高下载速率。

（2）天线选型原则

① 极化方式选择：由于市区基站站址选择困难，天线安装空间受限，建议选用双极化天线，宽频天线。

② 方向图的选择：在市区主要考虑提高频率复用度，因此一般选用定向天线。

③ 半功率波束宽度的选择：为了能更好地控制小区的覆盖范围来抑制干扰，市区天线水平半功率波束宽度选用 60°～65°。

④ 天线增益的选择：由于市区基站一般不要求大范围的覆盖距离，因此建议选用中等增益的天线。建议市区天线增益选用 15～18dBi 增益的天线。市区内用作补盲的微蜂窝天线增益可选择更低的天线。

⑤ 下倾角选择：由于市区的天线倾角调整相对频繁，且有的天线需要设置较大的倾角，而机械下倾不利于干扰控制，所以建议选用预置下倾角天线。可以选择具有固定电下倾角的天线，条件满足时也可以选择电调天线。

2．郊区农村基站天线选型

（1）应用环境特点

基站分布稀疏，业务量较小，对数据业务要求比较低，要求广覆盖。有的地方周围只有

一个基站，覆盖成为最为关注的对象，这时应结合基站周围需覆盖的区域来考虑天线的选型。

（2）天线选型原则

① 方向图选择：如果要求基站覆盖周围的区域，且没有明显的方向性，基站周围话务分布比较分散，此时建议采用全向基站覆盖。同时需要注意的是：全向基站由于增益小，覆盖距离不如定向基站远。同时全向天线在安装时要注意塔体对覆盖的影响，并且天线一定要与地平面保持垂直。如果运营商对基站的覆盖距离有更远的覆盖要求，则需要用定向天线来实现。一般情况下，应当采用水平面半功率波束宽度为90°、105°、120°的定向天线。

② 天线增益的选择：根据覆盖要求选择天线增益，建议在郊区农村地区选择较高增益（16～18dBi）的定向天线或9～11dBi的全向天线。

③ 下倾方式的选择：在郊区农村地区对天线的下倾调整不多，其下倾角的调整范围及特性要求不高，建议选用机械下倾天线；同时，天线挂高在 50 米以上且近端有覆盖要求时，可以优先选用零点填充的天线来避免塔下黑问题。

3．公路覆盖基站天线选型

（1）应用环境特点

该环境下业务量低、用户高速移动，此时重点解决的是覆盖问题。一般来说它要实现的是带状覆盖，故公路的覆盖多采用双向小区；在穿过城镇、旅游点的地区也综合采用全向小区；再就是强调广覆盖，要结合站址及站型的选择来决定采用的天线类型。不同的公路环境差别很大，一般来说有较为平直的公路，如高速公路、铁路、国道、省道等，推荐在公路旁建站，采用 S1/1/1、或 S1/1 站型，配以高增益定向天线实现覆盖。有蜿蜒起伏的公路如盘山公路、县级自建的山区公路等，得结合在公路附近的乡村覆盖，选择高处建站。

在初始规划进行天线选型时，应尽量选择覆盖距离广的高增益天线进行广覆盖。

（2）天线选型原则

① 方向图选择：在以覆盖铁路、公路沿线为目标的基站，可以采用窄波束高增益的定向天线。可根据布站点的道路局部地形起伏和拐弯等因素来灵活选择天线形式。

② 天线增益的选择，定向天线增益可选 17～22dBi 的天线，全向天线的增益选择11dBi。

③ 下倾方式的选择：公路覆盖一般不设下倾角，建议选用价格较便宜的机械下倾天线，在 50 米以上且近端有覆盖要求时，可以优先选用零点填充（大于 15%）的天线来解决塔下黑问题。

④ 前后比的选择：由于公路覆盖大多数用户都是快速移动用户，所以为保证切换的正常进行，定向天线的前后比不宜太高。

4．山区覆盖基站天线选型

（1）应用环境特点

在偏远的丘陵山区，山体阻挡严重，电波的传播衰落较大，覆盖难度大。通常为广覆盖，在基站很广的覆盖半径内分布零散用户，业务量较小。基站或建在山顶上、山腰间、山脚下或山区里的合适位置。需要区分不同的用户分布、地形特点来进行基站选址、选型、选择天线。以下这几种情况比较常见：盆地型山区建站、高山上建站、半山腰建站、普通山区建站等。

（2）天线选型原则

① 方向图选择：视基站的位置、站型及周边覆盖需求来决定方向图的选择，可以选择全向天线，也可以选择定向天线。对于建在山上的基站，若需要覆盖的地方位置相对较低，则应选择垂直半功率角较大的方向图，更好地满足垂直方向的覆盖要求。

② 天线增益选择：视需覆盖的区域的远近选择中等天线增益，全向天线（9～11dBi），定向天线（15～18dBi）。

③ 倾角选择：在山上建站，需覆盖的地方在山下时，要选用具有零点填充或预置下倾角的天线。对于预置下倾角的大小视基站与需覆盖地方的相对高度作出选择，相对高度越大应选择预置下倾角更大一些的天线。

5. LTE 天线选型建议

根据以上的选择，结合 LTE 的特殊情况，建议的 LTE 天线选型原则如表 1-4 所示。

表 1-4　LTE 天线选型原则

地物类型 / 参数	市区	郊区	公路	山区
天线挂高（m）	20～30	30～40	＞40	＞40
天线增益（dBi）	15～18	18	＞18	15～18
水平波瓣角（°）	60～65	90 \105\ 120	根据实际情况	根据实际情况
机械下倾	N	N	Y	Y
电子下倾	Y	Y	N	N
极化方式	双极化	双极化	单极化	单极化
发射天线个数	1、2	1、2	2	2
是否采用宽频天线	可以	可以	可以	可以

一般情况下，LTE 的站址选择均利用现有的设施，因此是否有足够空间来安装 LTE 天线和高度是满足 LTE 规划面临的最大问题。因此实际工程采用哪种极化方式、是否采用宽频天线、下倾角方式等技术参数，需要对现有设施进行详细勘查后，根据实际情况进行合理规划。

由于 LTE 使用 MIMO 技术，目前常用的包括 2T2R 和 4T4R 情况。考虑到建站成本等因素，对于 2T2R 情况，一般情况下采用双极化天线；对于 4T4R 情况，一般情况下采用 2 个双极化天线，天线之间的距离 1～2 个波长（λ）即可，对应 2.6GHz 为 30～50cm。当存在多个制式共存时，建议采用宽频天线，从而节省设备商投入以及安装空间。

【想一想】

不同场景下，LTE 基站天线的选型原则。

【技能实训】 读懂 LTE 天线参数表

1. 实训目标

（1）培养良好的职业道德与习惯，增强团队意识。

（2）能够通过 Internet，进行某种型号的 LTE 天线参数的查找。

（3）能够读懂实际天线的参数表。

2．实训设备

具有 Internet 网络连接的计算机一台。

3．实训步骤及注意事项

（1）通过 Internet 进行某种型号的 LTE 天线参数的查找。
（2）根据已学知识点，读懂 LTE 天线参数表。
（3）将查找到的 LTE 天线的型号、图片进行整理，分析其参数表，并整理成一个文档。

4．实训考核单

考核项目	考 核 内 容	所占比例	得分
实训态度	1. 积极参加技能实训操作； 2. 按照安全操作流程进行操作； 3. 纪律遵守情况	30%	
实训过程	1. 通过 Internet 进行某种型号 LTE 天线参数的查找； 2. 根据已学知识点，读懂 LTE 天线参数表； 3. 将查找到的 LTE 天线参数表整理成一个文档； 4. 使用路测软件进行初始上下文建立过程信令分析	40%	
成果验收	某型号 LTE 天线参数表	30%	
合计		100%	

任务 5　LTE 无线网络覆盖与容量规划

【工作任务单】

工作任务单名称	LTE 无线网络覆盖与容量规划	建议课时	4
工作任务内容： 1. 掌握 LTE 无线网络规划概述； 2. 了解 LTE 无线网络覆盖规划； 3. 了解 LTE 无线网络容量规划； 4. 根据给定参数进行 LTE 无线网络规划			
工作任务设计： 首先，教师讲解 LTE 无线网络规划概述、覆盖规划； 其次，分组根据给定参数进行 LTE 无线网络覆盖规划； 再次，教师讲解 LTE 无线容量规划； 最后，分组根据给定参数进行 LTE 无线网络容量规划			
建议教学方法	教师讲解、情景模拟、分组讨论	教学地点	实训室

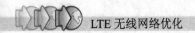

【知识链接 1】 LTE 无线网络规划概述

1．LTE 无线网络规划流程

优秀的无线网络规划是 3C1Q（覆盖、容量、成本和质量）的最佳平衡。LTE 网络规划流程如图 1-42 所示。LTE 无线网络规划流程的估算结果是 eNodeB 的数量。

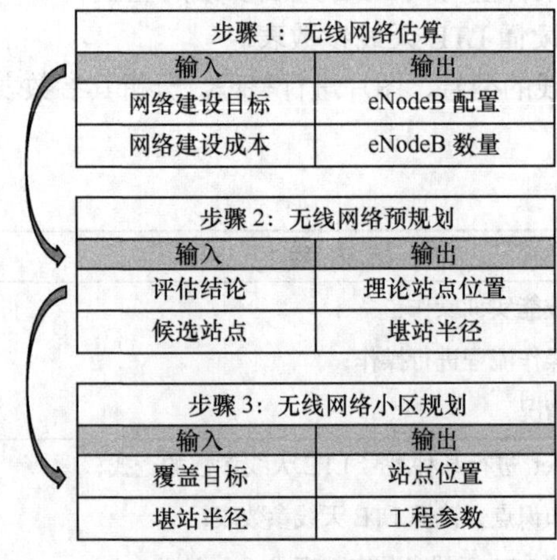

步骤 1：无线网络估算
输入
输出
网络建设目标
eNodeB 配置
网络建设成本
eNodeB 数量
步骤 2：无线网络预规划
输入
输出
评估结论
理论站点位置
候选站点
基站半径
步骤 3：无线网络小区规划
输入
输出
覆盖目标
站点位置
基站半径
工程参数

图 1-42　LTE 无线网络规划流程

2．LTE 无线网络衡量指标

LTE 无线网络衡量指标如表 1-5 所示。

表 1-5　LTE 无线网络衡量指标

指标项	定　义	典 型 值	备　注
RSRP	参考信号接收功率。测量带宽内的所有公共导频接收功率的线性平均，也就是一个导频 RE 的平均功率，和 RSCP 的定义有较大差异	−70～−120 dBm	覆盖电平的衡量指标
RSRQ	参考信号接收质量。N×RSRP/（E-UTRA carrier RSSI）。N 为 RB 数。实际上等效于 RSRP/一个 RB 上的平均接收信号强度	最大值为−6dB（2T2R）	和天线配置、导频功率配比，网络负载情况有关
小区中心 SINR	SINR 高于一定程度的区域认为是小区中心。不同负载情况下，由于网络 SINR 分布曲线不同，小区中心的 SINR 判断门限也会不同	15dB 以上（100%load）	不同的负载率 SINR 分布不同，典型值也不同
小区边缘 SINR	SINR 低于一定程度的区域认为是小区边缘。不同负载情况下，由于网络 SINR 分布曲线不同，小区边缘的 SINR 判断门限也会不同	0dB 以上（100%load）	不同的负载率 SINR 分布不同，典型值也不同

3．LTE 网络规划的挑战

（1）用户对数据速率的要求永无止境，频谱资源的稀缺不可逆转。频谱效率是网络演进的最大动力，但与同频干扰是一对矛盾体。解决方案：采用紧密复用的频率规划和同频干扰解决方案。

（2）新技术带来新的规划研究。解决方案：采用 MIMO 通道改造、提高 MIMO 天线间距，进行 ICIC（Inter-Cell Interference Coordination，小区间干扰消除技术）边缘频段规划。

（3）运营商拥有大量 2G/3G 站点资源，新站址获得越来越困难，共站址甚至共天馈的需求日趋强烈。解决方案：基于 2G/3G 的站点选择、天馈、异系统干扰和多系统互操作。

可以采用自优化网络（Self-Optimizing Network，SON）来监护网络规划和网络优化工作，提升网络质量，降低运维成本。

4．LTE 网络部署策略

LTE 网络的部署策略如图 1-43 所示，在城区连续覆盖、热点覆盖、广覆盖三种场景下。

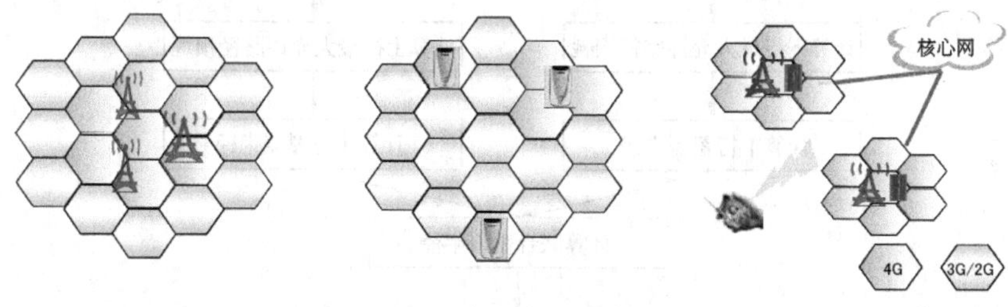

图 1-43　LTE 网络部署策略

（1）城区连续覆盖

组网场景：类似 3G 初期部署思路，城区连续覆盖，城区和 3G/2G 重复覆盖，共站址。业务提供：解决城区业务需求，城区内 LTE 业务连续。

（2）热点覆盖

组网场景：热点覆盖，不连续/局部连续组网，小区半径小，大量使用 Pico、Micro 基站。业务提供：解决热点高密度业务需求，LTE 业务非连续，依赖 2G/3G 补充。

（3）广覆盖

组网场景：类似 2G 初期部署思路，全部地区连续覆盖，和 3G/2G 重复覆盖，共站址。业务提供：LTE 业务体验全网一致。

【想一想】

1．LTE 无线网络规划流程。

2．LTE 无线网络衡量指标有哪些？

【知识链接 2】 LTE 覆盖规划

1．LTE 室外链路预算

（1）LTE 室外链路预算流程

覆盖估算流程如图 1-44 所示。

① 按要求输入相应的参数。

②上行下分别进行计算。先计算发端 EIRP，然后计算收端天线入口所需要的最低接收电平，两者相减（考虑相应的余量）得到路径损耗，再根据传播模型计算成本出相应的上行、下行小区半径。

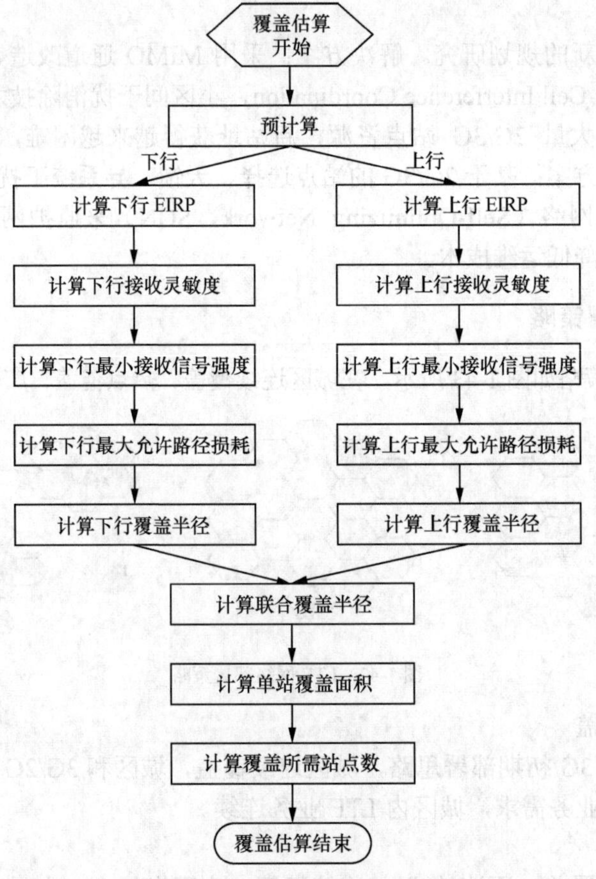

图 1-44 LTE 覆盖估算流程

③ 比较上下行半径，取较小值作为实际小区的半径（链路预算完成）。

④ 根据小区半径计算单个 eNodeB 覆盖区域的面积计算，如图 1-45 所示。3 扇区定向站的小区覆盖半径为 R，则站间距 D=1.5*R，站点覆盖区域为 1.949*R*R；全向站的小区覆盖半径为 R，则站间距 D=1.732*R，站点覆盖区域为 2.598*R*R。

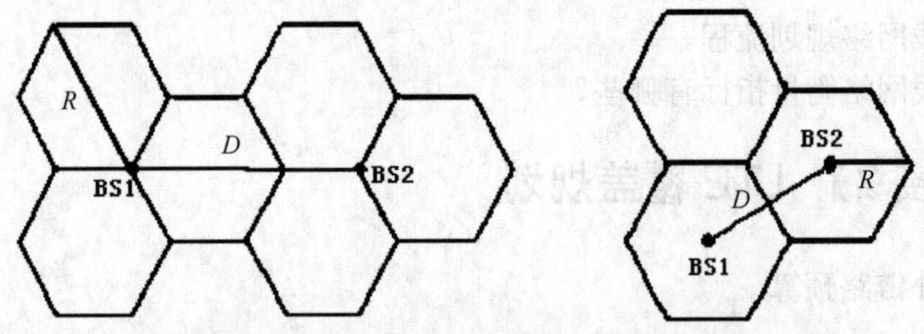

图 1-45 3 扇区定向站和全向站的覆盖面积计算

⑤ 再结合规划区域面积计算需要的站点数，所需站点数=规划目标区域面积/单基站覆盖面积。

（2）链路预算基本原理

链路预算通过对系统中前反向信号传播途径中的各种影响因素进行考察，对系统的覆盖能力进行估计，获得保持一定通信质量下链路所允许的最大传播损耗（MAPL）。如图 1-46 所示。

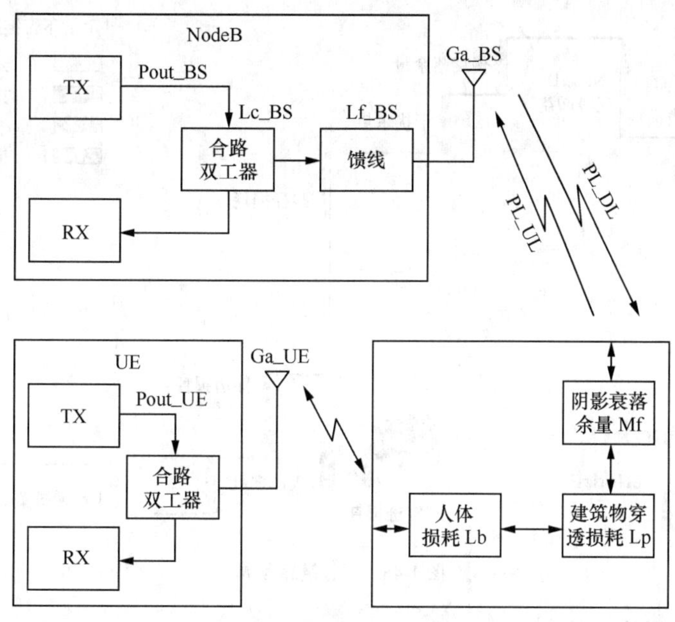

图 1-46　链路预算基本原理

（3）上下行链路预算

下行的链路元素跟上行基本一致，下行负载因子和下行干扰余量的取值跟上行不同。上行链路预算如图 1-47 所示，*PL_UL=Pout_UE+Ga_BS + Ga_UE - Lf_BS – Mf – MI – Lp – Lb – S_BS*。

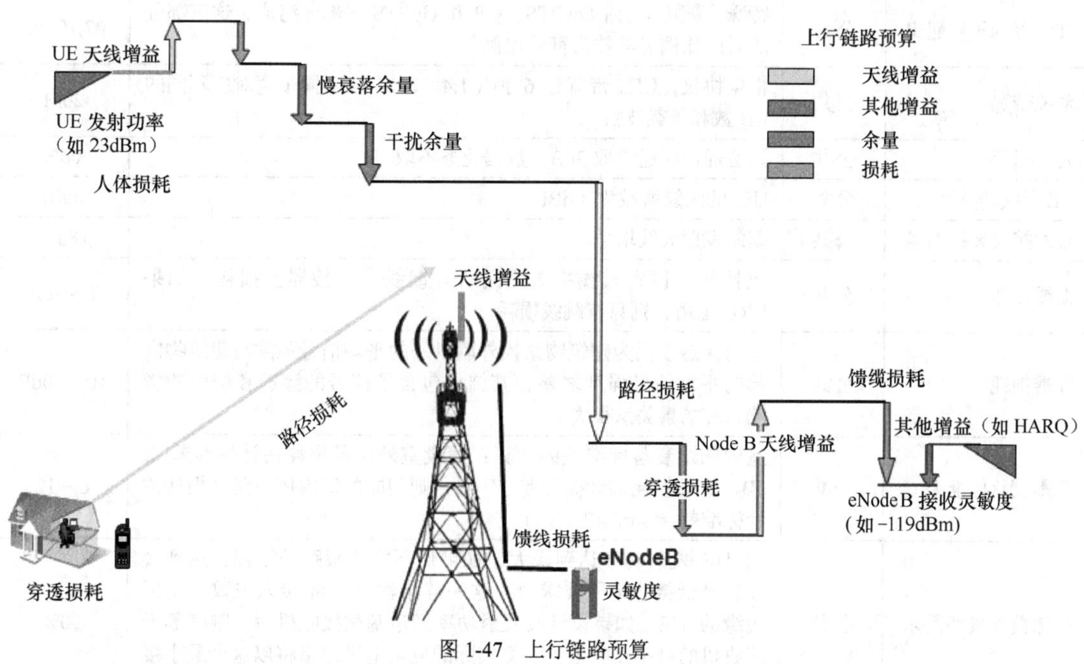

图 1-47　上行链路预算

下行链路预算如图 1-48 所示，*PL_DL = Pout_BS – Lf_BS + Ga_BS + Ga_UE – Mf – MI – Lp – Lb – S_UE*。

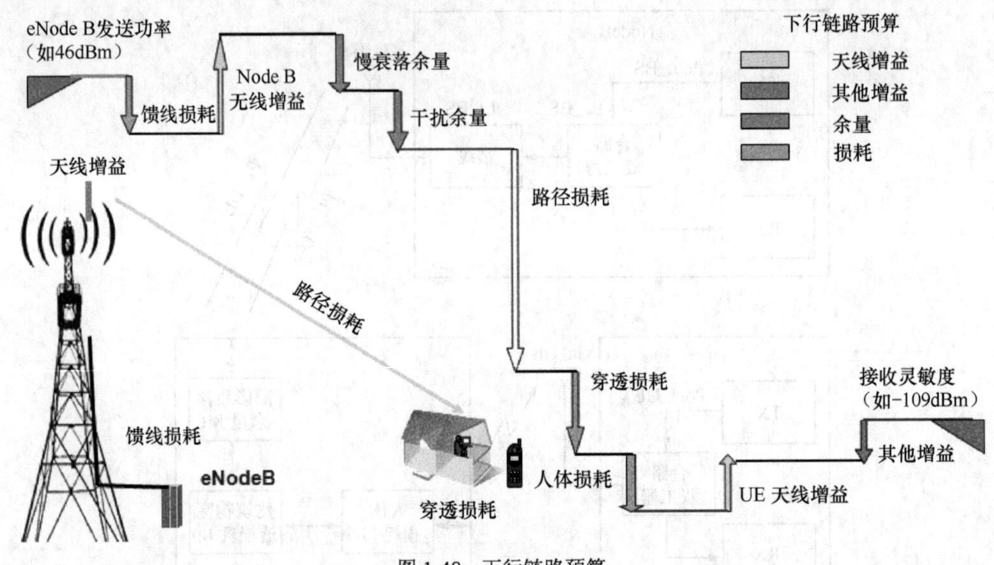

图 1-48　下行链路预算

（4）LTE 链路预算参数

LTE 链路预算参数见表 1-6 所示。

表 1-6　LTE 链路预算参数

参数名称	类型	参 数 含 义	典型取值
TDD 上下行配比	公共	根据协议 36.211，TDD-LTE 支持 7 种不同的上下行配比	#1,2:2
TDD 特殊子帧配比	公共	特殊子帧（S）由 DwPTS，GP 和 UpPTS 三部分组成，这三部分的时间比例（等效为符号比例）	#7,10:2:2
系统带宽	公共	根据协议，LTE 带宽分 6 种（1.4～20M），不同带宽对应不同的 RB 数和子载波数	20M
人体损耗	公共	话音通话时通常取 3dB，数据业务不取	0dB
UE 天线增益	公共	UE 的天线增益为 0dBi	0dBi
基站接收天线增益	公共	基站发射天线增益	18dBi
馈缆损耗	公共	包括从机顶到天线接头之间所有馈线、连接器的损耗，如果 RRU 上塔，则只有跳线损耗	1 ~ 4dB
穿透损耗	公共	室内穿透损耗为建筑物紧挨外墙以外的平均信号强度与建筑物内部的平均信号强度之差，其结果包含了信号的穿透和绕射的影响，和场景关系很大	10 ~ 20dB
阴影衰落标准差	公共	室内阴影衰落标准差的计算：假设室外路径损耗估计标准差 X dB，穿透损耗估计标准差 Y dB，则相应的室内用户路径损耗估计标准差 = sqrt(X2 + Y2)	6 ~ 12
边缘覆盖概率需求	公共	当 UE 发射功率达到最大，如果仍不能克服路径损耗，达到接收机最低接收电平要求时，这一链路就会中断/接入失败。小区边缘的 UE，如果设计其发射功率到达基站接收机后，刚好等于接收机的最小接收电平。则实际的测量电平结果将以这个最小接收电平为中心，服从正态分布；视运营商要求而定	90%
阴影衰落余量	公共	阴影衰落余量（dB）= NORMSINV（边缘覆盖概率要求）× 阴影衰落标准差（dB）	——

续表

参数名称	类型	参 数 含 义	典型取值
UE 最大发射功率	上行	UE 的业务信道最大发射功率一般就是其额定总发射功率	23dBm
基站噪声系数	上行	评价放大器噪声性能好坏的一个指标，用 NF 表示，定义为放大器的输入信噪比与输出信噪比之比	4.5dB
上行干扰余量	上行	与要求达到的上行 SINR、上行负载、邻区干扰因子相关	——
下行干扰余量	下行	与 UE/eNB 之间耦合损耗、下行负载、邻区干扰因子等相关	——
基站发射功率	下行	基站总的发射功率（链路预算中通常指单天线），下行 eNB 功率在全带宽上分配，上行功率在调度的 RB 上分配	43dBm

2．LTE 室内链路预算

（1）LTE 室内覆盖链路预算流程描述

室内覆盖链路预算分成无线传播部分和有线分布系统两部分，典型的室内覆盖链路预算如图 1-49 所示。第一步：覆盖指标确定；第二步：天线覆盖半径确定；第三步：分析传播模型；第四步：确定各种场景下的天线口功率。

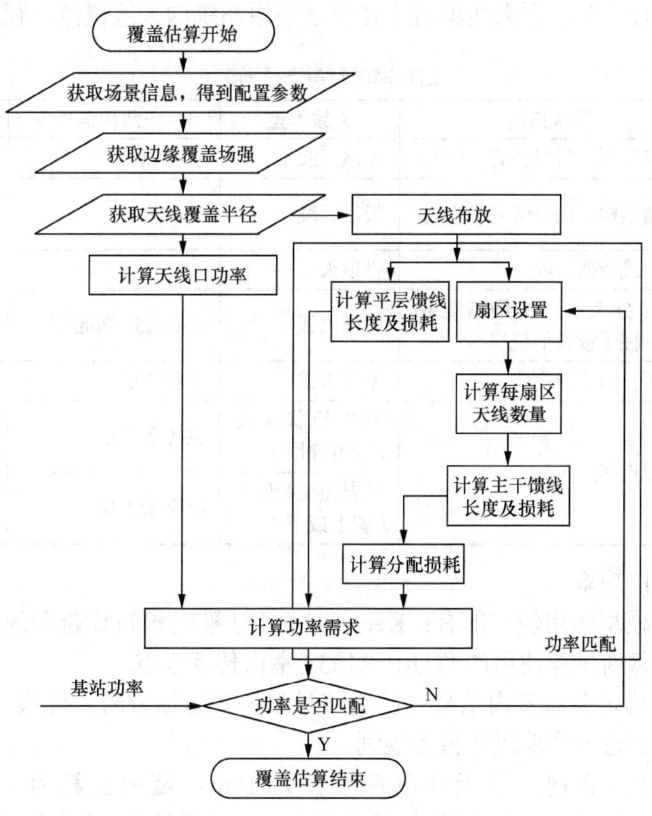

图 1-49　典型的室内覆盖链路预算

（2）LTE 室内覆盖指标确定

LTE 可以提供多种业务，不同的区域类型要求提供不同的业务；不同的业务，其室内覆盖指标要求不一样。因此，要确定室内覆盖指标，首先要划分不同的业务覆盖区域类型，按对网络质量的要求，通常分为三类区域，各类场景下建议边缘区域要求详见表 1-7。

表 1-7　　　　业务覆盖区域类型和边缘 RSRP 要求

区 域 类 型	场　　景	边缘 RSRP 要求
一类区域（1024kbit/s）	高档娱乐场所、高档办公楼、高档酒店、大型商场、候机厅/展厅	≥−105dBm
二类区域（512kbit/s）	一般娱乐场所、一般办公楼、一般酒店、一般商场	≥−110dBm
三类区域（128kbit/s）	停车场	≥−115dBm

室内覆盖边缘场强的确定需要同时考虑两个方面：一方面边缘场强应满足连续覆盖业务的最小接收信号强度（需要考虑所承载业务的接收灵敏度、不同场景的慢衰落余量、干扰余量、人体损耗等因素）；另一方面应大于室外信号在室内的覆盖强度，即设计余量，其典型经验值为 5～8dB（不同的场景要求会有差异，比如办公楼、酒店余量可以适当取大一些，相反停车场可以适当小一些）。

（3）LTE 室内覆盖半径确定

新建室内覆盖时，相同的室内覆盖场景，对于高频段系统，由于穿透损耗大，天线覆盖半径会比低频段的天线覆盖半径小，半径设置可以参考 3G 频段的覆盖半径，如表 1-8 所示。若与其他系统合路时，则天线覆盖半径应该与原系统的天线覆盖半径相同。

表 1-8　　　　LTE 室内覆盖半径确定

区域类型	区域描述	天线类型	3G 天线覆盖半径	2G 天线覆盖半径
KTV 包房	墙壁较厚，门口旁有卫生间	吸顶天线	8～10m	10～12m
酒店、宾馆、餐饮包房	砖墙结构，门口旁有卫生间	吸顶天线	10～12m	12～15m
写字楼、超市	玻璃或货架间隔	吸顶天线	12～15m	15～20m
停车场/会议室/大厅	大部分空旷，中间有电梯厅、柱子或其他机房	吸顶天线	半径 15～20m	半径 25m
展厅	空旷，每层较高	壁挂天线	半径 50m	半径 100m
电梯	普通电梯	壁挂板状天线（朝电梯厅）	共覆盖 3 层	共覆盖 5 层
		壁挂板状天线（朝上或下）	共覆盖 5 层	共覆盖 7 层

（4）计算天线口功率

目前室内传播模型应用较广的有：Keenan-Motley 模型和 ITU 推荐的 ITU-R P.1238 室内传播模型，还有运营商推荐使用的 ITU-R P.1238 室内传播模型。

从覆盖效果、均匀分布室内信号、防止信号泄漏等方面分析，建议 LTE 室内分布系统的单天线功率按照穿透一面墙进行覆盖规划。

计算天线口功率实例：设天线覆盖半径为 10m，墙面损耗为 15dB，工作频段为 2300MHz，带宽 20MHz，慢衰落余量取 0dB（前面边缘覆盖场强已经考虑），边缘 RSRP 要求≥−105dBm。ITU-R P.1238 模型中 N 取 28，模型公式如下：

$$L = 20\log(f) + N\log(d) + L_{f(n)} - 28\text{dB} + X_{\delta}$$

则空间传播损耗 PL=20log(2300)+28log(10)+15*1−28+0=82dB。

由于天线口单导频功率−PL≥−105dBm，则天线口单导频功率≥−105+82=−23dBm，即天线口总发射功率=天线口单导频功率+10lg(1200)=−23+31=8dBm。所以，天线口功率≥8dBm。

假设穿透两层墙，墙面损耗仍为 15dB，其他条件不变，则天线口功率≥23dBm，已经超过电磁辐射安全标准 15dBm。

（5）有线分布系统损耗

由有线分布系统损耗及天线口功率，就可以计算出基站发射功率。

室内覆盖系统有线部分的分布损耗是指从信号源到天线输入端的损耗，包括馈缆传输损耗、功分器耦合器的分配损耗和介质损耗（插入损耗）三部分。

分布损耗=馈线传输损耗+功分器/耦合器分配损耗+器件插入损耗。

① 馈线损耗

100 米馈线的损耗如表 1-9 所示。

表 1-9　　馈线损耗（100 米）

馈线类型	700MHz	900MHz	1700MHz	1800MHz	2.1GHz	2.3GHz	2.5GHz
LDF4 1/2″	6.009	6.855	9.744	10.058	10.961	11.535	12.09
FSJ4 1/2″	9.683	11.101	16.027	16.57	18.137	19.138	20.11
AVA5 7/8″	3.093	3.533	5.04	5.205	5.678	5.979	6.27
AL5 7/8″	3.421	3.903	5.551	5.73	6.246	6.573	6.89
LDP6 5/4″	2.285	2.627	3.825	3.958	4.342	4.588	4.828
AL7 13/8″	2.037	2.333	3.36	3.472	3.798	4.006	4.208

② 分配损耗

分配损耗是基站功率在多个天线间分配的时候，对于某一个天线来讲，分配到其他天线的功率就是损耗，称为分配损耗。

③ 器件插入损耗

器件插入损耗简称插损，包括功分器、耦合器等引入的器件热损耗和接头损耗两部分。

【想一想】

1．LTE 室外覆盖链路预算流程。

2．LTE 室内覆盖链路预算流程。

【技能实训】 LTE 无线网络覆盖规划

1．实训目标

（1）培养良好的职业道德与习惯，增强团队意识。

（2）能够利用给定参数完成 LTE 无线网络覆盖规划。

2．实训设备

具有 Internet 网络连接、安装有 LTE 无线网络规划软件的计算机一台。

3．实训步骤及注意事项

（1）按要求输入相应的参数。

（2）上行下分别进行计算，先计算发端 EIRP，接着计算收端天线入口所需要的最低接

收电平，两者相减得到路径损耗，再根据传播模型计算出相应的上、下行小区半径。

（3）比较上下行半径，取较小值作为实际小区的半径。

（4）根据小区半径计算单个 eNodeB 覆盖区域的面积。

（5）再结合规划区域面积计算需要的站点数，所需站点数=规划目标区域面积/单基站覆盖面积。

（6）将过程结果进行记录，并整理成一个文档。

4．实训考核单

考核项目	考 核 内 容	所占比例	得分
实训态度	1．积极参加技能实训操作； 2．按照安全操作流程进行操作； 3．纪律遵守情况	30%	
实训过程	1．输入正确参数； 2．计算最大允许路径损耗； 3．获得小区半径； 4．得到单个站点的覆盖面积； 5．计算所需站点数	40%	
成果验收	LTE 无线网络覆盖规划报告	30%	
合计		100%	

【知识链接 3】 LTE 容量规划

容量规划与覆盖、功率预算、业务类型是直接相关的。

1．LTE 容量估算过程

TD-LTE 系统中小区吞吐率变化与所采用的以下因素相关：上下行子帧配比、特殊子帧配置、调度算法、信道条件、小区场景、UE 终端能力和用户 QoS。LTE 容量估算过程如图 1-50 所示。

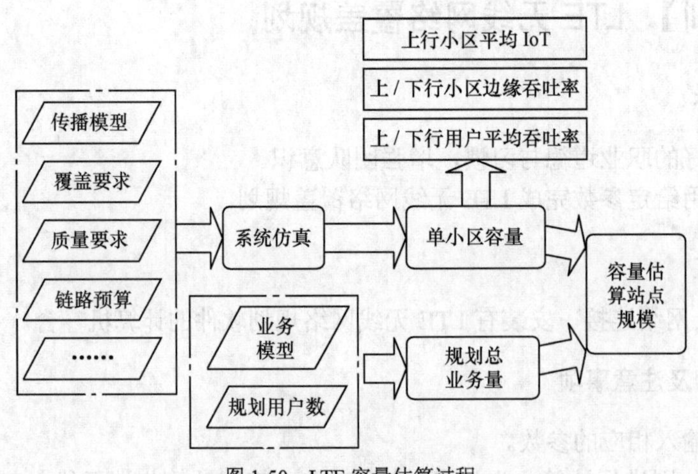

图 1-50 LTE 容量估算过程

2. LTE 容量仿真过程

TD-LTE 系统仿真中主要采用 Monte Carlo 方法，即通过一系列"快照"获得网络的整体性能。LTE 容量仿真过程如图 1-51 所示。

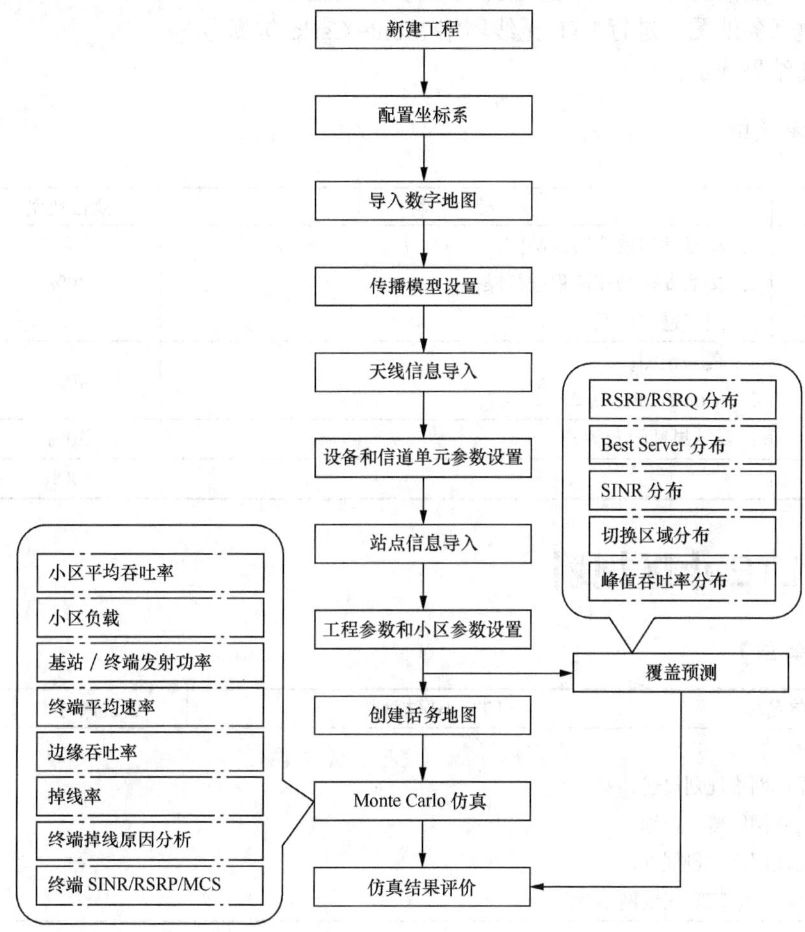

图 1-51 LTE 容量仿真过程

【想一想】

1. LTE 容量估算过程。
2. LTE 容量仿真过程。

【技能实训】 LTE 无线网络容量仿真

1. 实训目标

（1）培养良好的职业道德与习惯，增强团队意识。
（2）能够完成 LTE 无线网络仿真过程。

2. 实训设备

具有 Internet 网络连接、安装有 LTE 无线网络仿真软件的计算机一台。

3. 实训步骤及注意事项

（1）覆盖预测：配置坐标系，导入数字地图，传播模型设置，天线信息导入，设备和信道参数设置，站点信息导入，工程参数和小区参数设置。

（2）创建话务地图，进行 LTE 无线网络 Monte Carlo 仿真。

（3）仿真结果评价。

4. 实训考核单

考核项目	考 核 内 容	所占比例	得分
实训态度	1. 积极参加技能实训操作； 2. 按照安全操作流程进行操作； 3. 纪律遵守情况	30%	
实训过程	1. 覆盖预测； 2. Monte Carlo 仿真	40%	
成果验收	仿真结果截图及评价	30%	
合计		100%	

任务 6　LTE 小区规划

【工作任务单】

<table>
<tr><td>工作任务单名称</td><td>LTE 小区规划</td><td>建议课时</td><td>2</td></tr>
<tr><td colspan="4">工作任务内容：
1. 掌握 LTE 无线网络规划概述；
2. 了解 LTE 无线网络覆盖规划；
3. 了解 LTE 无线网络容量规划；
4. 根据给定参数进行 LTE 无线网络规划</td></tr>
<tr><td colspan="4">工作任务设计：
首先，教师讲解 LTE 无线网络规划概述、覆盖规划；
其次，分组根据给定参数进行 LTE 无线网络覆盖规划；
再次，教师讲解 LTE 无线容量规划；
最后，分组根据给定参数进行 LTE 无线网络容量规划</td></tr>
<tr><td>建议教学方法</td><td>教师讲解、情景模拟、分组讨论</td><td>教学地点</td><td>实训室</td></tr>
</table>

LTE 小区规划主要关注频率规划、小区 ID 规划、TA 规划、PCI 规划、邻区规划、X2 规划及 PRACH 规划。如图 1-52 所示。

【知识链接 1】　频率规划

1. FFR

FFR 部分频率复用，如图 1-53 所示，只能使用部分频带。

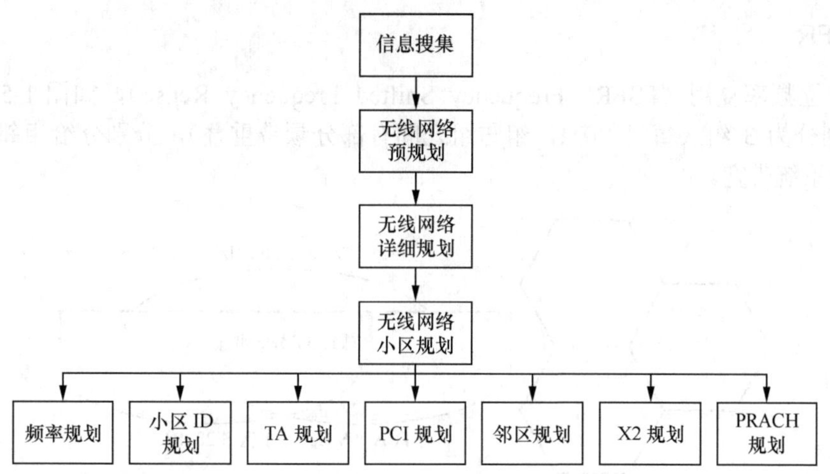

图 1-52　LTE 小区规划

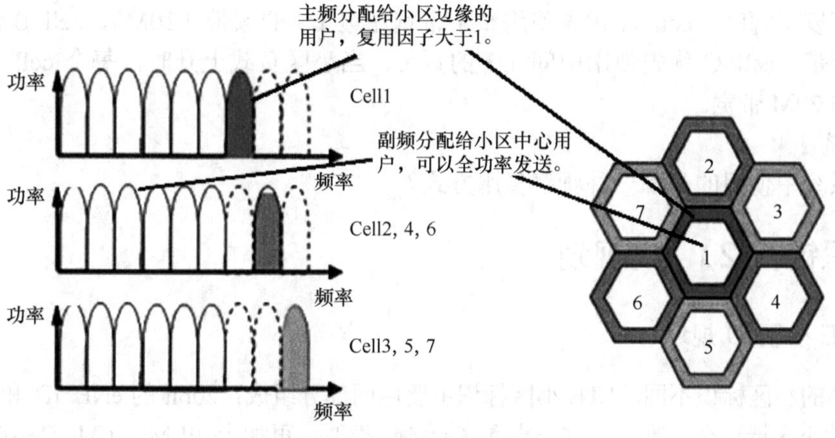

图 1-53　FER 部分频率复用

2．SFR

SFR 软频率复用，如图 1-54 所示，可以使用全部频带。

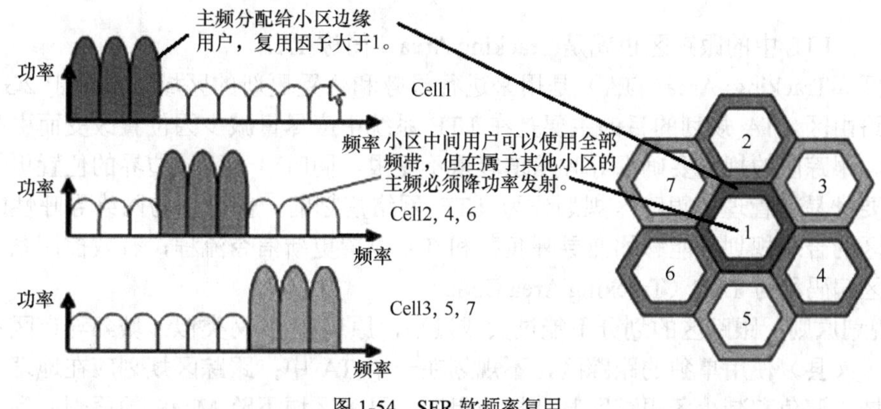

图 1-54　SFR 软频率复用

3．FSFR

频率移位频率复用（FSFR，Frequency Shifted Frequency Reuse），如图 1-55 所示。把 30M 频带划分为 3 组（每组 20M，组与组之间有部分频带重叠），分别分给相邻的三个 cell 作为各自的系统带宽。

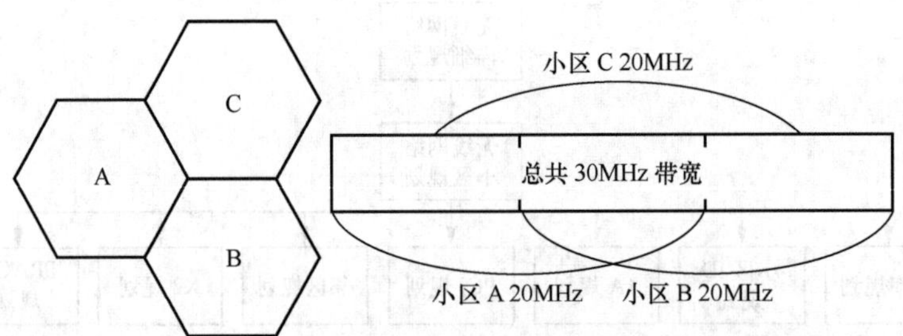

图 1-55 FSFR 频率移位频率复用

基站调度资源时，cell A 优先使用整个带宽左边 1/3 的频带（10M），cell B 优先使用右边 1/3 的频带，cell C 优先使用中间 1/3 的频带。当小区负载上升时，每个 cell 都可以使用各自分得的 20M 带宽。

【想一想】

实际系统中使用的是哪一种频率复用方式？

【知识链接 2】 码规划

1．LTE 小区 ID 规划

和 C 网的小区标识不同，LTE 小区标识主要由两部分组成：20bit 的 eNB ID 和 8bit 的 Cell ID，LTE 的小区标识全网唯一，这一点和 CDMA 类似，再加上 PLMN（MCC+MNC），就可以保证全球唯一。

实际应用中，eNB 有 Localcell ID、Sector ID 和 Cell ID，很容易混淆，建议实际规划时可以三者保持一致，都从 0 开始规划。

2．LTE TA 规划

跟踪区，LTE 中的跟踪区也就是 Tracking Area，简称 TA，

跟踪区（Tracking Area，TA）是用来进行寻呼和位置更新的区域，类似于 2G/3G 里的位置区和路由区。TA 规划的目的主要是在 LTE 系统中应尽量减少因位置改变而引起的位置更新信令。跟踪区的规划要确保寻呼信道容量不受限，同时对于区域边界的位置更新开销最小，而且要求易于管理。跟踪区规划作为 LTE 网络规划的一部分，与网络寻呼性能密切相关。跟踪区的合理规划，能够均衡寻呼负荷和 TA 位置更新信令流程，有效控制系统信令负荷。跟踪区编码称为 TAC（Tracking Area Code）。

TA 规划原则：跟踪区的划分不能过大或过小，原理和 C 网类似；城郊与市区不连续覆盖时，郊区（县）使用单独的跟踪区，不规划在一个 TA 中；跟踪区规划应在地理上为一块连续的区域，避免和减少各跟踪区基站插花组网；寻呼区域不跨 MME 的原则；利用规划区

域山体、河流等作为跟踪区边界，减少两个跟踪区下不同小区交叠深度，尽量使跟踪区边缘位置更新成本最低；实际中规划TA时，可参考现网2G/3G的LAC规划。

3. PCI规划

LTE 的物理小区标识（PCI）用于区分不同小区的无线信号，必须保证在相关小区覆盖范围内没有相同的物理小区标识。LTE 的小区搜索流程确定了采用小区 ID 分组的形式，首先通过SSCH确定小区组ID，再通过PSCH确定具体的小区ID。

PCI在LTE中的作用类似于PN偏移在C网中的作用，因此规划的目的也类似，就是必须保证复用距离。二者的差别在于：PN偏移 0～511；PCI偏移 0～503。另外，PCI规划目前协议要求模3后每个eNB内应该为0/1/2形式，这和C网的PN偏移必须是PN增量的整数倍有些类似。

PCI 规划和 PN 规划原则类似，如：需要考虑室内覆盖预留，多个城市需要考虑边界预留、对于可能导致越区覆盖的高站，需要单独设定较大的复用距离等等。

4. LTE邻区和X2规划

LTE 邻区规划与调整的方法和 2G/3G 的规划方法是一样的。虽然 ANR（Automatic Neighbor Relation，自动邻区关系）算法可以自动增加和维护邻区关系，但考虑 ANR 需要基于用户的测量，和整网话务量密切相关，并且测量过程会引入时延，初始建网不能完全依靠ANR。初始邻区关系配好后，随着用户不断增加，此时可以采用ANR功能来发现一些漏配邻区，从而提升网络性能。

X2 口规划是基于邻区关系的，在所有相邻关系中筛选出属于不同eNB的相邻关系，这些eNB之间就必须配置X2链路了。

ANR也可以自动对X2口进行维护，可以解决一些X2口漏配或配置错误的问题。

5. PRACH规划

PRACH规划也就是ZC根序列的规划，目的是为小区分配ZC根序列索引以保证相邻小区使用该索引生成的前导序列不同，从而降低相邻小区使用相同的前导序列而产生的相互干扰。

【想一想】

1. LTE TA的规划原则。
2. LTE PCI的规划原则。

【技能实训】 LTE参数规划

1. 实训目标

（1）培养良好的职业道德与习惯，增强团队意识。
（2）能够进行LTE频率规划、TA规划和PCI规划。

2. 实训设备

具有Internet网络连接的计算机一台。

3．实训步骤及注意事项

（1）根据已知频率资源，进行 LTE 频率规划。
（2）分析某地 LTE 网络分布、地形等因素，进行 LTE TA 规划。
（3）根据已知 PCI 资源，进行 LTE PCI 规划。
（4）将上述结果整理成一份参数规划报告。

4．实训考核单

考核项目	考 核 内 容	所占比例	得分
实训态度	1. 积极参加技能实训操作； 2. 按照安全操作流程进行操作； 3. 纪律遵守情况	30%	
实训过程	1. 频率规划； 2. TA 规划； 3. PCI 规划	40%	
成果验收	1. 某地 LTE 参数规划报告	30%	
合计		100%	

任务 7　LTE 无线网络优化

【工作任务单】

工作任务单名称	LTE 无线网络优化	建议课时	2
工作任务内容： 1. 掌握 LTE 无线网络优化流程与方法； 2. 掌握 LTE 无线网络优化的基本性能指标； 3. 进行 LTE 无线网络优化基本性能指标测试			
工作任务设计： 首先，教师讲解 LTE 无线网络优化流程与方法、基本性能指标； 其次，分组讨论基本性能指标之间的关联； 最后，分组进行 LTE 无线网络优化基本性能指标测试			
建议教学方法	教师讲解、分组讨论、现场测试	教学地点	实训室

【知识链接 1】 LTE 无线网络优化流程与方法

1．LTE 无线网络优化流程

LTE 无线网络优化流程如图 1-56 所示。

2．LTE RF 优化流程

LTE RF 优化流程如图 1-57 所示。在 RF 优化之前需要完成以下信息收集：网络规划结

果，网络结构图，站点分布，站点信息，站点工参；当前区域网络指标，信号路测结果（掉话点，切换失败点）；小区导频 RSRP 覆盖图；信号质量 SINR 分布图；切换成功率统计结果。

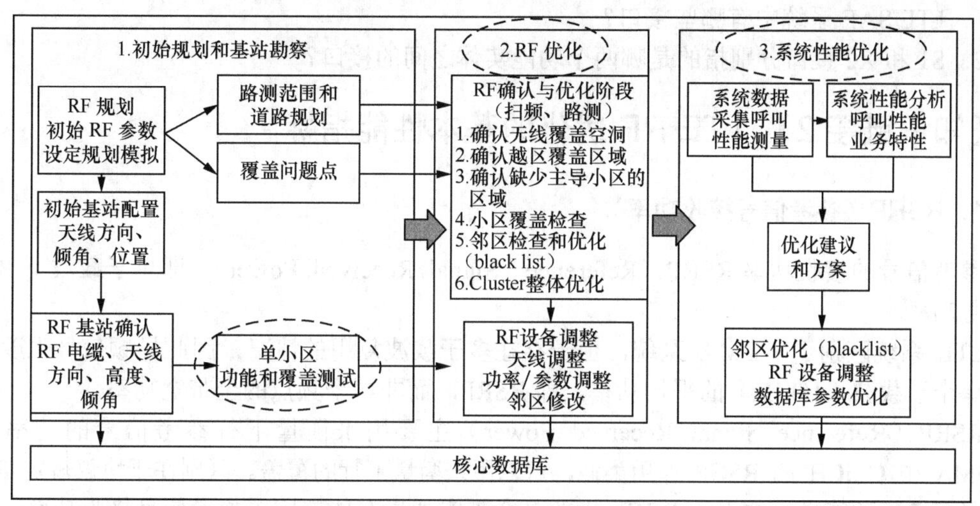

图 1-56　LTE 无线网络优化流程

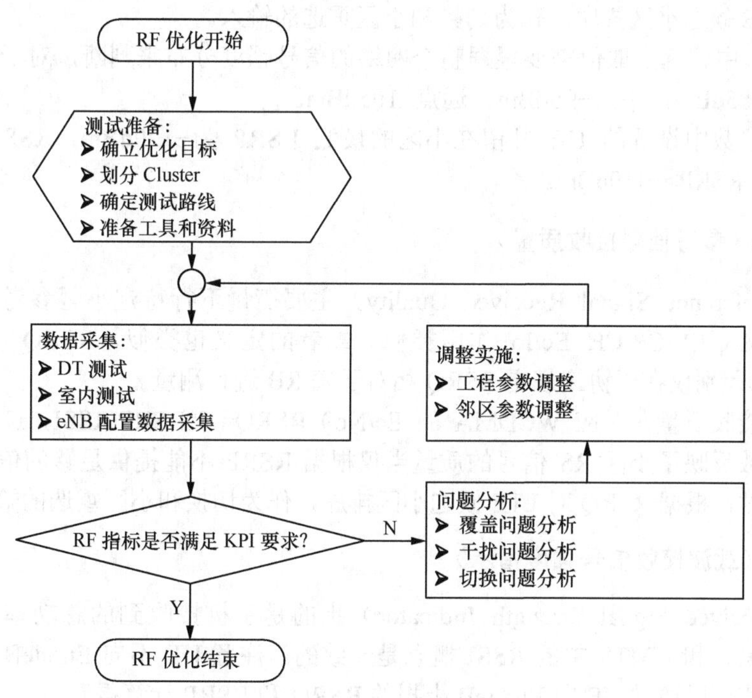

图 1-57　LTE RF 优化流程

RF 优化区域选择原则：根据 RSRP、SINR 和切换成功率的分布情况与优化基线比较，确定需要进行优化的区域。

3．LTE RF 的优化方法

LTE 与其他制式的优化方法基本相同，RF 优化主要包括调整方位角，调整下倾角、天

线高度、基站发射功率，以及通过各自的特定算法、性能参数等进行优化调整。

【想一想】

1．LTE/SAE 系统中有哪些接口？

2．S1 和 X2 接口分别指的是哪两个功能实体之间的接口？

【知识链接 2】 LTE RF 优化的基本性能指标

1．RSRP（参考信号接收功率）

参考信号的接收功率 RSRP（Reference Signal Received Power），即单子载波下 RS 导频信号功率。

LTE 系统区别于 CDMA 系统，由于存在多子载波复用的情况，因此导频信号强度测量值取单个子载波（15kHz）的平均功率，即 RSRP，而非整个频点的全带宽功率。

RSRP（Reference Signal Received Power）主要用来衡量下行参考信号的功率，和 WCDMA 中 CPICH 的 RSCP 作用类似，可以用来衡量下行的覆盖。区别在于协议规定 RSRP 指的是每 RE 的能量，这点和 RSCP 指的是全带宽能量有些差别；参考信号接收功率（对应 TD-SCDMA/WCDMA 的 RSCP）每个 RB 上 RS 的接收功率提供了小区 RS 信号强度度量根据 RSRP 对 LTE 候选小区排序，作为切换和小区重选的输入。

RSRP 近、中、远点取值需要根据整个网络的信号强度分布来判断，对于一般情况下可以认为：近点-85dBm，中点-95dBm，远点-105dBm。

目前网络参数中设置的 UE 驻留在小区的最低 RSRP 为-120dBm，RSRP 边缘经验取值：99%区域，RSRP>-110dBm。

2．RSRQ（参考信号接收质量）

RSRQ（Reference Signal Received Quality）主要衡量下行特定小区参考信号的接收质量，和 WCDMA 中 CPICH Ec/Io 作用类似。二者的定义也类似，RSRQ = RSRP * RB Number/RSSI，差别仅在于协议规定 RSRQ 相对于每 RB 进行测量。

参考信号接收质量（对应 WCDMA 的 Ec/No）RSRQ=N*RSRP/RSSI，N 为 RSSI 测量带宽的 RB 个数反映了小区 RS 信号的质量当仅根据 RSRP 不能提供足够的信息来执行可靠的移动性管理时，根据 RSRQ 对 LTE 候选小区排序，作为切换和小区重选的输入。

3．RSSI（载波接收信号强度指示）

RSSI（Received Signal Strength Indicator）指的是手机接收到的总功率，包括有用信号、干扰和底噪，和 UMTS 中的 RSSI 概念是一致的。注意 UE 不向 EnodeB 报告这个测量值，这个测量值可以通过 UE 向 EnodeB 上报的 RSRQ 和 RSRP 计算得到。

4．SINR（信噪比）

SINR（Signal-to-Interference plus Noise Ratio）也就是信号干扰噪声比，顾名思义就是信号能量除以干扰加噪声的能量；从上面的定义很容易看出对于 RSRQ 和 SINR 来说，二者的差别就在于一个分母包含自身、干扰信号及底噪，另外一个只包括干扰和噪声。载波接收信号强度指示 UE 对所有信号来源观测到的总接收带宽功率。

SINR=Signal/（Interference+Noise）。其中，S 为测量到的有用信号的功率，主要关注的信号和信道有 RS 和 PDSCH。I 为测量到的信号或信道干扰信号的功率，包括本系统其他小区的干扰以及异系统的干扰。N 为底噪，与具体测量带宽和接收机噪声系数有关。

SINR 边缘经验取值：99%区域，SINR＞3dB。

5．切换成功率

切换成功率由 eNB 统计。（1）成功率=完成次数/尝试次数*100%；（2）尝试次数：eNB 下发的用于切换的“RRC Connection Reconfiguration”消息的个数；（3）完成次数：eNB 收到的用于切换的“RRC Connection Reconfiguration Complete”消息的个数。切换成功率经验值：成功率>97%。

【想一想】

LTE RF 优化的基本性能指标有哪些？

【技能实训】 LTE 无线网优基本性能指标测试

1．实训目标

（1）培养良好的职业道德与习惯，增强团队意识。
（2）能够利用路测前台软件进行测试。
（3）能够利用路测软件后台进行性能指标的读取。

2．实训设备

（1）安装有 LTE 路测系统的笔记本电脑一台。
（2）具有进行路测所需的 GPS、测试加密狗、测试手机等设备。

3．实训步骤及注意事项

（1）使用路测软件前台进行测试。
（2）使用路测软件后台进行基本性能指标的读取。
（3）分析获取到的测试数据，并整理成一个文档。

4．实训考核单

考核项目	考 核 内 容	所占比例	得分
实训态度	1. 积极参加技能实训操作； 2. 按照安全操作流程进行操作； 3. 纪律遵守情况	30%	
实训过程	1. 利用路测前台软件进行测试； 2. 利用路测软件后台进行性能指标的读取	40%	
成果验收	测试点性能指标报告	30%	
合计		100%	

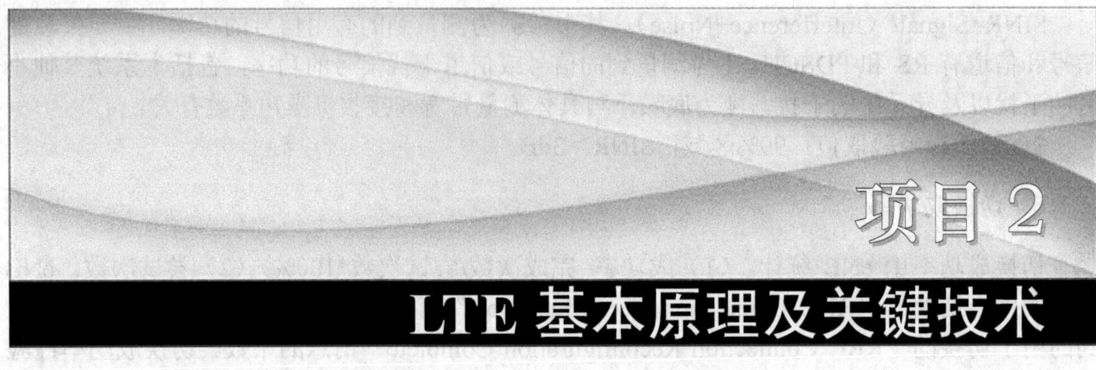

LTE 基本原理及关键技术

【知识目标】理解 LTE 移动通信系统中的一些关键技术如：双工方式、多址方式、多天线技术、链路自适应、HARQ 等，尤其关注 OFDM、MIMO 技术；掌握 LTE 协议结构，了解每一层的功能作用；掌握 LTE 帧的结构、承载内容、信道映射关系等；掌握物理层信道名称及作用。

【技能目标】对整个 LTE 的基本原理有清晰的认识；能够理解 LTE 系统中使用 OFDM、MIMO 技术的意义及优缺点；能够通过对协议结构的学习、理解，将协议结构等知识应用到实际问题的分析中去；能够通过 LTE 物理层信道的学习理解各层的作用，能与实际网优分析中的案例进行对比分析。

任务 1　LTE 关键技术

【工作任务单】

工作任务单名称	LTE 关键技术	建议课时	2
工作任务内容： 1. 掌握 LTE 空口工作方式； 2. 掌握 LTE 关键技术链路自适应、HARQ 原理及应用； 3. 进行 LTE 空口技术相关资料收集			
工作任务设计： 首先，单个学生通过 Internet 进行 LTE 关键技术资料收集； 其次，分组进行资料归纳，总结 LTE 技术关键点； 最后，教师讲解关键技术如：多址技术、多天线技术、链路自适应、HARQ 等知识点			
建议教学方法	教师讲解、情景模拟、分组讨论	教学地点	实训室

【知识链接 1】　双工技术

双工（duplex），指两台通信设备之间，允许有双向的资料传输。双工技术主要有半双工和全双工两种方式。

1．半双工

半双工（half-duplex）的系统允许两台设备之间的双向资料传输，但不能同时进行。因此同一时间只允许一台设备传送资料，若另一台设备要传送资料，需等原来传送资料的设备

传送完成后再处理。

半双工的系统可以比喻作单线铁路。若铁道上无列车行驶时，双方向的列车都可以通过。但若路轨上有车，相反方向的列车需等该列车通过道路后才能通过。

无线电对讲机就是使用半双工系统。由于对讲机传送及接收使用相同的频率，不允许同时进行。因此一方讲完后，需设法告知另一方讲话结束（例如讲完后加上“OVER”），另一方才知道可以开始讲话。

2. 全双工

全双工（full-duplex）的系统允许两台设备间同时进行双向资料传输。一般的电话、手机就是全双工的系统，因为在讲话时同时也可以听到对方的声音。

全双工的系统可以用一般的双向车道形容。两个方向的车辆因使用不同的车道，因此不会互相影响。

LTE 支持 FDD、TDD 两种双工方式，同时 LTE 还考虑支持半双工 FDD 这种特殊的双工方式。

（1）TDD-LTE时分双工

TDD-LTE 即 TD-SCDMA Long Term Evolution，字面意思是指 TD-SCDMA 的长期演进，实则不然。TDD-LTE 是 TDD 版本的 LTE 的技术。

TDD（Time Division Duplexing）时分双工技术，是在移动通信技术使用的双工技术之一。在 TDD 模式的移动通信系统中，接收和传送在同一频率信道（即载波）的不同时隙，用保证时间来分离接收和传送信道。该模式在不对称业务中有着不可比拟的灵活性，对于对称业务（语音和多媒体等）和不对称业务（包交换和因特网等），可充分利用无线频谱资源。

TDD 系统有如下特点：

① 不需要成对的频率，能使用各种频率资源，适用于不对称的上下行数据传输速率，特别适用于IP型的数据业务；

② 上下行工作于同一频率，电波传播的对称特性降低上下行干扰。

③ 设备成本较低，比 FDD 系统低 20%～50%。用智能天线等新技术，达到提高性能、降低成本的目的。

（2）FDD-LTE 频分双工

FDD-LTE 的技术是 FDD 版本的 LTE 技术，是采用一对频率来进行双工。

FDD（Frequency Division Duplexing）频分双工：也称为全双工，操作时需要两个独立的信道。一个信道用来向下传送信息，另一个信道用来向上传送信息。两个信道之间存在一个保护频段，以防止邻近的发射机和接收机之间产生相互干扰。

采用 FDD 模式的移动系统与采用 TDD 模式的移动系统相比，互有以下优缺点：

① FDD 必须使用成对的收发频率。在支持对称业务时能充分利用上下行的频谱，但在进行非对称的数据交换业务时，频谱的利用率则大为降低，约为对称业务时的 60%。而TDD则不需要成对的频率，通信网络可根据实际情况灵活地变换信道上下行的切换点，有效地提高了系统传输不对称业务时的频谱利用率。

② 根据 ITU 对 3G 的要求，采用 FDD 模式的系统的最高移动速度可达 500km/h，而采用 TDD 模式的系统的最高移动速度只有 120km/h。两者相比，TDD 系统明显稍逊一筹。因为，TDD 系统在芯片处理速度和算法上还达不到更高的标准。

③ 采用 TDD 模式工作的系统，上行、下行工作于同一频率，其电波传输的一致性使之很适于运用智能天线技术，通过智能天线具有的自适应波束赋形，可有效减少多径干扰，提高设备的可靠性。而收、发采用一定频段间隔的 FDD 系统则难以采用上述技术。同时，智能天线技术要求采用多个小功率的线性功率放大器代替单一的大功率线性放大器，其价格远低于单一大功率线性放大器。据测算，TDD 系统的基站设备成本比 FDD 系统的基站成本低 20%～50%。

④ 在抗干扰方面，使用 FDD 可消除邻近蜂窝区基站和本区基站之间的干扰，但仍存在邻区基站对本区移动机的干扰及邻区移动机对本区基站的干扰。而使用 TDD 则能引起邻区基站对本区基站、邻区基站对本区移动机、邻区移动机对本区基站及邻区移动机对本区移动机四项干扰。综比两者，可见 FDD 系统的抗干扰性能要好于TDD系统。但随着新技术的不断出现，TDD 系统的抗干扰能力一定会有大幅度的提高。某公司推出的 LAS-TDMA 新技术就在这方面有了新的突破。

【知识链接 2】 多址技术

LTE 采用 OFDMA（Orthogonal Frequency Division Multiple Access，正交频分多址）作为下行多址方式，如图 2-1 所示。

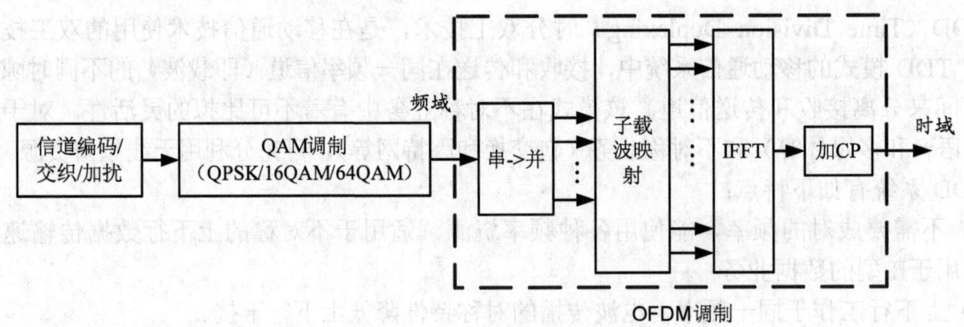

图 2-1　LTE 下行多址方式

LTE 采用 DFT-S-OFDM（Discrete Fourier Transform Spread OFDM，离散傅里叶变换扩展 OFDM）、或者称为 SC-FDMA（Single Carrier FDMA，单载波 FDMA）作为上行多址方式，如图 2-2 所示。

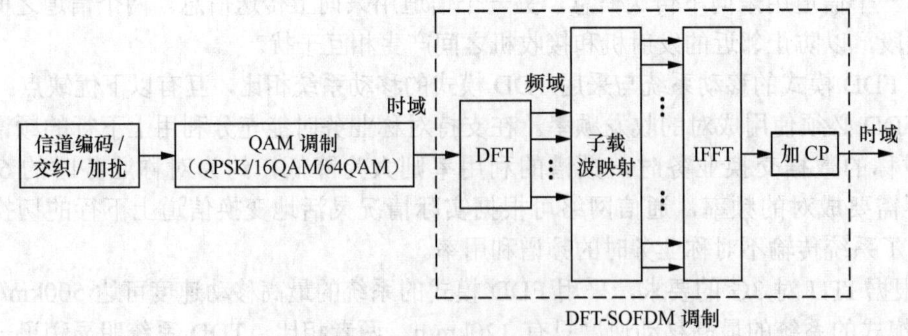

图 2-2　LTE 上行多址方式

【知识链接 3】 多天线技术

1．下行链路多天线传输

多天线传输支持 2 根或 4 根天线。码字最大数目是 2，与天线数目没有必然关系，但是码字和层之间有着固定的映射关系。码字（Code Word）、层（Layer）和天线口（Antenna port）的大致关系可见下面物理信道处理，如图 2-3 所示。

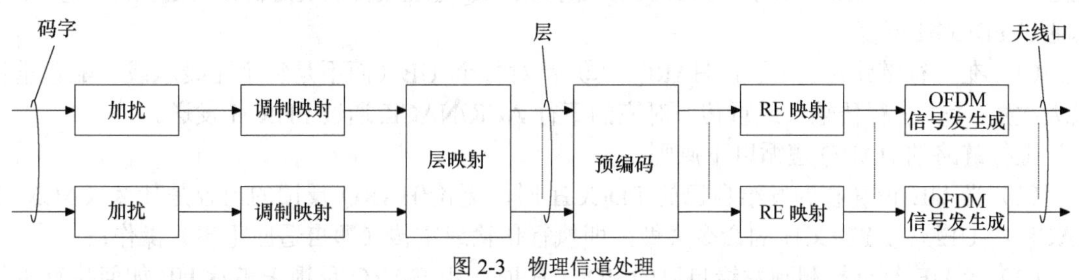

图 2-3　物理信道处理

多天线技术包括空分复用（Spatial Division Multiplexing，SDM）、发射分集（Transmit Diversity）等技术。SDM 支持 SU-MIMO 和 MU-MIMO。当一个 MIMO 信道都分配给一个 UE 时，称之为 SU-MIMO（单用户 MIMO）；当 MIMO 数据流空分复用给不同的 UE 时，称之为 MU-MIMO（多用户 MIMO）。

2．上行链路多天线传输

上行链路一般采用单发双收的 1*2 天线配置，但是也可以支持 MU-MIMO，亦即每个 UE 使用一根天线发射、但是多个 UE 组合起来使用相同的时频资源以实现 MU-MIMO。

另外 FDD 还可以支持闭环类型的自适应天线选择性发射分集（该功能属于 UE 可选功能）。

【知识链接 4】 链路自适应

1．下行链路自适应

主要指自适应调制编码（Adaptive Modulation and Coding，AMC），通过各种不同的调制方式（QPSK、16QAM 和 64QAM）和不同的信道编码率来实现。

2．上行链路自适应

包括三种链路自适应方法：①自适应发射带宽；②发射功率控制；③自适应调制和信道编码率。

【知识链接 5】 HARQ 和 ARQ 技术

E-UTRAN 支持 HARQ（Hybrid Automatic Repeat reQuest，混合自动重传）和 ARQ

（Automatic Repeat reQuest，自动重传）功能。

1．HARQ

HARQ 功能由 MAC 子层完成，具有如下特性：

（1）采用 N 进程停等（N-process Stop-And-Wait）方式；

（2）HARQ 对传输块进行传输和重传；

（3）在下行链路：① 异步自适应 HARQ；② 下行传输（或重传）对应的上行 ACK/NACK 通过 PUCCH 或 PUSCH 发送；③ PDCCH 指示 HARQ 进程数目以及是初传还是重传；④ 重传总通过 PDCCH 调度；

（4）在上行链路：① 同步 HARQ；② 针对每个 UE（而不是每个无线承载）配置重传最大次数；③ 上行传输（或重传）对应的下行 ACK/NACK 通过 PHICH 发送。

上行链路的 HARQ 遵循以下原则：

（1）当 UE 正确收到发给自己的 PDCCH 时，无论 HARQ 反馈的内容是什么（ACK 或 NACK），UE 只按 PDCCH 的命令去做，即执行传输或重传（即自适应重传）操作；

（2）当 UE 没有检测到发给自己的 PDCCH 时，由 HARQ 反馈来指示 UE 如何执行重传操作：① NACK：UE 将执行非自适应的重传操作；② ACK：UE 不执行任何上行传输（或重传）操作，并将数据保留在 HARQ 缓存中。

测量间隙（Measurement Gap）相对 HARQ 重传具有更高的优先级：当 HARQ 重传与测量间隙冲突时，则停止 HARQ 重传。

2．ARQ

ARQ 功能由 RLC 子层完成，具有如下特性：

（1）ARQ 重传 RLC PDU 或 RLC PDU 分段；ARQ 重传基于 RLC 状态报告触发，也可以基于 HARQ/ARQ 的交互情况来触发。

（2）RLC 根据需要轮询 RLC 状态报告。

（3）状态报告可由上层触发。

3．HARQ/ARQ 交互

如果 HARQ 发送端检测到一个传输块（TB）失败传输次数达到了最大重传限制，相关的 ARQ 实体将收到通知并可能启动重传或重分段操作。

任务 2　OFDM 技术

【工作任务单】

工作任务单名称	OFDM 技术	建议课时	1
工作任务内容： 1. 掌握 OFDM 基本概念 2. 了解 OFDM 优缺点； 3. 了解 OFDM 在 LTE 技术当中的应用			

续表

工作任务单名称	OFDM 技术	建议课时	1
工作任务设计： 首先，单个学生通过 Internet 对 OFDM 技术进行前期了解，理解在 LTE 系统中的应用； 其次，分组进行资料归纳，总结 OFDM 技术特点，在 LTE 中的应用等； 最后，教师讲解 OFDM 的概念、优缺点等知识点			
建议教学方法	教师讲解、情景模拟、分组讨论	教学地点	实训室

【知识链接 1】 OFDM 基本概念

在传统的并行数据传输系统中，整个信号频段被划分为 N 个相互不重叠的频率子信道。每个子信道传输独立的调制符号，然后再将 N 个子信道进行频率复用。这种避免信道频谱重叠看起来有利于消除信道间的干扰，但是这样又不能有效利用频谱资源。OFDM（Orthogonal Frequency Division Multiplexing）即正交频分复用，是一种能够充分利用频谱资源的多载波传输方式。常规频分复用与 OFDM 的信道分配情况如图 2-4 所示，可以看出 OFDM 至少能够节约二分之一的频谱资源。

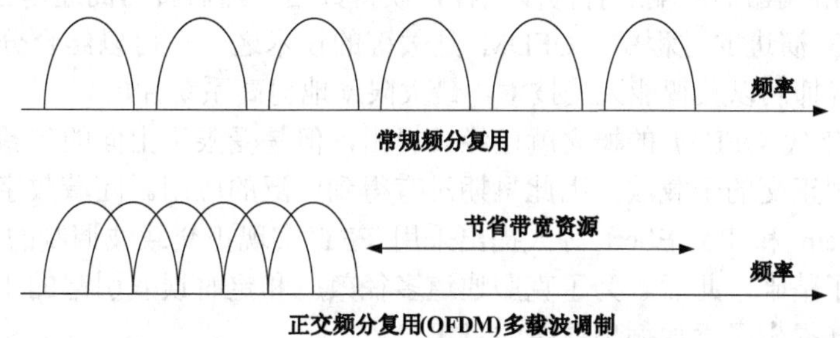

图 2-4　常规频分复用与 OFDM 的信道分配

OFDM 的主要思想是：将信道分成若干正交子信道，将高速数据信号转换成并行的低速子数据流，调制到每个子信道上进行传输，如图 2-5 所示。

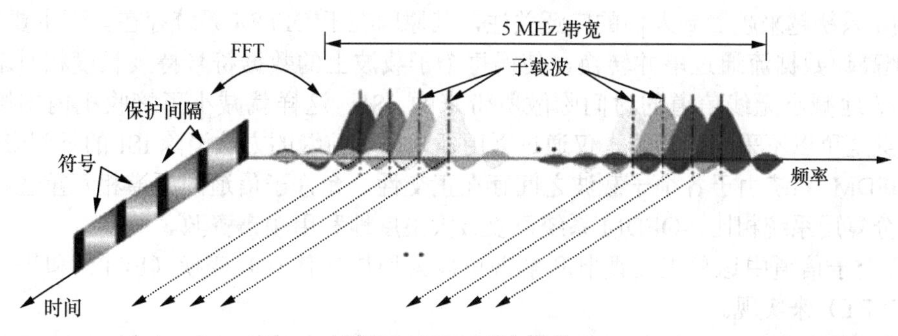

图 2-5　OFDM 基本原理

OFDM 利用快速傅里叶反变换（IFFT）和快速傅里叶变换（FFT）来实现调制和解调，如图 2-6 所示。

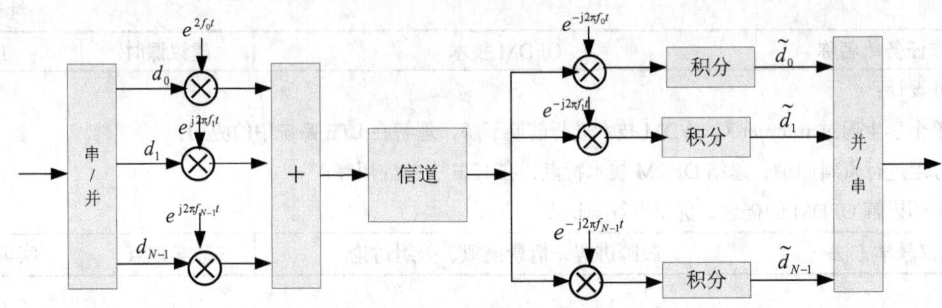

图 2-6　调制解调过程

OFDM 的调制解调流程如下：

① 发射机在发射数据时，将高速串行数据转为低速并行，利用正交的多个子载波进行数据传输；

② 各个子载波使用独立的调制器和解调器；

③ 各个子载波之间要求完全正交、各个子载波收发完全同步；

④ 发射机和接收机要精确同频、同步，准确进行位采样；

⑤ 接收机在解调器的后端进行同步采样，获得数据，然后转为高速串行。

在向 B3G/4G 演进的过程中，OFDM 是关键的技术之一，可以结合分集、时空编码、干扰和信道间干扰抑制以及智能天线技术，最大限度地提高系统性能。

20 世纪 50 年代 OFDM 的概念就已经被提出，但是受限于上面的步骤②、③，传统的模拟技术很难实现正交的子载波，因此早期没有得到广泛的应用。随着数字信号处理技术的发展，S.B.Weinstein 和 P.M.Ebert 等人提出采用 FFT 实现正交载波调制的方法，为 OFDM 的广泛应用奠定了基础。此后，为了克服通道多径效应和定时误差引起的 ISI 符号间干扰，A.Peled 和 A.Ruizt 提出了添加循环前缀的思想。

【知识链接 2】 OFDM 优缺点

1. OFDM 系统的优点

OFDM 系统越来越受到人们的广泛关注，其原因在于 OFDM 系统存在如下主要优点：

① 把高速数据流通过串并转换，使得每个子载波上的数据符号持续长度相对增加，从而可以有效地减小无线信道的时间弥散所带来的 ISI，这样就减小了接收机内均衡的复杂度，有时甚至可以不采用均衡器，仅通过采用插入循环前缀的方法消除 ISI 的不利影响。

② OFDM 系统由于各个子载波之间存在正交性，允许子信道的频谱相互重叠，因此与常规的频分复用系统相比，OFDM 系统可以最大限度地利用频谱资源。

③ 各个子信道中这种正交调制和解调可以采用快速傅立叶变换（FFT）和快速傅里叶反变换（IFFT）来实现。

④ 无线数据业务一般都存在非对称性，即下行链路中传输的数据量要远大于上行链路中的数据传输量，如 Internet 业务中的网页浏览、FTP 下载等。另一方面，移动终端功率一般小于 1W，在大蜂窝环境下传输速率低于 10～100kbit/s；而基站发送功率可以较大，有可能提供 1Mbit/s 以上的传输速率。因此无论从用户数据业务的使用需求，还是从移动通信系

统自身的要求考虑，都希望物理层支持非对称高速数据传输，而 OFDM 系统可以很容易地通过使用不同数量的子信道来实现上行和下行链路中不同的传输速率。

⑤ 由于无线信道存在频率选择性，不可能所有的子载波都同时处于比较深的衰落情况中，因此可以通过动态比特分配以及动态子信道的分配方法，充分利用信噪比较高的子信道，从而提高系统的性能。

⑥ OFDM 系统可以很容易地与其他多种接入方法相结合使用，构成 OFDMA 系统，其中包括多载波码分多址 MC-CDMA、跳频 OFDM 以及 OFDM-TDMA 等，使得多个用户可以同时利用 OFDM 技术进行信息的传递。

⑦ 因为窄带干扰只能影响一小部分的子载波，因此 OFDM 系统可以在某种程度上抵抗这种窄带干扰。

2．OFDM 系统的缺点

OFDM 系统内由于存在多个正交子载波，而其输出信号是多个子信道的叠加，因此与单载波系统相比，存在如下主要缺点：

① 易受频率偏差的影响

由于子信道的频谱相互覆盖，这就对它们之间的正交性提出了严格的要求，然而由于无线信道存在时变性，在传输过程中会出现无线信号的频率偏移，例如多普勒频移，或者由于发射机载波频率与接收机本地振荡器之间存在的频率偏差，都会使得 OFDM 系统子载波之间的正交性遭到破坏，从而导致子信道间的信号相互干扰，对频率偏差敏感是 OFDM 系统的主要缺点之一。

② 存在较高的峰值平均功率比

与单载波系统相比，由于多载波调制系统的输出是多个子信道信号的叠加，因此如果多个信号的相位一致时，所得到的叠加信号的瞬时功率就会远远大于信号的平均功率，导致出现较大的峰值平均功率比（PAPR）。这就对发射机内放大器的线性提出了很高的要求，如果放大器的动态范围不能满足信号的变化，则会为信号带来畸变，使叠加信号的频谱发生变化，从而导致各个子信道信号之间的正交性遭到破坏，产生相互干扰，使系统性能恶化。

任务 3　MIMO 技术

【工作任务单】

工作任务单名称	MIMO 技术	建议课时	2
工作任务内容： 1. 掌握 MIMO 技术的基本概念； 2. 了解 MIMO 技术的几种模型； 3. 掌握 MIMO 技术的几种关键技术； 4. 了解 MIMO 在 LTE 技术当中的应用			
工作任务设计： 首先，单个学生通过 Internet 对 MIMO 技术进行前期了解，理解在 LTE 系统中的应用； 其次，分组进行资料归纳，总结 MIMO 技术在 LTE 中的应用特点等； 最后，教师讲解 MIMO 的概念、关键技术等知识点			
建议教学方法	教师讲解、情景模拟、分组讨论	教学地点	实训室

【知识链接 1】 MIMO 基本概念

多天线技术是移动通信领域中无线传输技术的重大突破。通常，多径效应会引起衰落，因而被视为有害因素，然而，多天线技术却能将多径作为一个有利因素加以利用。多输入多输出（Multiple Input Multiple output，MIMO）技术利用空间中的多径因素，在发送端和接收端采用多个天线，如图 2-7 所示，通过空时处理技术实现分集增益或复用增益，充分利用空间资源，提高频谱利用率。

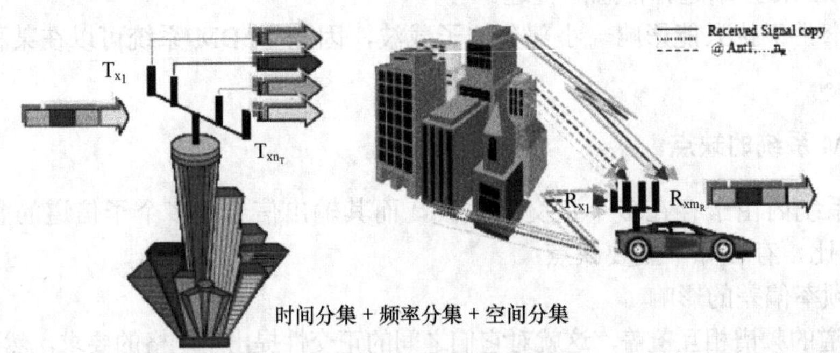

图 2-7 MIMO 系统模型

总的来说，MIMO 技术的基础目的有两个。

① 提供更高的空间分集增益

联合发射分集和接收分集两部分的空间分集增益，提供更大的空间分集增益，保证等效无线信道更加“平稳”，从而降低误码率，进一步提升系统容量。

② 提供更大的系统容量

在信噪比 SNR 足够高，同时信道条件满足“秩＞1”，则可以在发射端把用户数据分解为多个并行的数据流，然后分别在每根发送天线上进行同时刻、同频率的发送，同时保持总发射功率不变，最后，再由多元接收天线阵根据各个并行数据流的空间特性，在接收机端将其识别，并利用多用户解调结束最终恢复出原数据流。

【知识链接 2】 LTE 系统中的 MIMO 模型

1. 常用的 MIMO 传输模型

无线通信系统中通常采用如下几种传输模型：单输入单输出系统 SISO、多输入单输出系统 MISO、单输入多输出系统 SIMO 和多输入多输出系统 MIMO，如图 2-8 所示。

在一个无线通信系统中，天线是处于最前端的信号处理部分。提高天线系统的性能和效率，将会直接给整个系统带来可观的增益。传统天线系统的发展经历了从单发/单收天线 SISO，到多发/单收 MISO，以及单发/多收 SIMO 天线的阶段。

为了尽可能地抵抗这种时变-多径衰落对信号传输的影响，人们不断地寻找新的技术。采用时间分集（时域交织）和频率分集（扩展频谱技术）技术就是在传统 SISO 系统中抵抗多径衰落的有效手段，而空间分集（多天线）技术就是 MISO、SIMO 或 MIMO 系统进一步抵抗衰落的有效手段。

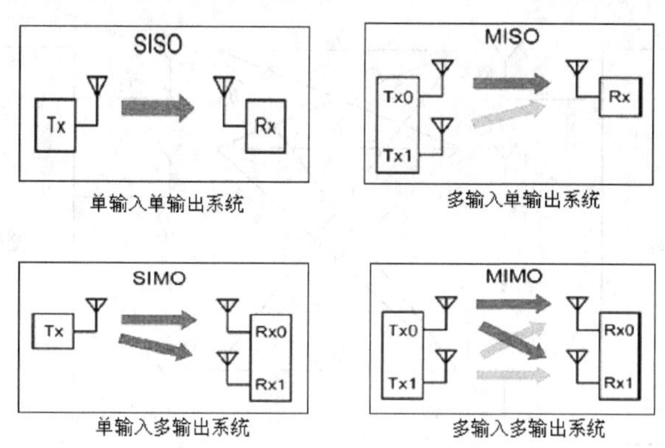

图 2-8　典型传输模型示意图

2．LTE 系统中的 MIMO 传输模型

LTE 系统中常用的 MIMO 模型有下行单用户 MIMO（SU-MIMO）和上行多用户 MIMO（MU-MIMO）。

（1）SU-MIMO（单用户 MIMO）

指在同一时频单元上一个用户独占所有空间资源，这时的预编码考虑的是单个收发链路的性能，其传输模型如图 2-9 所示。

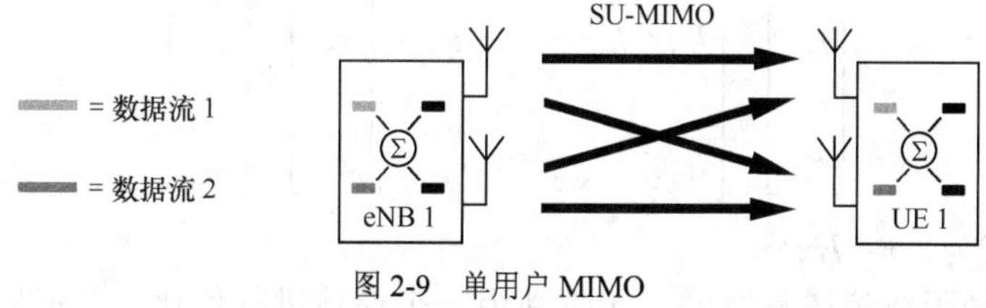

图 2-9　单用户 MIMO

（2）MU-MIMO（多用户 MIMO）

多个终端同时使用相同的时频资源块进行上行传输，其中每个终端都是采用 1 根发射天线，系统侧接收机对上行多用户混合接收信号进行联合检测，最后恢复出各个用户的原始发射信号。上行 MU-MIMO 是大幅提高 LTE 系统上行频谱效率的一个重要手段，但是无法提高上行单用户峰值吞吐量。其传输模型如图 2-10 所示。

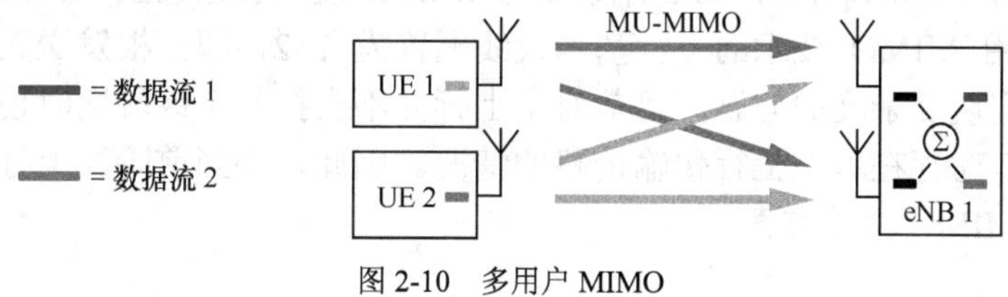

图 2-10　多用户 MIMO

【知识链接 3】 MIMO 基本原理

MIMO 系统在发射端和接收端均采用多天线（或阵列天线）和多通道，当然 MIMO 的多入多出是针对多径无线信道来说的。图 2-11 所示为 MIMO 系统的原理图。

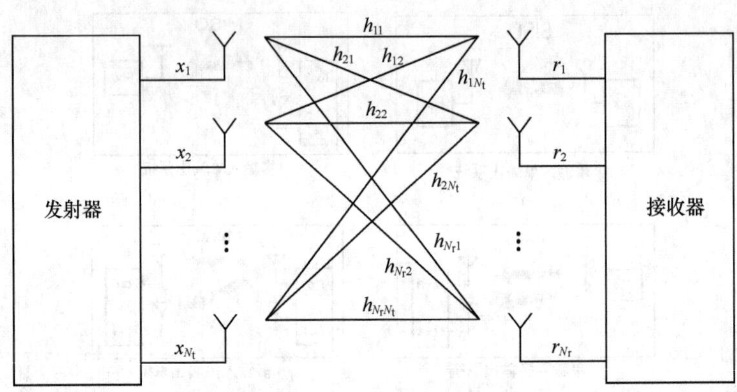

图 2-11　多入多出系统原理

在发射器端配置了 N_t 个发射天线，在接收器端配置了 N_r 个接收天线，x_j（j=1, 2, …, N_t）表示第 j 号发射天线发射的信号，r_i（i=1, 2, …, N_r）表示第 i 号接收天线接收的信号，h_{ij} 表示第 j 号发射天线到第 i 号接收天线的信道衰落系数。在接收端，噪声信号 n_i 是统计独立的复零均值高斯变量，而且与发射信号独立，不同时刻的噪声信号间也相互独立，每一个接收天线接收的噪声信号功率相同，都为 σ^2。假设信道是准静态的平坦瑞利衰落信道。

MIMO 系统的信号模型可以表示为：

$$\begin{bmatrix} r_1 \\ r_2 \\ \\ r_{N_r} \end{bmatrix} = \begin{bmatrix} h_{11} & h_{12} & & h_{1N_t} \\ h_{21} & h_{22} & & h_{2N_t} \\ & & & \\ h_{N_r1} & h_{N_r2} & & h_{N_rN_t} \end{bmatrix} \begin{bmatrix} x_1 \\ x_2 \\ \\ x_{N_t} \end{bmatrix} + \begin{bmatrix} n_1 \\ n_2 \\ \\ n_{N_t} \end{bmatrix}$$

写成矩阵形式为：$r = Hx+n$

MIMO 将多径无线信道与发射、接收视为一个整体进行优化，从而实现高的通信容量和频谱利用率。这是一种近于最优的空域时域联合的分集和干扰对消处理。

【知识链接 4】 MIMO 关键技术

为了满足系统中高速数据传输速率和高系统容量方面的需求，LTE 系统的下行 MIMO 技术支持 2×2 的基本天线配置。下行 MIMO 技术主要包括：空间分集、空间复用及波束成形 3 大类。与下行 MIMO 相同，LTE 系统上行 MIMO 技术也包括空间分集和空间复用。在 LTE 系统中，应用 MIMO 技术的上行基本天线配置为 1×2，即一根发送天线和两根接收天线。考虑到终端实现复杂度的问题，目前对于上行并不支持一个终端同时使用两根天线进行信号发送，即只考虑存在单一上行传输链路的情况。因此，在当前阶段上行仅仅支持上行天线选择和多用户 MIMO 两种方案。

1. 空间复用

空间复用的主要原理是利用空间信道的弱相关性，通过在多个相互独立的空间信道上传输不同的数据流，从而提高数据传输的峰值速率。LTE 系统中空间复用技术包括：开环空间复用和闭环空间复用。

① 开环空间复用

LTE 系统支持基于多码字的空间复用传输。所谓多码字，即用于空间复用传输的多层数据来自于多个不同的独立进行信道编码的数据流，每个码字可以独立地进行速率控制。

② 闭环空间复用

闭环空间复用即所谓的线性预编码技术。

③ 线性预编码技术

线性预编码技术的作用是将天线域的处理转化为波束域进行处理，在发射端利用已知的空间信道信息进行预处理操作，从而进一步提高用户和系统的吞吐量。线性预编码技术可以按其预编码矩阵的获取方式划分为两大类：非码本的预编码和基于码本的预编码。

④ 非码本的预编码方式

对于非码本的预编码方式，预编码矩阵在发射端获得，发射端利用预测的信道状态信息，进行预编码矩阵计算。常见的预编码矩阵计算方法有奇异值分解、均匀信道分解等，其中奇异值分解的方案最为常用。对于非码本的预编码方式，发射端有多种方式可以获得空间信道状态信息，如直接反馈信道、差分反馈、利用 TDD 信道对称性等。

⑤ 基于码本的预编码方式

对于基于码本的预编码方式，预编码矩阵在接收端获得，接收端利用预测的信道状态信息，在预定的预编码矩阵码本中进行预编码矩阵的选择，并将选定的预编码矩阵的序号反馈至发射端。目前，LTE 采用的码本构建方式基于 Householder 变换的码本。

MIMO 系统的空间复用原理图如图 2-12 所示。

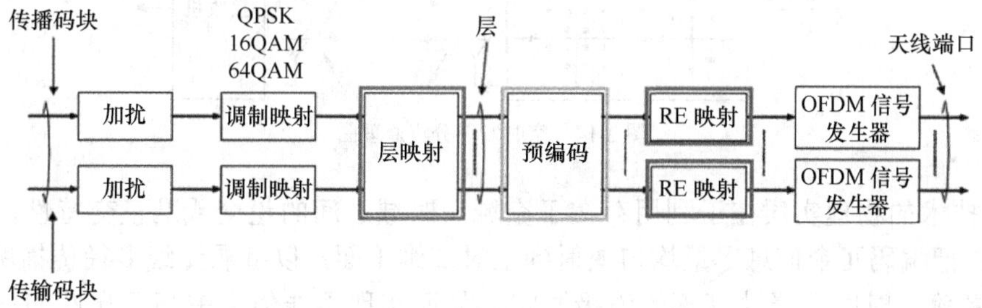

图 2-12　MIMO 系统空间复用原理图

在目前的 LTE 协议中，下行采用的是 SU-MIMO。可以采用 MIMO 发射的信道有 PDSCH 和 PMCH，其余的下行物理信道均不支持 MIMO，只能采用单天线发射或发射分集。LTE 系统的空间复用原理图如图 2-13 所示。

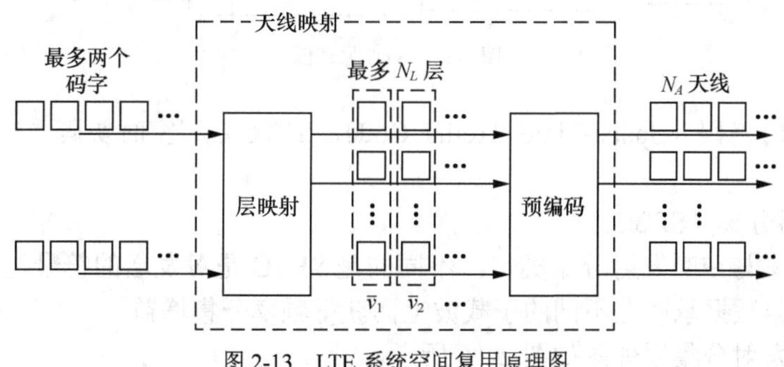

图 2-13　LTE 系统空间复用原理图

2．空间分集

采用多个收发天线的空间分集可以很好地对抗传输信道的衰落。空间分集分为发射分集、接收分集和接收发射分集三种。

（1）发射分集

发射分集是在发射端使用多根发射天线发射信息，通过对不同的天线的发射信号进行编码达到空间分集的目的，接收端可以获得比单天线高的信噪比。发射分集包含空时发射分集（STTD）、空频发射分集（SFBC）和循环延迟分集（CDD）几种。

① 空时发射分集（STTD）

通过对不同的天线的发射信号进行空时编码达到时间和空间分集的目的；在发射端对数据流进行联合编码以减小由于信道衰落和噪声导致的符号错误概率；空时编码通过在发射端的联合编码增加信号的冗余度，从而使得信号在接收端获得时间和空间分集增益。可以利用额外的分集增益提高通信链路的可靠性，也可在同样可靠性下利用高阶调制提高数据速率和频谱利用率。

基于发射分集的空时编码（Space-Time Coding，STC）技术的一般结构如图 2-14 所示。

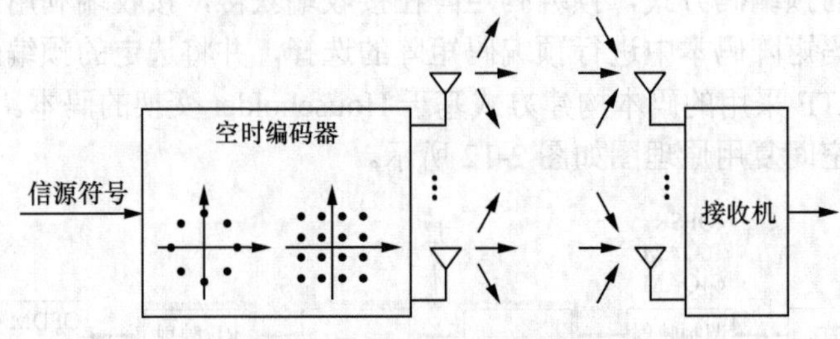

图 2-14　空时发射分集原理图

STC 技术的物理实质在于利用存在于空域与时域之间的正交或准正交特性，按照某种设计准则，把编码冗余信息尽量均匀映射到空时二维平面，以减弱无线多径传播所引起的空间选择性衰落及时间选择性衰落的消极影响，从而实现无线信道中高可靠性的高速数据传输。STC 原理图如图 2-15 所示。

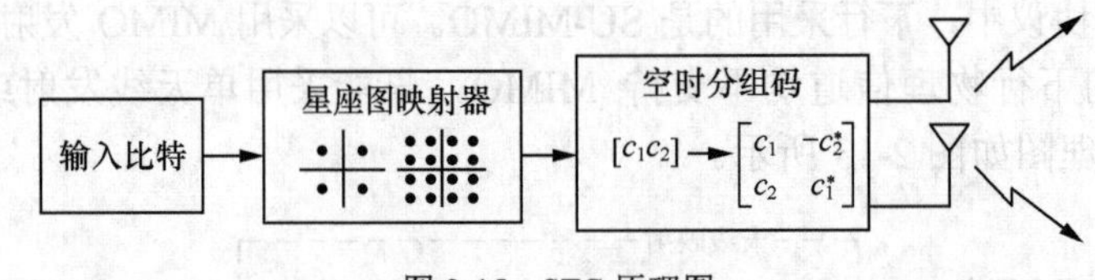

图 2-15　STC 原理图

典型的有空时格码（Space-Time Trellis Code，STTC）和空时块码（Space-Time Block Code，STBC）。

② 空频发射分集（SFBC）

空频发射分集与空时发射分集类似，不同的是 SFBC 是对发送的符号进行频域和空域编码，通过将同一组数据承载在不同的子载波上面获得频率分集增益。

两天线空频发射分集原理图如图 2-16 所示。

除两天线 SFBC 发射分集外，LTE 协议还支持 4 天线 SFBC 发射分集，并且给出了构造方法。SFBC 发射分集方式通常要求发射天线尽可能独立，以最大限度地获取分集增益。

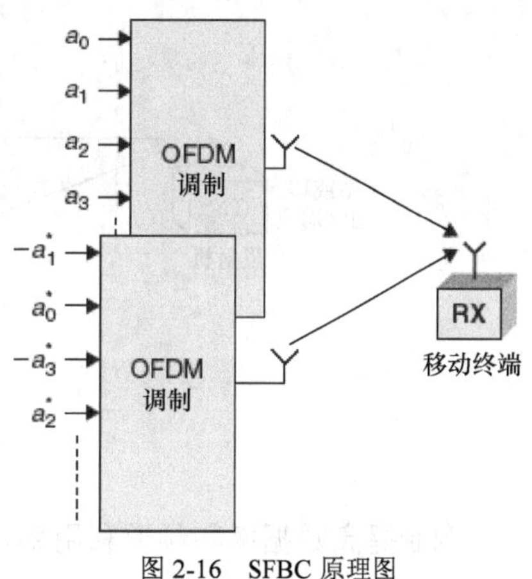

图 2-16　SFBC 原理图

③ 循环延迟分集（CDD）

延时发射分集是一种常见的时间分集方式，可以通俗地理解为发射端为接收端人为制造多径。LTE 中采用的延时发射分集并非简单的线性延时，而是利用 CP 特性采用循环延时操作。根据 DFT 变换特性，信号在时域的周期循环移位（即延时）相当于频域的线性相位偏移，因此 LTE 的 CDD（循环延时分集）是在频域上进行操作的。图 2-17 给出了下行发射机时域循环移位与频域相位线性偏移的等效示意图。循环延迟分集原理图如图 2-17 所示。

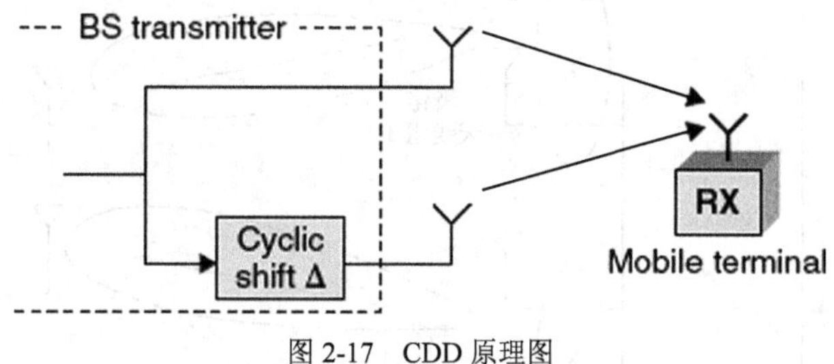

图 2-17　CDD 原理图

LTE 协议支持一种与下行空间复用联合作用的大延时 CDD 模式。大延时 CDD 将循环延时的概念从天线端口搬到了 SU-MIMO 空间复用的层上，并且延时明显增大。以两天线为例，延时达到了半个符号积分周期（即 1024Ts）。

目前 LTE 协议支持 2 根天线和 4 根天线的下行 CDD 发射分集。CDD 发射分集方式通常要求发射天线尽可能独立，以最大限度地获取分集增益。

（2）接收分集

接收分集指多个天线接收来自多个信道的承载同一信息的多个独立的信号副本。由于信号不可能同时处于深衰落情况中，因此在任一给定的时刻至少可以保证有一个强度足够大的信号副本提供给接收机使用，从而提高了接收信号的信噪比。接收分集原理图如图 2-18 所示。

（3）波束成形

MIMO 中的波束成形方式与智能天线系统中的波束成形类似，在发射端将待发射数据矢量加权，形成某种方向图后到达接收端，接收端再对收到的信号进行上行波束成形，抑制噪声和干扰。

与常规智能天线不同的是，原来的下行波束成形只针对一根天线，现在需要针对多个天线。通过下行波束成形，使得信号在用户方向上得到加强；通过上行波束成形，使得用户具有更强的抗干扰能力和抗噪能力。因此，与发射分集类似，可以利用额外的波束成形增益提高通信链路的可靠性，也可在同样可靠性下利用高阶。调制提高数据速率和频谱利用率。

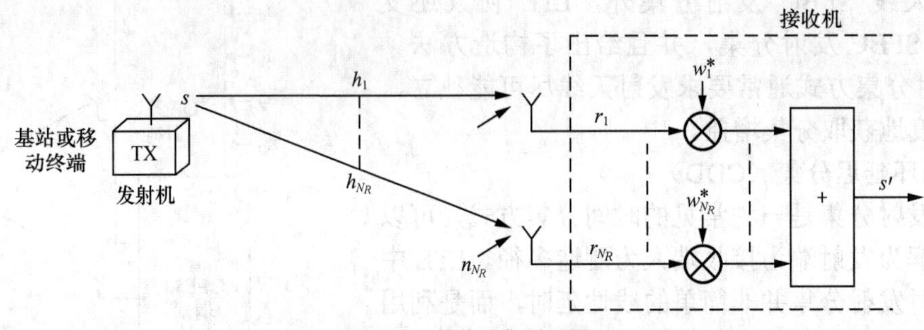

图 2-18　接收分集原理图

调制提高数据率和频谱利用率。波束成形原理图如图 2-19 所示。

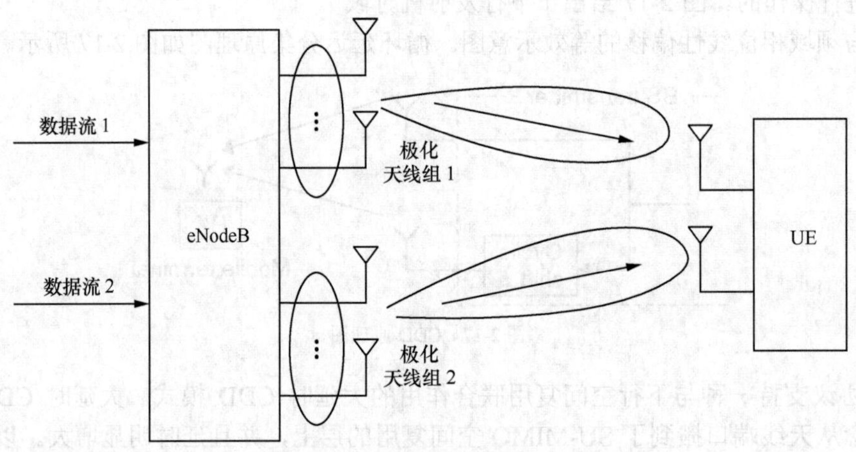

图 2-19　波束成形原理图

典型的波束成形可以有以下两种分类方式：

① 按照信号的发射方式分类：

a．传统波束成形：当信道特征值只有一个或只有一个接收天线时，沿特征向量发射所有的功率实现波束成形。

b．特征波束成形（Eigen-beamforming）：对信道矩阵进行特征值分解，信道将转化为多个并行的信道，在每个信道上独立传输数据。

② 按反馈的信道信息分类：

a．瞬时信道信息反馈；

b．信道均值信息反馈；

c．信道协方差矩阵反馈。

（4）上行天线选择

对于 FDD 模式，存在开环和闭环两种天线选择方案。开环方案即 UMTS 系统中的时间切换传输分集（TSTD）。在开环方案中，上行共享数据信道在天线间交替发送，这样可以获得空间分集，从而避免共享数据信道的深衰落。在闭环天线选择方案中，UE 必须从不同的天线发射参考符号，用于在基站侧提前进行信道质量测量，基站选址可以提供更高接收信号

功率的天线，用于后续的共享数据信道传输，被选中的天线信息需要通过下行控制信道反馈给目标 UE，最后，UE 使用被选中的天线进行上行共享数据信道传输。

对于 TDD 模式，可以利用上行与下行信道之间的对称性，这样，上行天线选择可以基于下行 MIMO 信道估计来进行。

一般来讲，最优天线选择准则可分为两种：一种是以最大化多天线提供的分集来提高传输质量；另一种是以最大化多天线提供的容量来提高传输效率。

与传统的单天线传输技术相比，上行天线选择技术可以提供更多的分集增益，同时保持与单天线传输技术相同的复杂度。从本质上看，该技术是以增加反馈参考信号为代价而取得了信道容量提升。

（5）上行多用户 MIMO

对于 LTE 系统上行链路，在每个用户终端只有一个天线的情况下，如果把两个移动台合起来进行发送，按照一定方式把两个移动台的天线配合成一对，它们之间共享配对的两天线，使用相同的时/频资源，那么这两个移动台和基站之间就可以构成一个虚拟 MIMO 系统，从而提高上行系统的容量。由于在 LTE 系统中，用户之间不能互相通信，因此，该方案必须由基站统一调度。

用户配对是上行多用户 MIMO 的重要而独特的环节，即基站选取两个或多个单天线用户在同样的时/频资源块里传输数据。由于信号来自不同的用户，经过不同的信道，用户间互相干扰的程度不同，因此，只有通过有效的用户配对过程，才能使配对用户之间的干扰最小，进而更好地获得多用户分集增益，保证配对后无线链路传输的可靠性及健壮性。目前已提出的配对策略如下：

① 正交配对

选择两个信道正交性最大的用户进行配对，这种方法可以减少用户之间的配对干扰，但是由于搜寻正交用户计算量大，所以复杂度太大。

② 随机配对

这种配对方法目前使用比较普遍，优点是配对方式简单，配对用户的选择随机生成，复杂度低，计算量小。缺点是对于随机配对的用户，有可能由于信道相关性大而产生比较大的干扰。

③ 基于路径损耗和慢衰落排序的配对方法

将用户路径损耗加慢衰落值的和进行排序，对排序后相邻的用户进行配对。这种配对方法简单，复杂度低，在用户移动缓慢、路径损耗和慢衰落变化缓慢的情况下，用户重新配对频率也会降低，而且由于配对用户路径损耗加慢衰落值相近，所以也降低了用户产生“远近”效应的可能性。缺点是配对用户信道相关性可能较大，配对用户之间的干扰可能比较大。

综上，MIMO 传输方案的应用见表 2-1 所示。

表 2-1　MIMO 传输方案应用

传输方案	秩	信道相关性	移动性	数据速率	在小区中的位置
发射分集（SFBC）	1	低	高/中速移动	低	小区边缘
开环空间复用	2/4	低	高/中速移动	中/低	小区中心/边缘
双流预编码	2/4	低	低速移动	高	小区中心

续表

传输方案	秩	信道相关性	移动性	数据速率	在小区中的位置
多用户 MIMO	2/4	低	低速移动	高	小区中心
码本波束成形	1	高	低速移动	低	小区边缘
非码本波束成形	1	高	低速移动	低	小区边缘

理论上，虚拟 MIMO 技术可以极大地提高系统吞吐量，但是实际配对策略以及如何有效地为配对用户分配资源的问题，都会对系统吞吐量产生很大的影响。因此，需要在性能和复杂度两者之间取得一个良好的折中，虚拟 MIMO 技术的优势才能充分发挥出来。

任务 4　LTE 协议分层结构

【工作任务单】

工作任务单名称	LTE 协议分层结构	建议课时	1
工作任务内容： 1. 掌握 LTE 协议层分类； 2. 理解 PDCP、RLC、MAC 名称、功能、结构； 3. 了解协议层在 LTE 技术当中的应用			
工作任务设计： 首先，单个学生通过 Internet 对 LTE 协议进行前期了解，理解在 LTE 系统中的应用与设置； 其次，分组进行资料归纳，总结 LTE 各协议层，了解 LTE 协议分类含义、功能、实现方法等； 最后，教师讲解 LTE 协议层名称、功能、结构等知识点			
建议教学方法	教师讲解、情景模拟、分组讨论	教学地点	实训室

【知识链接 1】 概述

PDCP、RLC 和 MAC 三个子层属于层 2，层 2 下行结构如图 2-20 所示，层 2 上行结构如图 2-21 所示。

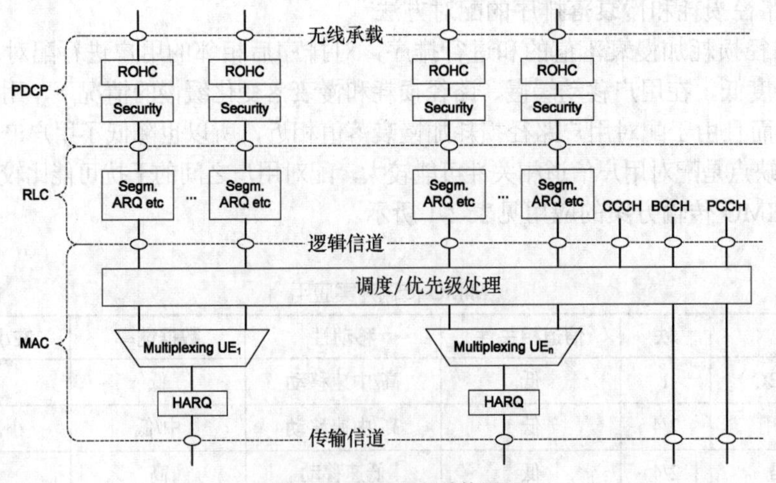

图 2-20　层 2 下行结构图

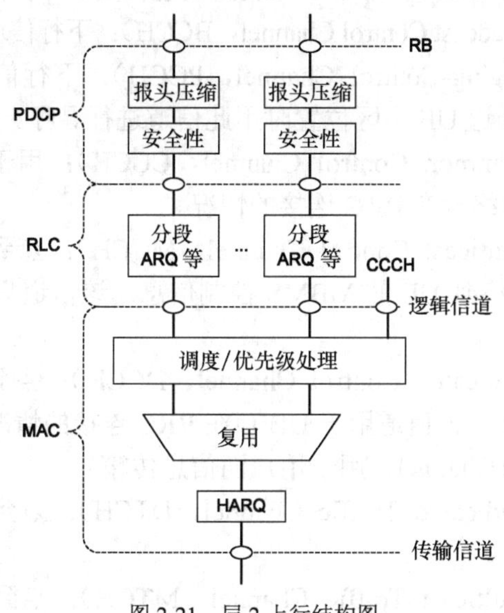

图 2-21　层 2 上行结构图

图中各个子层之间的连接点称为服务接入点（SAP）。PDCP 向上提供的服务是无线承载，提供可靠头压缩（ROHC）功能与安全保护。物理层和 MAC 子层之间的 SAP 提供传输信道，MAC 子层和 RLC 子层之间的 SAP 提供逻辑信道。

MAC 子层提供逻辑信道（无线承载）到传输信道（传输块）的复用与映射。非 MIMO 情形下，不论上行和下行，在每个 TTI（1ms）只产生一个传输块。

【知识链接 2】 MAC 子层

1. MAC 功能

MAC 子层的主要功能包括：

（1）逻辑信道与传输信道之间的映射；

（2）MAC 业务数据单元（SDU）的复用/解复用；

（3）调度信息上报；

（4）通过 HARQ 进行错误纠正；

（5）同一个 UE 不同逻辑信道之间的优先级管理；

（6）通过动态调度进行的 UE 之间的优先级管理；

（7）传输格式选择；

（8）填充。

2. 逻辑信道

MAC 提供不同种类的数据传输服务。每个逻辑信道类型根据传输数据的种类来定义。逻辑信道总体上可以分为控制信道和业务信道两大类。

（1）控制信道（Control Channel，用于控制面信息传输）

① 广播控制信道（Broadcast Control Channel，BCCH）：下行信道，广播系统控制信息。

② 寻呼控制信道（Paging-Control Channel，PCCH）：下行信道，传输寻呼信息和系统信息改变通知。当网络不知道 UE 小区位置时用此信道进行寻呼。

③ 公共控制信道（Common Control Channel，CCCH）：用于 UE 和网络之间传输控制信息。该信道用于 UE 与网络没有 RRC 连接的情况。

④ 多播控制信道（Multicast Control Channel，MCCH）：点到多点的下行信道，为 1 条或多条 MTCH 信道传输网络到 UE 的 MBMS 控制信息。该信道只对能够接收 MBMS 的 UE 有效。

⑤ 专用控制信道（Dedicated Control Channel，DCCH）：点到点的双向信道，在 UE 和网络之间传输专用控制信息。该信道用于 UE 存在 RRC 连接的情况。

（2）业务信道（Traffic Channel，用于用户面信息传输）

① 专用业务信道（Dedicated Traffic Channel，DTCH）：点到点双向信道，专用于一个 UE，用于传输用户信息。

② 多播业务信道（Multicast Traffic Channel，MTCH）：点到多点下行信道，用于网络向 UE 发送业务数据。该信道只对能够接收 MBMS 的 UE 有效。

3. 逻辑信道与传输信道之间的映射

下行传输信道与物理信道之间的映射关系如图 2-22 所示，上行传输信道与物理信道之间的映射关系如图 2-23 所示。

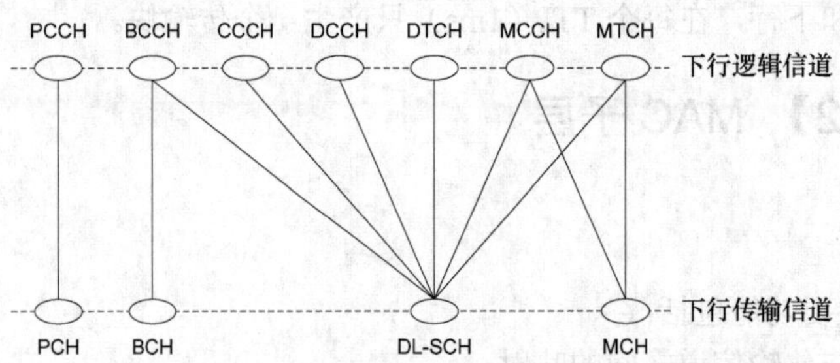

图 2-22　下行逻辑信道与传输信道映射关系图

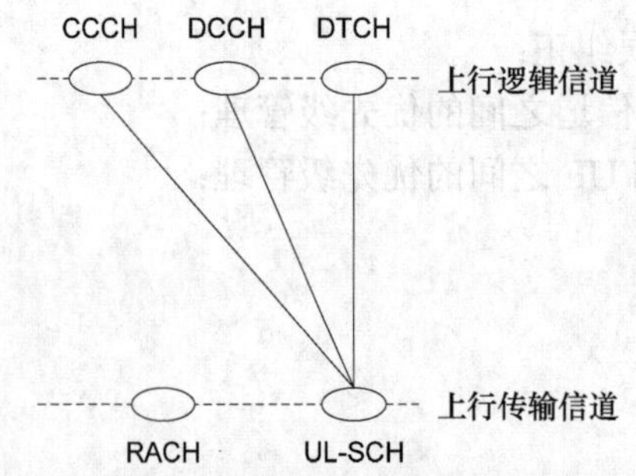

图 2-23　上行逻辑信道与传输信道映射关系图

【知识链接 3】 RLC 子层

1. RLC 功能

RLC 子层的主要功能包括：

（1）上层 PDU 传输；

（2）通过 ARQ 进行错误修正（仅对 AM 模式有效）；

（3）RLC SDU 的级联，分段和重组（仅对 UM 和 AM 模式有效）；

（4）RLC 数据 PDU 的重新分段（仅对 AM 模式有效）；

（5）上层 PDU 的顺序传送（仅对 UM 和 AM 模式有效）；

（6）重复检测（仅对 UM 和 AM 模式有效）；

（7）协议错误检测及恢复；

（8）RLC SDU 的丢弃（仅对 UM 和 AM 模式有效）；

（9）RLC 重建。

2. PDU 结构

RLC PDU 结构如图 2-24 所示。RLC 头携带的 PDU 序列号与 SDU 序列号（即 PDCP 序列号）独立；图中的虚线表示分段的位置。

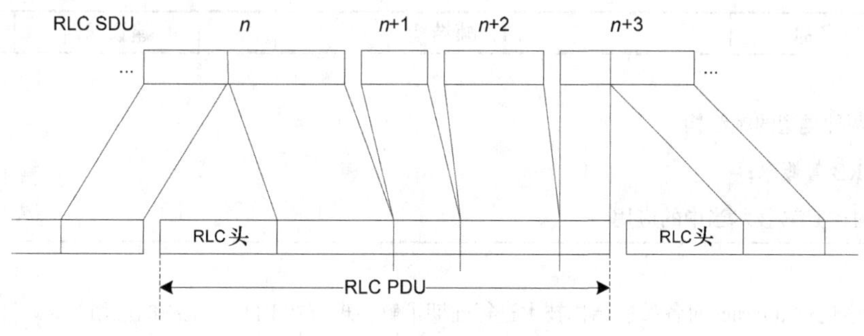

图 2-24　RLC PDU 结构

【知识链接 4】 PDCP 子层

1. PDCP 功能

（1）PDCP 子层用户面的主要功能包括：

① 头压缩与解压缩（只支持 ROHC 算法）；

② 用户数据传输；

③ RLC AM 模式下，PDCP 重建过程中对上层 PDU 的顺序传送；

④ RLC AM 模式下，PDCP 重建过程中对下层 SDU 的重复检测；

⑤ RLC AM 模式下，切换过程中 PDCP SDU 的重传；

⑥ 加密、解密；

⑦ 上行链路基于定时器的 SDU 丢弃功能。

（2）PDCP 子层控制面的主要功能包括：

① 加密和完整性保护；

② 控制面数据传输。

2．PDU 结构

PDCP PDU 和 PDCP 头均为 8 位组的倍数，PDCP 头可以是一个字节或者两个字节长。PDCP PDU 结构如图 2-25 所示。

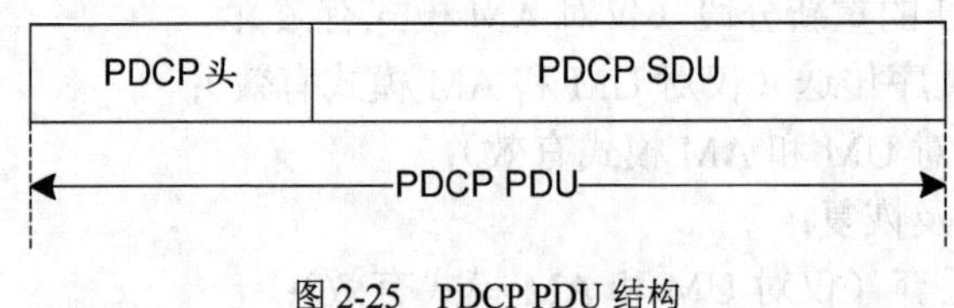

图 2-25　PDCP PDU 结构

任务 5　LTE 帧结构

【工作任务单】

工作任务单名称	LTE 帧结构	建议课时	0.5
工作任务内容： 1. 掌握 LTE 两种类型的帧结构； 2. 掌握 RE，RB 等概念； 3. 了解帧结构在 LTE 技术当中的应用			
工作任务设计： 首先，单个学生通过 Internet 对各种帧结构技术进行前期了解，理解在 LTE 系统中的应用； 然后，分组进行资料归纳，总结 LTE 帧结构的一些特点； 最后，教师讲解帧结构及 RE，RB 相关知识点			
建议教学方法	教师讲解、情景模拟、分组讨论	教学地点	实训室

【知识链接 1】　帧结构

LTE 支持两种类型的无线帧结构：类型 1，适用于 FDD 模式；类型 2，适用于 TDD 模式。

1．帧结构类型 1

帧结构类型 1 如图 2-26 所示。每一个无线帧长度为 10ms，分为 10 个等长度的子帧，每个子帧又由 2 个时隙构成，每个时隙长度均为 0.5ms。

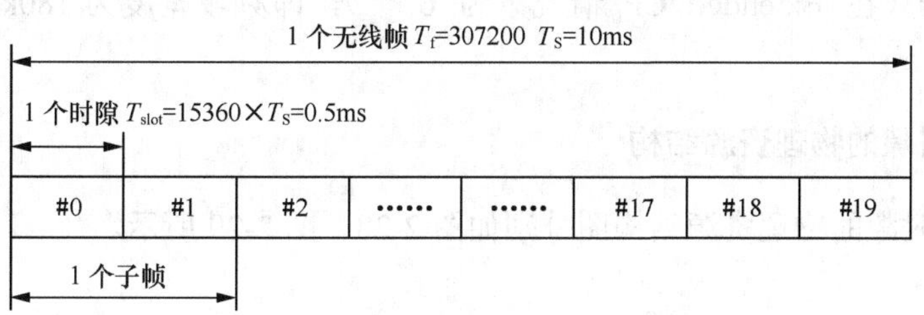

图 2-26　帧结构类型 1

对于 FDD，在每一个 10ms 中，有 10 个子帧可以用于下行传输，并且有 10 个子帧可以用于上行传输。上下行传输在频域上独立进行。

2．帧结构类型 2

帧结构类型 2 如图 2-27 所示。每个 10ms 无线帧包括 2 个长度为 5ms 的半帧，每个半帧由 4 个数据子帧和 1 个特殊子帧组成。特殊子帧包括 3 个特殊时隙：DwPTS，GP 和 UpPTS，总长度为 1ms。

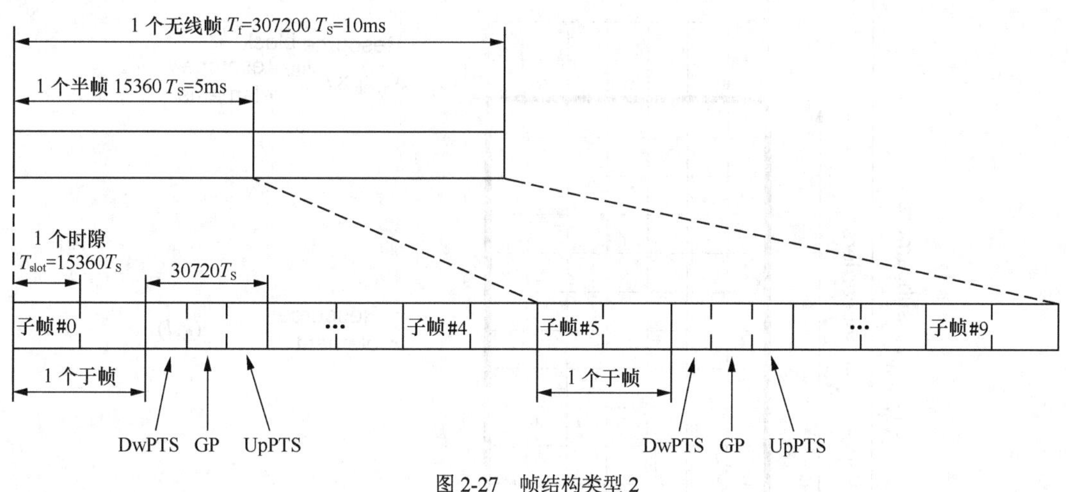

图 2-27　帧结构类型 2

支持 5ms 和 10ms 上下行切换点，子帧 0、5 和 DwPTS 总是用于下行发送 。

【知识链接 2】 物理资源

1．RB

LTE 上下行传输使用的最小资源单位叫做资源粒子（Resource Element，RE）LTE 在进行数据传输时，将上下行时频域物理资源组成资源块（Resource Block，RB），作为物理资源单位进行调度与分配。

一个 RB 由若干个 RE 组成，在频域上包含 12 个连续的子载波、在时域上包含 7 个连

续的 OFDM 符号（在 Extended CP 情况下为 6 个），即频域宽度为 180kHz，时间长度为 0.5ms。

2．下上行时隙的物理资源结构

下行和上行时隙的物理资源结构图分别如图 2-28、图 2-29 所示。

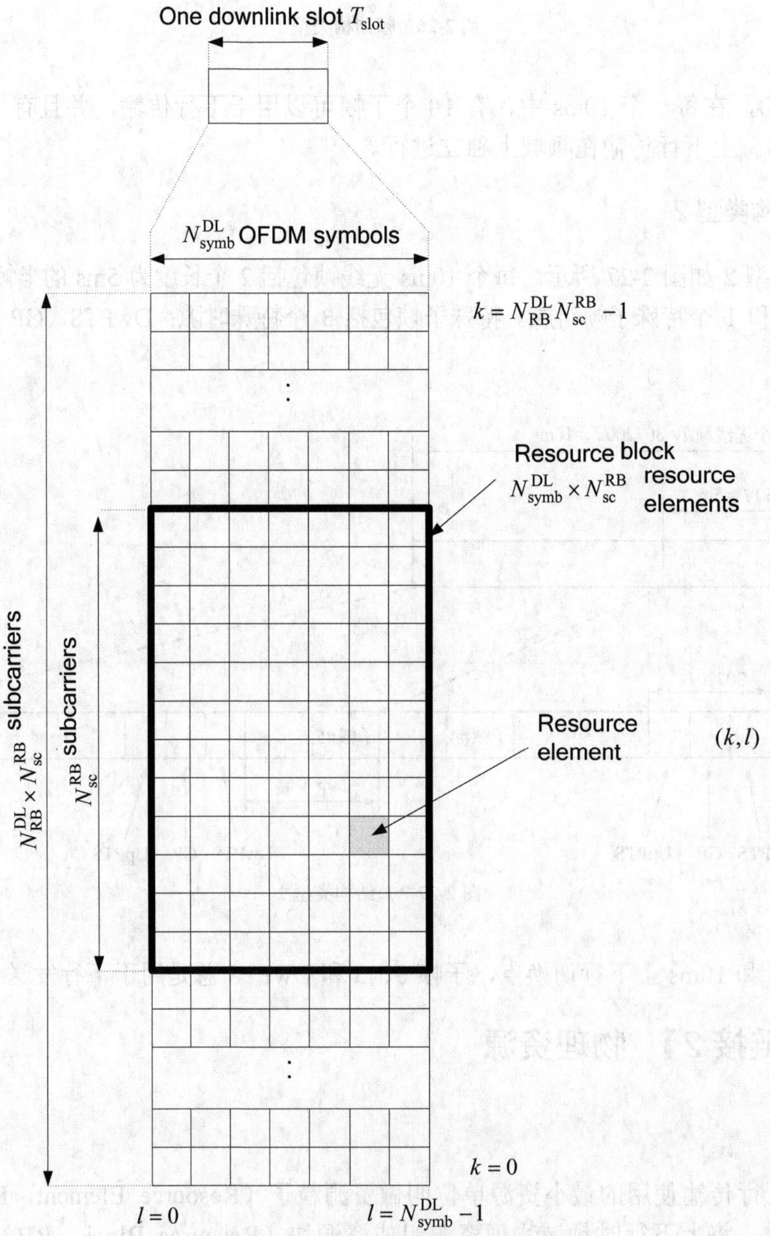

图 2-28　下行时隙的物理资源结构图

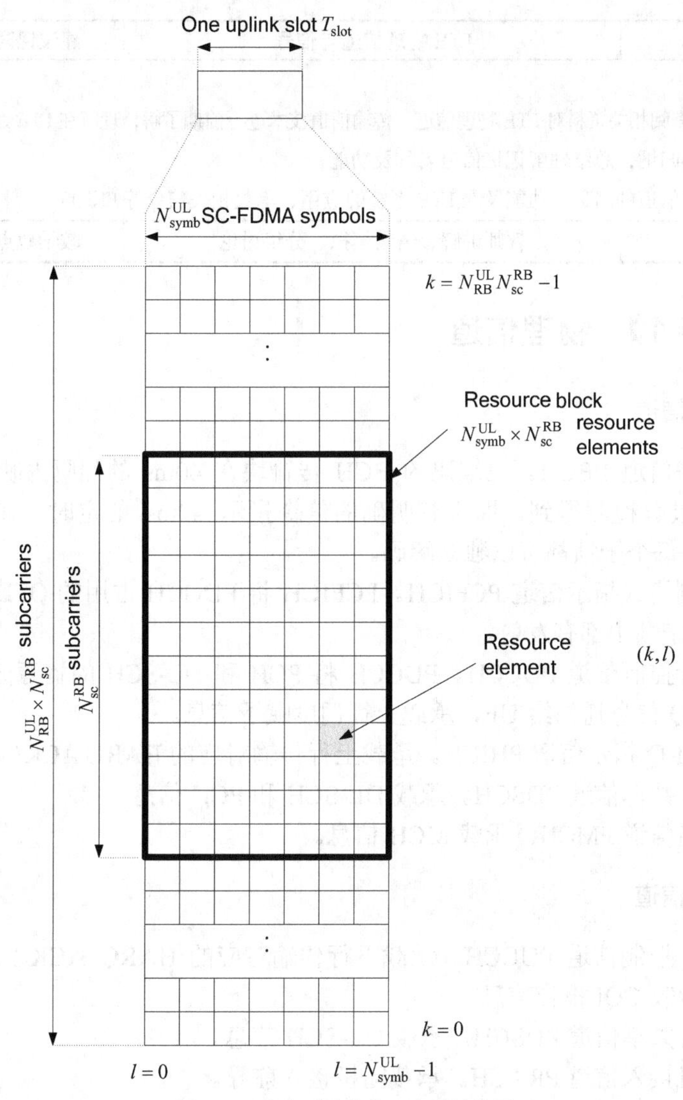

图 2-29　上行时隙的物理资源结构图

任务 6　LTE 物理信道与信号

【工作任务单】

工作任务单名称	LTE 物理信道与信号	建议课时	2
工作任务内容： 1. 掌握物理信道名称、功能； 2. 掌握传输信道名称、功能； 3. 了解物理信道与传输信道之间的映射关系； 4. 理解物理层模型			

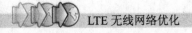

续表

工作任务单名称	LTE 物理信道与信号	建议课时	2
工作任务设计： 首先，单个学生通过查阅相关资料对 LTE 物理信道、传输信道技术进行前期了解，理解在 LTE 系统中的作用； 然后，分组进行资料归纳，总结理解记忆信道名称及功能； 最后，教师讲解物理信道的名称、功能及在 LTE 系统的应用、承载相关信令等知识点			
建议教学方法	教师讲解、情景模拟、分组讨论	教学地点	实训室

【知识链接 1】 物理信道

1. 下行物理信道

（1）物理广播信道 PBCH。已编码的 BCH 传输块在 40ms 的间隔内映射到 4 个子帧，而 40ms 定时通过盲检测得到，即没有明确的信令指示 40ms 的定时。在信道条件足够好时，PBCH 所在的每个子帧都可以独立解码。

（2）物理控制格式指示信道 PCFICH。PCFICH 将 PDCCH 占用的 OFDM 符号数目通知给 UE，且在每个子帧中都有发射。

（3）物理下行控制信道 PDCCH。PDCCH 将 PCH 和 DL-SCH 的资源分配、以及与 DL-SCH 相关的 HARQ 信息通知给 UE，承载上行调度赋予信息。

（4）物理 HARQ 指示信道 PHICH。承载上行传输对应的 HARQ ACK/NACK 信息。

（5）物理下行共享信道 PDSCH。承载 DL-SCH 和 PCH 信息。

（6）物理多播信道 PMCH。承载 MCH 信息。

2. 上行物理信道

（1）物理上行控制信道 PUCCH。承载下行传输对应的 HARQ ACK/NACK 信息；承载调度请求信息；承载 CQI 报告信息。

（2）物理上行共享信道 PUSCH。承载 UL-SCH 信息。

（3）物理随机接入信道 PRACH。承载随机接入前导。

【知识链接 2】 传输信道

1. 下行传输信道

（1）广播信道 BCH。有固定的预定义的传输格式，且要求广播到小区的整个覆盖区域。

（2）下行共享信道 DL-SCH。支持 HARQ；支持通过改变调制、编码模式和发射功率来实现动态链路自适应；能够发送到整个小区；能够使用波束赋形；支持动态或半静态资源分配；支持 UE 非连续接收（DRX）以节省 UE 电源；支持 MBMS 传输。

（3）寻呼信道 PCH。支持 UE DRX 以节省 UE 电源（DRX 周期由网络通知 UE）；要求发送到小区的整个覆盖区域；映射到业务或其他控制信道也动态使用的物理资源上。

（4）多播信道 MCH。要求发送到小区的整个覆盖区域；对于单频点网络 MBSFN 支持多小区的 MBMS 传输的合并；支持半静态资源分配。

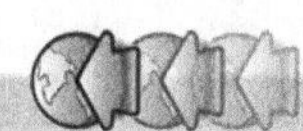

2．上行传输信道

（1）上行共享信道 UL-SCH。能够使用波束赋形；支持通过改变发射功率和潜在的调制、编码模式来实现动态链路自适应；支持 HARQ；支持动态或半静态资源分配。

（2）随机接入信道 RACH。承载有限的控制信息；有碰撞风险。

【知识链接 3】 传输信道与物理信道之间的映射

下行和上行传输信道与物理信道之间的映射关系分别如图 2-30、图 2-31 所示。

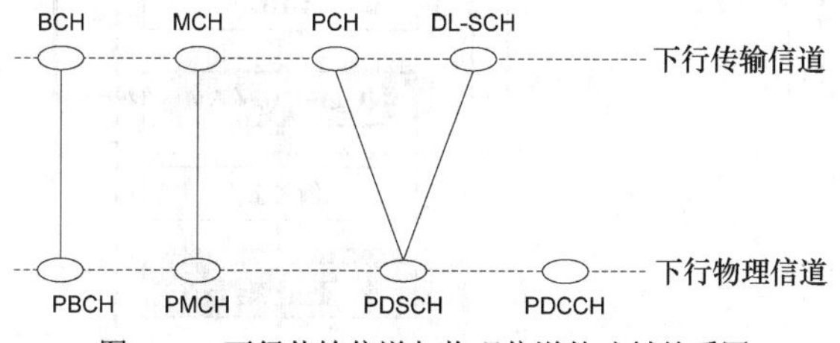

图 2-30　下行传输信道与物理信道的映射关系图

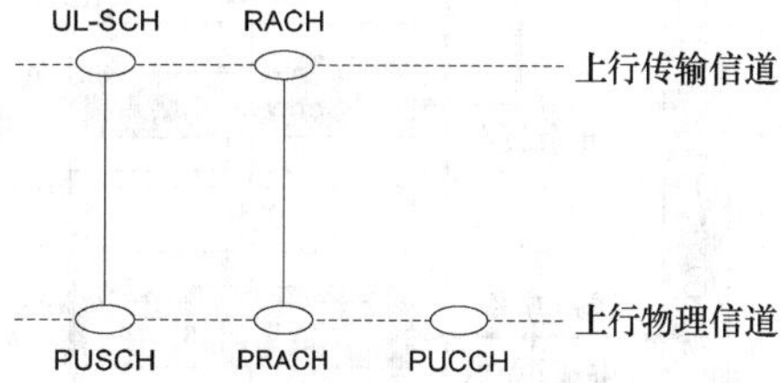

图 2-31　上行传输信道与物理信道的映射关系图

【知识链接 4】 物理信号

物理信号对应物理层若干 RE，但是不承载任何来自高层的信息。

1．下行物理信号

下行物理信号包括有参考信号（Reference Signal）和同步信号（Synchronization Signal）。

（1）下行参考信号

① 小区特定（Cell-specific）的参考信号，与非 MBSFN 传输关联；

② MBSFN（Multicast Broadcast Single Frequency Network：多播单频网）参考信号，与 MBSFN 传输关联；

③ UE 特定（UE-specific）的参考信号。

（2）同步信号

① 主同步信号（Primary Synchronization Signal）；

② 辅同步信号（Secondary Synchronization Signal）。

对于 FDD，主同步信号映射到时隙 0 和时隙 10 的最后一个 OFDM 符号上，辅同步信号则映射到时隙 0 和时隙 10 的倒数第二个 OFDM 符号上。

2．上行物理信号

上行物理信号包括参考信号（Reference Signal）。

上行链路支持两种类型的参考信号：

① 解调用参考信号（Demodulation Reference Signal），与 PUSCH 或 PUCCH 传输有关；

② 探测用参考信号（Sounding Reference Signal），与 PUSCH 或 PUCCH 传输无关；

解调用参考信号和探测用参考信号使用相同的基序列集合。

【知识链接 5】 物理层模型

DL-SCH 物理层模型如图 2-32 所示。图中的 Node B 在 LTE 中称为 eNodeB 或 eNB。

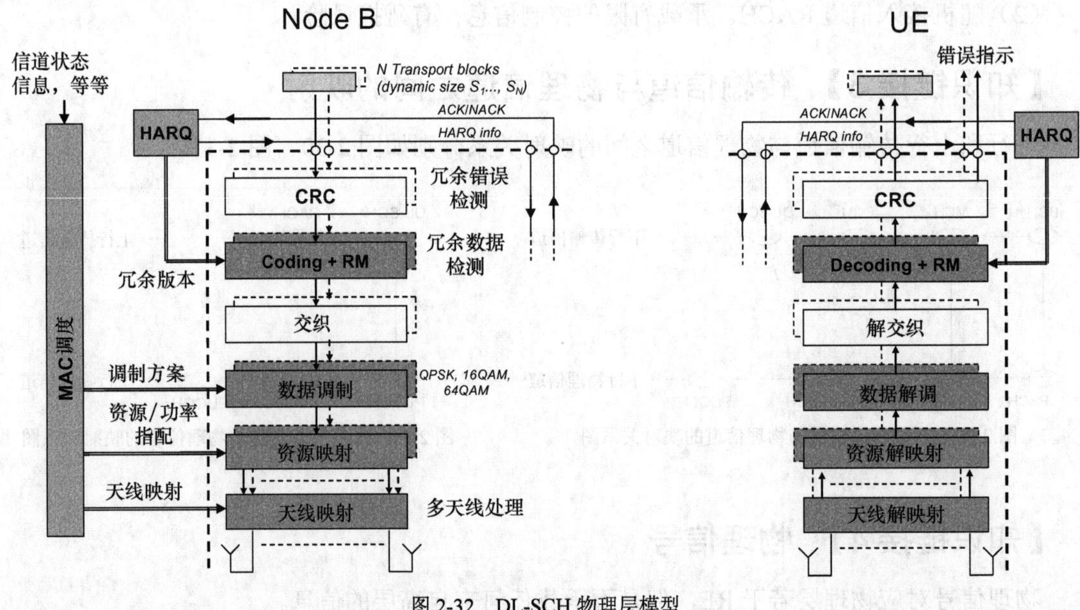

图 2-32 DL-SCH 物理层模型

BCH 物理层模型如图 2-33 所示。

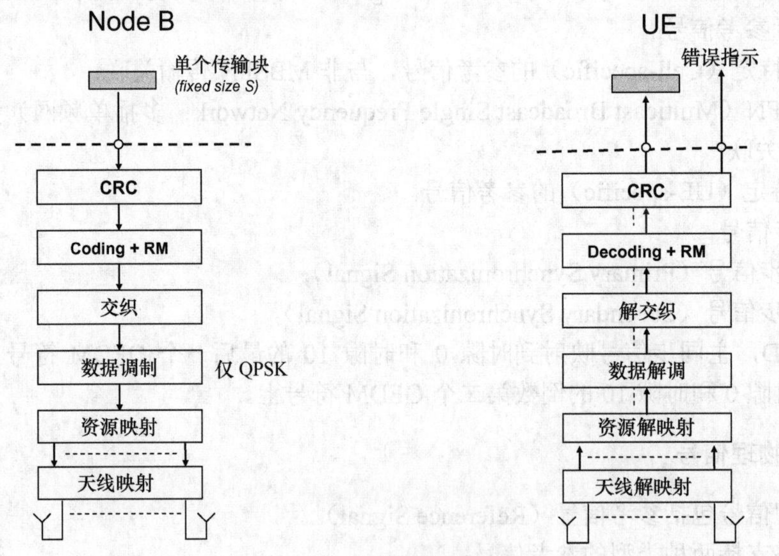

图 2-33 BCH 物理层模型

PCH 物理层模型如图 2-34 所示。

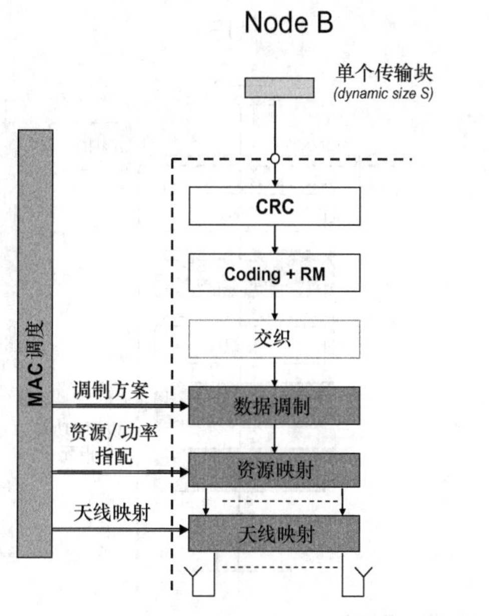

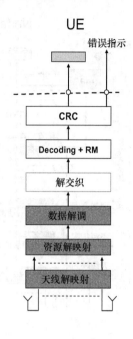

图 2-34　PCH 物理层模型

MCH 物理层模型如图 2-35 所示。

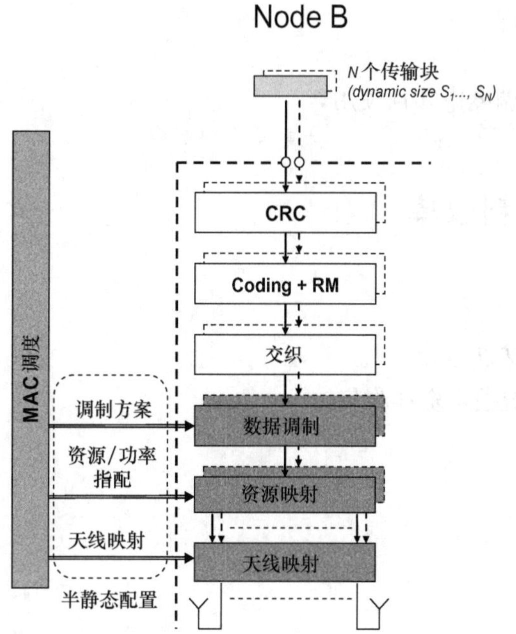

图 2-35　MCH 物理层模型

UL-SCH 物理层模型如图 2-36 所示。

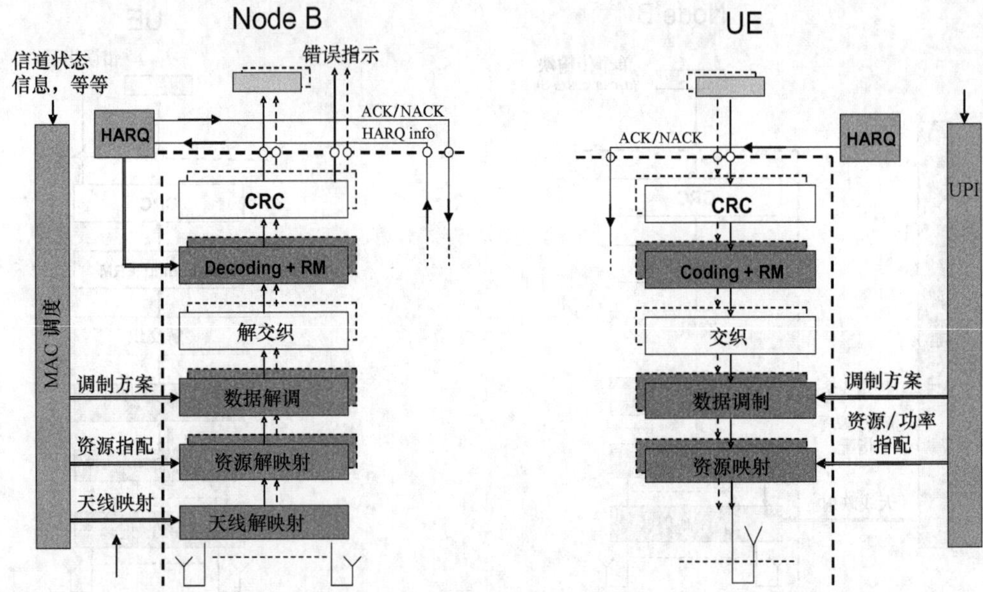

图 2-36 UL-SCH 物理层模型

【想一想】

1．什么是 OFDM？OFDM 的优缺点有哪些？
2．LTE 协议分层及各层的功能是怎样的？
3．LTE 物理信道及功能是怎样的？
4．RE 与 RB 的关系，它们在 LTE 资源调度中如何使用？
5．物理层信号调制流程是怎样的？

【技能实训】 LTE 关键技术资料收集

1．实训目标

（1）培养良好的职业道德与习惯，增强团队意识。
（2）能够利用 Internet 网络进行 LTE 关键技术资料收集。

2．实训设备

具有 Internet 网络连接的计算机一台。

3．实训步骤及注意事项

（1）通过 Internet 网络了解 LTE 基本原理及关键技术。
（2）通过 Internet 网络了解一些技术难点、拓展自己的视野。
（3）通过前面的调查，对资料进行电子归档，并整理成一个文档。

4. 实训考核单

考核项目	考 核 内 容	所占比例	得分
实训态度	1. 积极参加技能实训操作； 2. 按照安全操作流程进行操作； 3. 纪律遵守情况	30%	
实训过程	1. LTE 基本原理及关键技术资料收集； 2. 解决自己在学习中的难点知识的理解及记忆	40%	
成果验收	提交对难点知识点的理解整理报告	30%	
合计		100%	

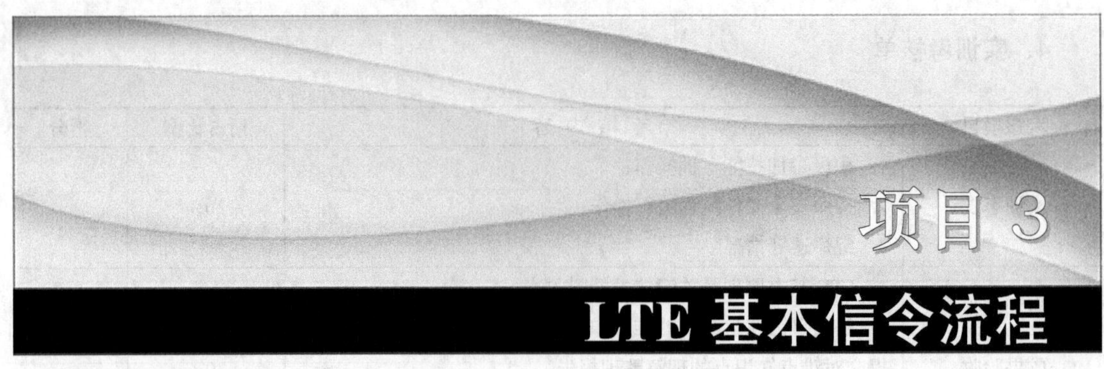

项目 3 LTE 基本信令流程

【知识目标】掌握 LTE 基本概念；掌握小区搜索与随机接入过程；掌握开机附着、去附着流程和 Service Request 流程；掌握寻呼流程和 TAU 流程；领会专用承载建立流程、专用承载修改流程和专用承载释放流程。

【技能目标】能够进行 LTE 随机接入过程信令分析；会 LTE Service Request 信令流程分析；能够进行 LTE 寻呼和 TAU 信令流程分析和 LTE 专用承载过程分析。

任务 1　基本概念

【工作任务单】

工作任务单名称	基本概念	建议课时	2
工作任务内容： 1. 掌握系统消息、UE 的工作模式与状态； 2. 领会 LTE 的承载及分类、UE 的标识； 3. 进行 LTE 系统消息的捕捉与读取			
工作任务设计： 首先，教师讲解系统参数消息、UE 的工作模式与状态； 其次，教师讲解 LTE 的承载及分类、UE 的标识； 最后，学生分组用工具软件捕捉系统消息并读取相关参数			
建议教学方法	教师讲解、分组讨论、现场教学	教学地点	实训室

【知识链接 1】 系统消息

1. LTE 系统消息

系统信息（System Information）是指这样一些信息，它表示的是当前小区或网络的一些特性及用户的一些公共特性，与特定用户无关。通过接收小区的系统信息，移动用户可以得到当前网络、小区的一些基本特性；系统通过在小区中进行相应的系统信息广播，可以标识出小区的覆盖范围，给出特定信道的信息。系统消息的组成包括：主信息块（Master Information Block，MIB）和多个系统信息块（System Information Blocks，SIBs）。

（1）MIB

MIB 承载于 BCCH→BCH→P-BCH 上，包括有限个用以读取其他小区信息的最重要、

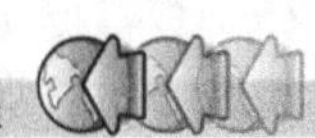

最常用的传输参数（系统带宽，系统帧号，PHICH 配置信息）。时域紧邻同步信道，以 10ms 为周期重传 4 次，PBCH 时域映射结构如图 3-1所示。频域位于系统带宽中央的 72 个子载波，PBCH 频域映射结构如图 3-2所示。

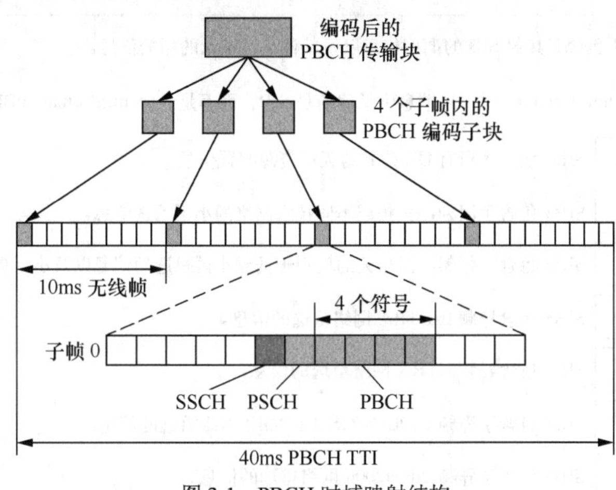

图 3-1　PBCH 时域映射结构

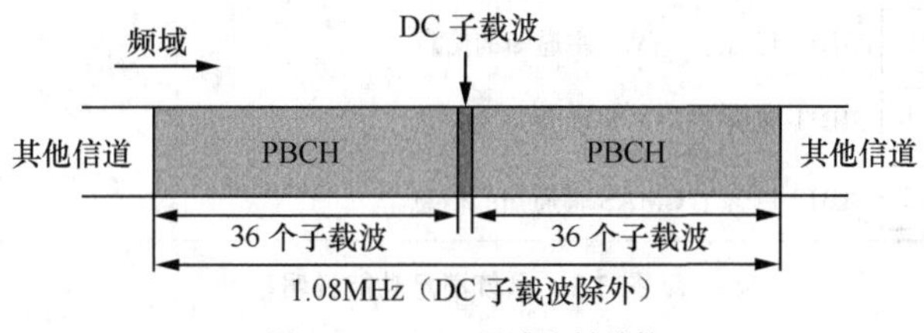

图 3-2　PBCH 频域映射结构

（2）SIBs

除 MIB 以外的系统消息，包括 SIB1～SIB12。除 SIB1 以外，SIB2～SIB12 均由 SI（System Information）承载。

SIB1 是除 MIB 外最重要的系统消息，固定以 20ms 为周期重传 4 次，即 SIB1 在每两个无线帧（20ms）的子帧#5 中重传（SFN mod 2 = 0，SFN mod 8 ≠ 0）一次，如果满足 SFN mod 8 = 0 时，SIB1 的内容可能改变，新传一次。

SIB1 和所有 SI 消息均传输在 BCCH→DL-SCH→PDSCH 上。SIB1 的传输通过携带 SI-RNTI（SI-RNTI 每个小区都是相同的）的 PDCCH 调度完成。SIB1 中的 SchedulingInfoList 携带所有 SI 的调度信息，接收 SIB1 以后，即可接收其他 SI 消息。

2．各系统消息功能

系统消息功能说明如图 3-3所示。

3．系统消息获取

（1）系统消息信令流程

UE 通过 E-UTRAN 广播消息获取 AS 和 NAS 系统消息，如图 3-4 所示。此过程适用于 RRC-IDLE 和 RRC_CONNECTED 状态。

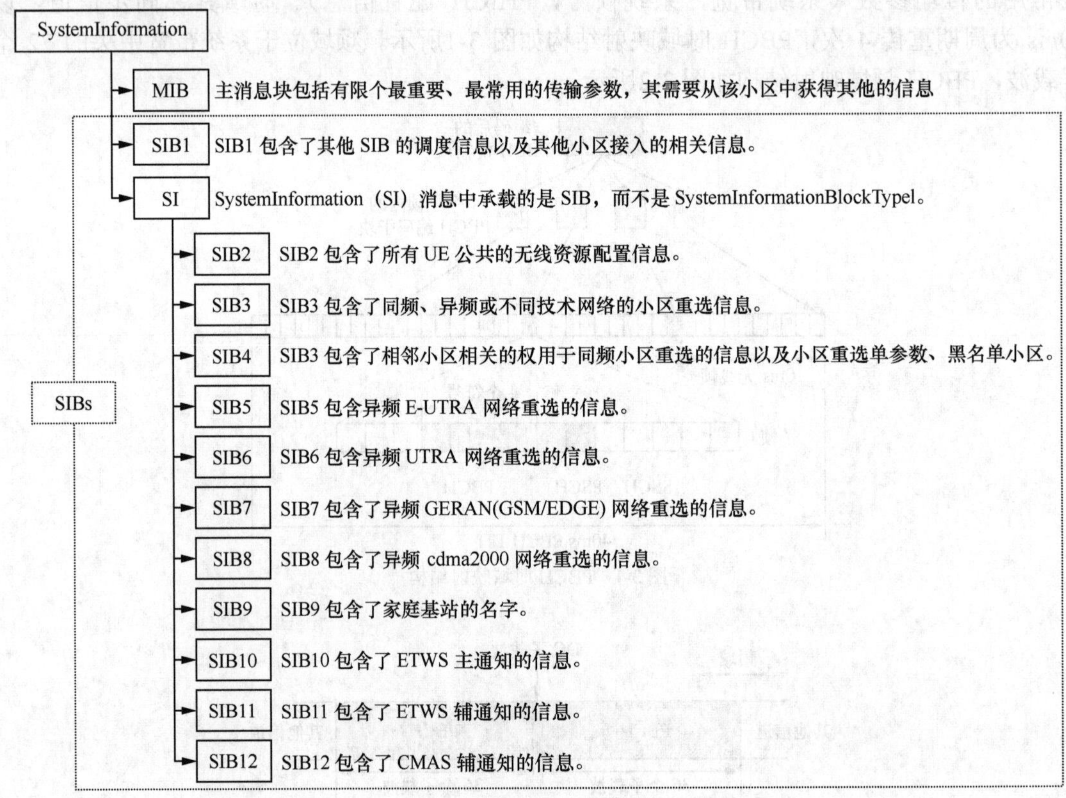

图 3-3　系统消息功能说明

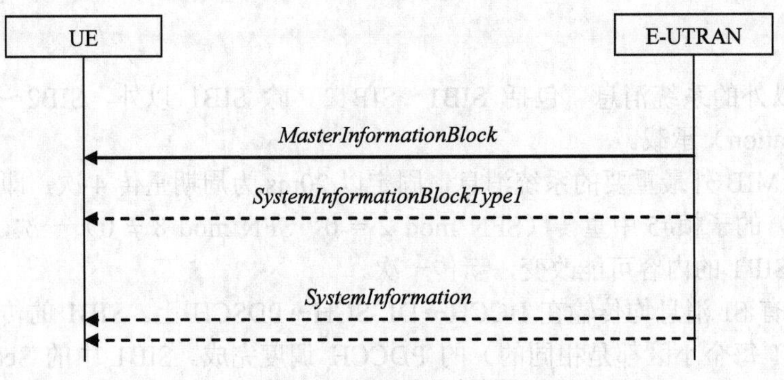

图 3-4　系统消息信令流程

（2）触发系统信息获取的原因

UE 应该在下列情况下应用系统信息获取过程：

① 小区选择/重选；

② 切换完成；

③ 从其他 RAT 切换进入 E-UTRAN；

④ 重新进入覆盖区域；

⑤ 接收到该系统信息已经改变的通知或 ETWS 通知指示，或 CMAS 通知指示；

⑥ 接收到系统上层请求；

⑦ 超出最大有效持续时间（6 小时）。

（3）UE 需要的系统信息

在 UE 中，要保存一个有效的系统信息版本。根据 UE 状态不同，下列系统信息被认为是“required”：

① 如果 UE 处于 RRC_IDLE 状态：MIB、SIB1 消息，SIB2～SIB8 消息（以及根据当前 RAT 的支持）。

② 如果 UE 处于 RRC_CONNECTED 状态：MIB，SIB1 和 SIB2 消息。

（4）UE 获取系统信息的过程

UE 在获取系统信息时，应该按照下列步骤：

① 如果由一个 paging 消息通知触发：从收到改变通知的下一个修改周期开始获取需要的系统信息。

② 如果 UE 在 RRC_IDLE 进入一个小区，并且没有存储一个 RRC_IDLE 状态下所需的有效版本的系统信息：获取 RRC_IDLE 状态下所需的系统信息。

③ 如果在成功切换到一个小区后，UE 没有存储 RRC_CONNECTED 状态下所需的有效版本的系统信息：获取 RRC_CONNECTED 状态下所需的系统信息。

④ 如果在收到 CDMA 高层的一个请求后，获取 SystemInformationBlockType8。

注：如果 UE 没有存储一个 RRC_CONNECTED 所需的有效版本的系统信息，不用发起 RRC 连接建立或 RRC 连接重建立过程

【想一想】

1．LTE 的系统信息有哪些？

2．UE 是如何获取系统信息的？

【知识链接 2】 UE 的工作模式与状态

1．3GPP 各状态间转换

当存在 RRC 连接时，UE 处于 RRC 连接状态，否则为 RRC IDLE 状态。如图 3-5 所示。

2．UE 各状态说明

（1）RRC 状态

UE 在 RRC 状态下的行为说明见表 3-1。

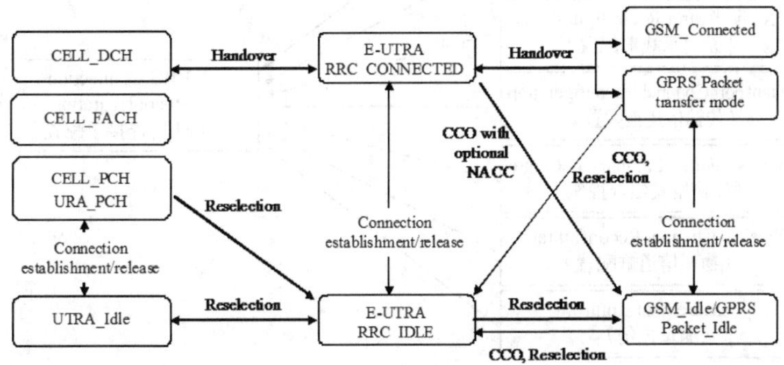

图 3-5　3GPP 各状态间转换

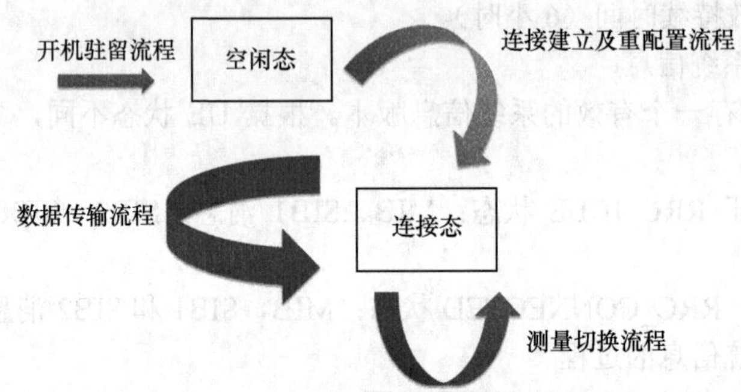

图 3-5　3GPP 各状态间转换（续）

表 3-1　　　　UE 在 RRC 状态下的行为说明

状　态	行　为	状　态	行　为
RRC_IDLE	PLMN 选择	RRC_CONNECTED	网络侧有 UE 的上下文信息
	NAS 配置的 DRX 过程		网络侧知道 UE 所处小区
	系统信息广播和寻呼		网络和终端可以传输数据
	邻小区测量		网络控制终端的移动性
	小区重选的移动性		邻小区测量
	UE 获取 1 个 TA 区内的唯一标识		存在 RRC 连接： UE 可以从网络侧收发数据； 监听共享信道上指示控制授权的控制信令； UE 可以上报信道质量给网络侧； UE 可以根据网络配置进行 DRX
	eNodeB 内无终端上下文		

（2）RRC 信令消息简化

RRC 信令消息简化如图 3-6 所示。

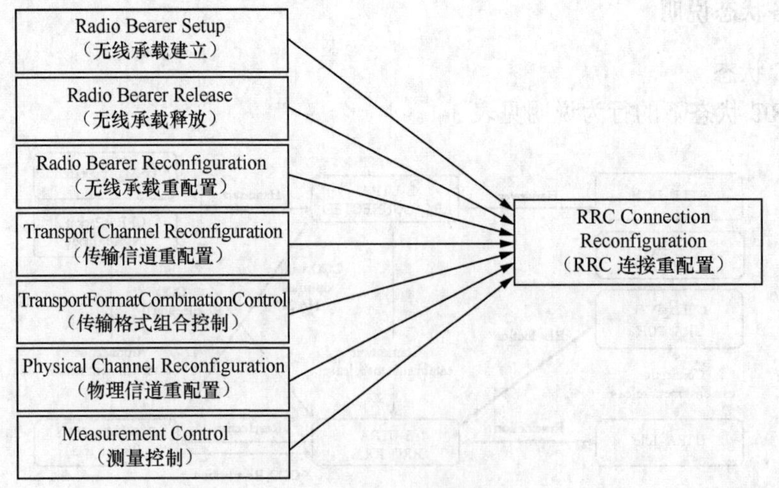

图 3-6　RRC 信令消息简化

【想一想】

UE 的工作模式和状态有哪些？

【知识链接 3】 LTE 的承载及分类

1. LTE 的承载

LTE 的 Bear（承载）有：Radio Bearer 承载空口 RRC 信令和 NAS 信令；S1 Bearer 承载 eNB 与 MME 间 S1-AP 信令；NAS 消息也可作为 NAS PDU 附带在 RRC 消息中发送。如图 3-7 所示。

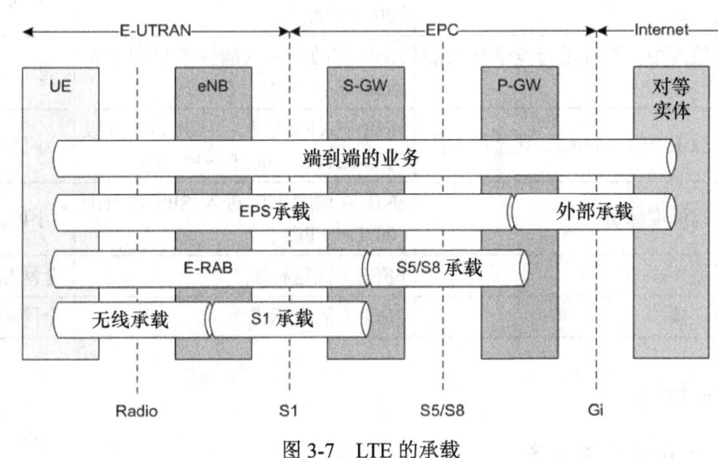

图 3-7 LTE 的承载

2. 无线承载的分类

（1）根据承载内容分类

① 数据承载为 DRB，通过 eNB 为其分配的 PDSCH 来承载。

② 信令承载通过 SRB。LTE 中有三类 SRB：SRB0 承载 RRC 消息，映射到 CCCH 信道；SRB1 承载 RRC 消息，也可承载 NAS 消息，映射到 DCCH 信道；SRB2 承载 NAS 消息，映射到 DCCH 信道。

UE 的 RRC 连接未建立时，由 SRB0 承载 RRC 信令；SRB2 未建立时，由 SRB1 承载 NAS 信令。

（2）NAS 消息其他承载方式

由于带宽增加，数据传输性能增强，LTE 的 RRC 消息的数据携带能力显著提升；因此 LTE 中所有 NAS 消息可填充在 RRC 消息中携带传输，进一步精简了信令流程。

NAS 消息通过四条 RRC 消息传递：ULInformationTransfer 和 DLInformationTransfer（由 SRB2 承载，SRB2 未建立时由 SRB1 承载）；RRCConnectionSetupComplete 和 RRCConnectionReconfiguration（由 SRB1 承载）；RRCConnectionSetupComplete（只携带 NAS 的初始直传消息）。

【想一想】

LTE 的承载有哪些？

【知识链接 4】 UE 的标识

1. 小区内 UE 标识

小区内的 UE 标识见表 3-2 所示。

表 3-2　　小区内 UE 标识

标识类型	应 用 场 景	获 得 方 式	有效范围	是否与终端/卡设备相关
RA-RNTI	随机接入中用于指示接收随机接入响应消息	根据占用的时频资源计算获得（0001～003C）	小区内	否
T-CRNTI	随机接入中，没有进行竞争裁决前的 CRNTI	eNB 在随机接入响应消息中下发给终端（003D～FFF3）	小区内	否
C-RNTI	用于标识 RRC Connect 状态的 UE	初始接入时获得（T-CRNTI 升级为 C-RNTI）（003D～FFF3）	小区内	否
SPS-CRNTI	半静态调度标识	eNB 在调度 UE 进入 SPS 时分配（003D～FFF3）	小区内	否
P-RNTI	寻呼	FFFE（固定标识）	全网相同	否
SI-RNTI	系统广播	FFFF（固定标识）	全网相同	否

2. 核心网 UE 标识

核心网的 UE 标识见表 3-3 所示。

表 3-3　　核心网的 UE 标识

用户标识	名　称	来源	作　用
IMSI	International Mobile Subscriber Identity，国际移动用户识别码	SIM 卡	UE 在首次 ATTACH 时需要携带 IMSI 信息，网络也可以通过身份识别流程要求 UE 上报 IMSI 参数
IMEI	International Mobile Equipment Identity，国际移动台设备识别码	终端	国际移动台设备标识，唯一标识 UE 设备，用 15 个数字表示
IMEISV	IMEI and Software Version Number，国际移动设备的软件版本	终端	携带软件版本号的国际移动台设备标识，用 16 个数字表示
S-TMSI	SAE Temporary Mobile Station Identifier，SAE 临时移动标识	MME 产生并维护	SAE 临时移动标识，由 MME 分配。与 UMTS 的 P-TMSI 格式类似，用于 NAS 交互中保护用户的 IMSI
GUTI	Globally Unique Temporary Identifier，全球唯一临时标识	MME 产生并维护	全球唯一临时标识，在网络中唯一标识 UE，可以减少 IMSI，IMEI 等用户私有参数暴露在网络传输中.第一次 attach 时 UE 携带 IMSI，而之后 MME 会将 IMSI 和 GUTI 进行一个对应，以后就一直用 GUTI，通过 attachaccept 带给 UE；TMSI 信息是 GUTI 的一部分

【想一想】

LTE 中小区内 UE 的标识有哪些？

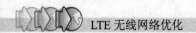

【技能实训】 LTE系统信息分析

1．实训目标

（1）培养良好的职业道德与习惯，增强团队意识。
（2）能够利用路测系统前台进行LTE系统信息的截图。
（3）能够利用路测系统后台进行LTE系统信息的分析。

2．实训设备

（1）安装有LTE路测系统前台笔记本电脑一台、测试手机一台、测试系统前台加密狗一个。
（2）安装有LTE路测系统后台计算机一台、测试系统后台加密狗一个。

3．实训步骤及注意事项

（1）通过LTE路测系统前台进行系统信息捕捉。
（2）通过LTE路测系统后台进行系统信息的截图和分析。
（3）通过前面的调查，对资料进行电子归档，并整理成一个文档。

4．实训考核单

考核项目	考 核 内 容	所占比例	得分
实训态度	1. 积极参加技能实训操作； 2. 按照安全操作流程进行操作； 3. 纪律遵守情况	30%	
实训过程	1. 使用LTE路测系统前台进行系统信息捕捉； 2. 使用LTE路测系统后台进行系统信息的截图和分析	40%	
成果验收	1. LTE小区系统信息总结报告	30%	
合计		100%	

任务2 小区搜索与随机接入

【工作任务单】

工作任务单名称	小区搜索与随机接入	建议课时	2
工作任务内容： 1. 掌握小区搜索过程； 2. 掌握随机接入过程； 3. 进行LTE随机接入过程信令的捕捉与读取			
工作任务设计： 首先，教师讲解小区搜索过程； 然后，教师讲解随机接入过程； 最后，学生分组用工具软件捕捉随机接入过程信令并读取相关参数			
建议教学方法	教师讲解、分组讨论、现场教学	教学地点	实训室

【知识链接 1】 小区搜索

1. 手机开机流程

手机开机流程如图 3-8 所示。手机开机后，首先进行小区搜索，选择适合的小区驻留；然后进行下行同步，读取广播消息主信息块 MIB、SIB 信息；读取到广播消息后手机需要到核心网注册，所以再进行上行同步过程，与基站完成上行同步；最后发起随机接入流程。

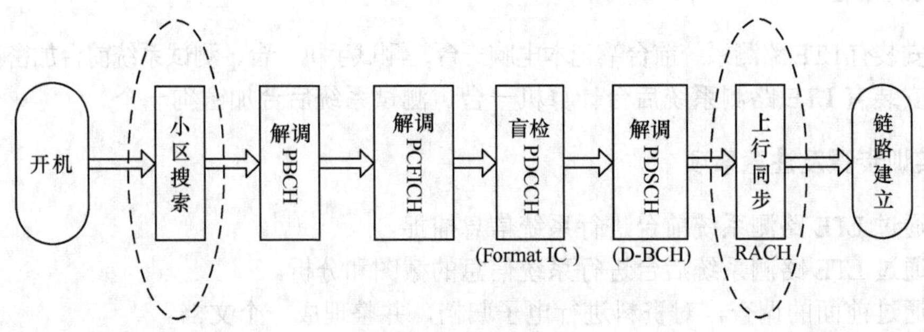

图 3-8　手机开机流程

2. 小区搜索过程

小区搜索的主要目的：与小区取得频率和符号同步；获取系统帧 Timing，即下行帧的起始位置；确定小区的 PCI（Physical-layer Cell Identity）。UE 不仅需要在开机时进行小区搜索，为了支持移动性（Mobility），UE 会不停地搜索邻小区、取得同步并估计该小区信号的接收质量，从而决定是否进行切换（Handover，当 UE 处于 RRC_CONNECTED 态）或小区重选（Cell Re-Selection，当 UE 处于 RRC_IDLE 态）。小区搜索过程如图 3-9 所示。

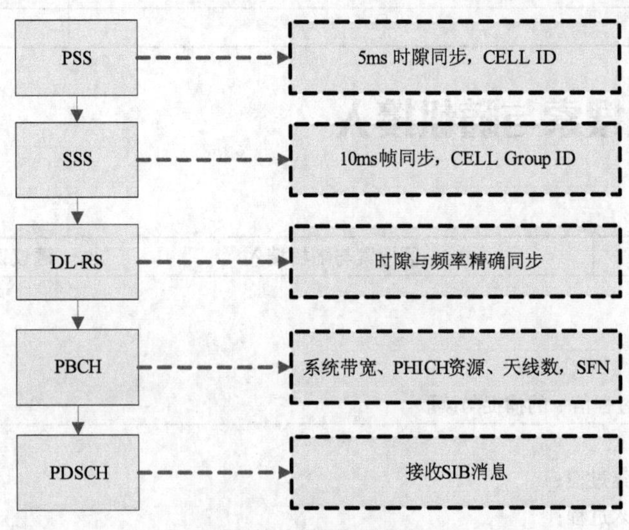

图 3-9　小区搜索过程

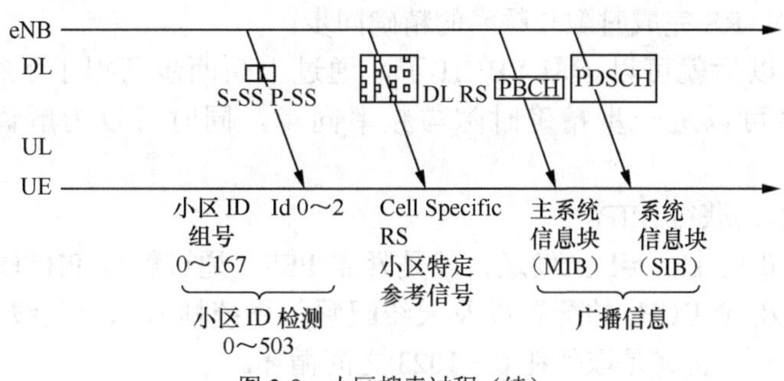

图 3-9　小区搜索过程（续）

（1）UE 利用 PSS 和 SSS 完成下行同步过程

① UE 开机，在可能存在 LTE 小区的几个中心频点上接收信号（PSS），以接收信号强度来判断这个频点周围是否可能存在小区，如果 UE 保存了上次关机时的频点和运营商信息，则开机后会先在上次驻留的小区上尝试；如果没有，就要在划分给 LTE 系统的频带范围做全频段扫描，发现信号较强的频点后去尝试。

② PSS 有 3 个取值，对应三种不同的 Zadoff-Chu 序列，每种序列对应一个 $N_{ID}^{(2)}$。某个小区的 PSS 对应的序列由该小区的 PCI 决定，即 N_{ID}^{cell} % 3。UE 会在其支持的 LTE 频率的中心频点附近去尝试接收 PSS（主同步信号），它占用了中心频带的 6RB（不包含 DC。实际只使用了频率中心 DC 周围的 62 个子载波，两边各留了 5 个子载波用作保护波段），因此可以兼容所有的系统带宽，信号以 5ms 为周期重复，在子帧#0 发送，并且是 ZC 序列，具有很强的相关性，因此可以直接检测并接收到，据此可以得到小区组里 $N_{ID}^{(2)}$（取值范围 0～2），同时确定 5ms 的时隙边界，同时通过检查这个信号就可以知道循环前缀的长度以及采用的是 FDD 还是 TDD（因为 TDD 的 PSS 是放在特殊子帧里面的位置有所不同，基于此来做判断，如图 3-3所示。）由于它是 5ms 重复，因为在这一步它还无法获得帧同步。

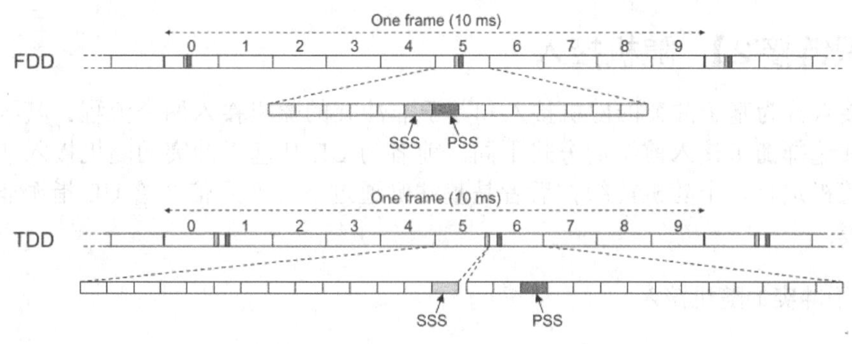

图 3-10　FDD 或 TDD 中，PSS/SSS 的时域位置

③ 5ms 时隙同步后，在 PSS 基础上向前搜索 SSS，SSS 由两个端随机序列组成，前后半帧的映射正好相反，因此只要接收到两个 SSS 就可以确定 10ms 的边界，达到了帧同步的目的。由于 SSS 信号携带了小区组 $N_{ID}^{(1)}$（取值范围 0～167），跟 PSS 结合就可以获得物理层 ID（即 PCI，$N_{ID}^{cell}=3N_{ID}^{(1)}+N_{ID}^{(2)}$。）。LTE 一共定义了 504 个不同的 PCI（对应 N_{ID}^{cell}，取值范围 0～503），且每个 PCI 对应一个特定的下行参考信号序列。

（2）UE 利用 DL-RS 完成时隙与频率的精确同步

在获得帧同步以后就可以读取 PBCH 了，通过上面两步获得了下行参考信号结构，通过解调参考信号可以进一步精确时隙与频率同步，同时可以为解调 PBCH 做信道估计了。

（3）解调 PBCH，获得 MIB

PBCH 在子帧#0 的 slot #1 上发送，就是紧靠 PSS，通过解调 PBCH，可以得到系统帧号和带宽信息，以及 PHICH 的配置以及天线配置。系统帧号以及天线数设计相对比较巧妙：SFN 位长为 10bit，也就是取值在 0～1023 之间循环。

在 PBCH 的 MIB 广播中只广播前 8 位，剩下的两位根据该帧在 PBCH 40ms 周期窗口的位置确定，第一个 10ms 帧为 00，第二帧为 01，第三帧为 10，第四帧为 11。PBCH 的 40ms 窗口手机可以通过盲检确定。而天线数隐含在 PBCH 的 CRC 里面，在计算好 PBCH 的 CRC 后跟天线数对应的 MASK 进行异或。

（4）解调 PDSCH，获得 SIB

因为 PBCH 只是携带了非常有限的系统信息，更多更详细的系统信息是由 SIB 携带的，因此此后还需要接收 SIB，即 UE 接收承载在 PDSCH 上的 BCCH 信息。

① 接收 PCFICH，此时该信道的时频资源可以根据物理小区 ID 推算出来，通过接收解码得到 PDCCH 的 symbol 数目；

② 在 PDCCH 信道域的公共搜索空间里查找发送到 SI-RNTI 的候选 PDCCH，如果找到一个并通过了相关的 CRC 校验，那就意味着有相应的 SIB 消息，于是接收 PDSCH，译码后将 SIB 上报给高层协议栈；

③ 不断接收 SIB，上层（RRC）会判断接收的系统消息是否足够，如果足够则停止接收 SIB。至此，小区搜索过程才差不多结束。

【想一想】

简述 LTE 中小区搜索过程。

【知识链接 2】 随机接入

随机接入分为基于冲突的随机接入和基于非冲突的随机接入两个流程。其区别为针对两种流程其选择随机接入前缀的方式不同。前者为 UE 从基于冲突的随机接入前缀中依照一定算法随机选择一个随机前缀；后者是基站侧通过下行专用信令给 UE 指派非冲突的随机接入前缀。

1. 基于冲突的随机接入

基于冲突的随机接入如图 3-11 所示。

① UE 在 RACH 上发送随机接入前缀；

② eNB 的 MAC 层产生随机接入响应，并在 DL-SCH 上发送；

③ UE 的 RRC 层产生 RRC Connection Request 并在映射到 UL-SCH 上的 CCCH 逻辑信道上发送；

④ RRC Contention Resolution 由 eNB 的 RRC 层产生，并在映射到 DL-SCH 上的 CCCH or DCCH（FFS）逻辑信道上发送。

2. 基于非冲突的随机接入

基于非冲突的随机接入如图 3-12 所示。

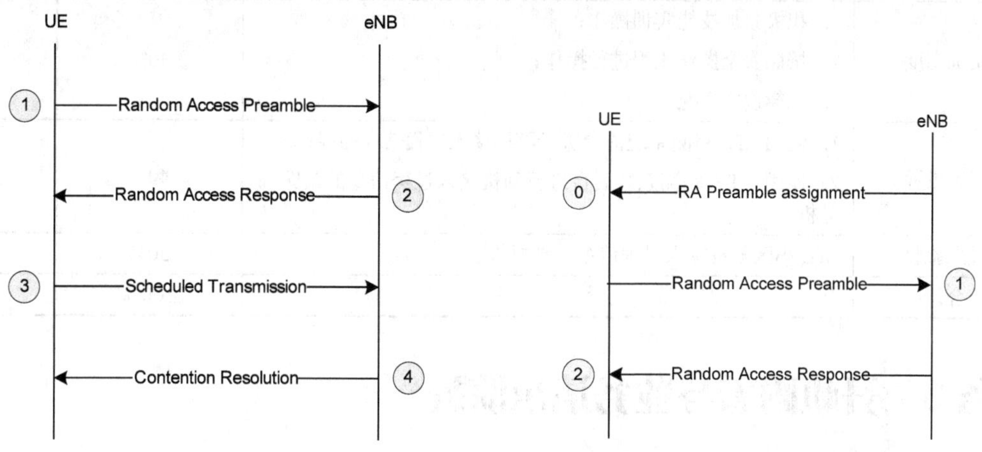

图 3-11 基于竞争的随机接入流程

图 3-12 基于非竞争的随机接入流程

① eNB 通过下行专用信令给 UE 指派非冲突的随机接入前缀（non-contention Random Access Preamble），这个前缀不在 BCH 上广播的集合中。

② UE 在 RACH 上发送指派的随机接入前缀。

③ eNB 的 MAC 层产生随机接入响应，并在 DL-SCH 上发送。

【想一想】

简述 LTE 小区随机接入过程。

【技能实训】 LTE 随机接入过程信令分析

1. 实训目标

（1）培养良好的职业道德与习惯，增强团队意识。

（2）能够利用路测系统前台进行 LTE 随机接入过程信令的截图。

（3）能够利用路测系统后台进行 LTE 随机接入过程信令的分析。

2. 实训设备

（1）安装有 LTE 路测系统前台笔记本电脑一台、测试手机一台、测试系统前台加密狗一个。

（2）安装有 LTE 路测系统后台计算机一台、测试系统后台加密狗一个。

3. 实训步骤及注意事项

（1）通过 LTE 路测系统前台进行随机接入过程信令捕捉。

（2）通过 LTE 路测系统后台进行随机接入过程信令的截图和分析。

（3）通过前面的调查，对资料进行电子归档，并整理成一个文档。

4．实训考核单

考核项目	考 核 内 容	所占比例	得分
实训态度	1. 积极参加技能实训操作； 2. 按照安全操作流程进行操作； 3. 纪律遵守情况	30%	
实训过程	1. 使用 LTE 路测系统前台进行随机接入过程信令捕捉； 2. 使用 LTE 路测系统后台进行随机接入过程信令的截图和分析	40%	
成果验收	LTE 小区随机接入过程信令总结报告	30%	
合计		100%	

任务 3　开机附着与业务请求流程

【工作任务单】

工作任务单名称	开机附着与业务请求流程	建议课时	2
工作任务内容： 1. 掌握开机附着和去附着流程； 2. 掌握业务请求流程； 3. 进行 LTE 业务请求流程信令的捕捉与读取			
工作任务设计： 首先，教师讲解开机附着和去附着流程； 其次，教师讲解业务请求流程； 最后，学生分组用工具软件捕捉业务请求信令并读取相关参数			
建议教学方法	教师讲解、分组讨论、现场教学	教学地点	实训室

【知识链接 1】　开机附着和去附着流程

1．开机附着流程

开机附着流程如图 3-13 所示。

① 处在 RRC_IDLE 态的 UE 进行 Attach 过程，发起随机接入过程，即 MSG1 消息；

② eNB 检测到 MSG1 消息后向 UE 发送随机接入响应消息，即 MSG2 消息；

③ UE 收到随机接入响应后，根据 MSG2 的 TA 调整上行发送时机，向 eNB 发送 RRCConnectionRequest 消息申请建立 RRC 连接；

④ eNB 向 UE 发送 RRCConnectionSetup 消息，包含建立 SRB1 信令承载信息和无线资源配置信息；

⑤ UE 完成 SRB1 信令承载和无线资源配置，向 eNB 发送 RRCConnectionSetupComplete 消息，包含 NAS 层 Attach request 信息；

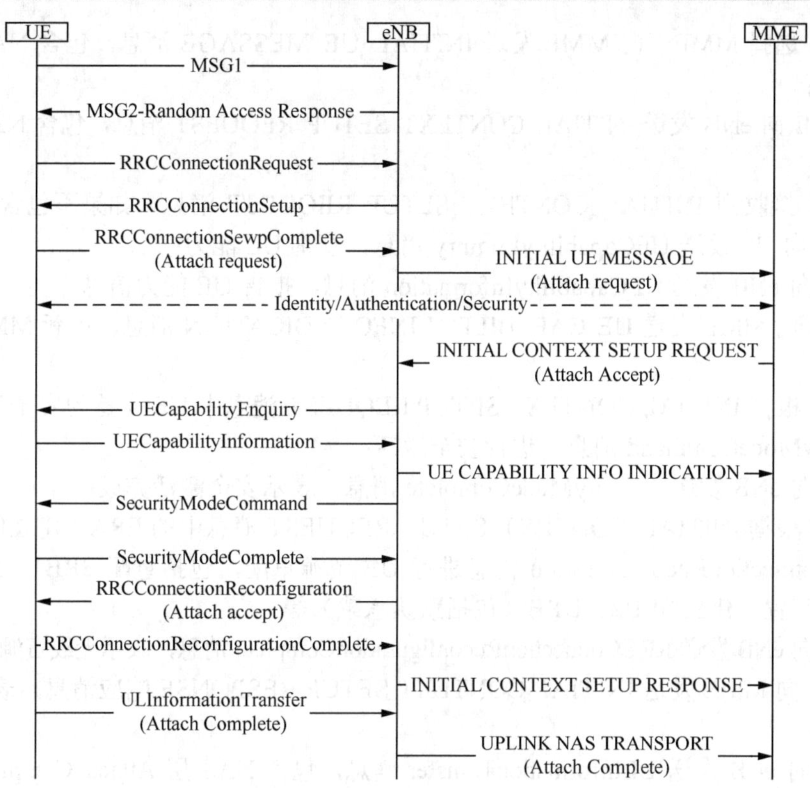

EPS MM　Attach request 开始信令
EPS MM　Unknown (0x0734)
UL CCCH　rrcConnectionRequest
DL CCCH　rrcConnectionSetup
UL DCCH　rrcConnectionSetupComplete
DL DCCH　rrcConnetionReconfiguration
DL DCCH　dlInformationTransfer
UL DCCH　rrcConnectionReconfigurationComplete
EPS MM　Security protected NAS message
EPS MM　Authentication request
EPSMM　Authentication response
EPS MM　Unknown (0x077B)
UL DCCH　ulInformationTransfer
DL DCCH　dlInformationTransfer
EPS MM　Security protected NAS message
EPS MM　Security mode command
EPS MM　Security mode compltee
EPS MM　Unknown (0x0790)
UL DCCH　ulInformationTransfer
DL DCCH　ueCapabilityEnquiry
UL DCCH　ueCapabilityInformation
DL DCCH　securityModeCommmand
DL DCCH　rrcConnectionReconfiguration
UL DCCH　rrcConnectionReconfigurationComplete
EPS MM　Security protected NAS message
EPS MM　Attach accept
EPS SM　Activate default EPS bearer context request
EPS SM　Activate default EPS bearer context accept
EPS MM　Attach comlete 结束信令
EPS MM　Unknown (0x072D)
UL DCCH　ulInformationTransfer
DL DCCH　rrcConnectonReconfiguration
UL DCCH　rrcConnectionReconfigurationComplete

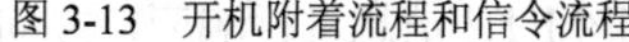

图 3-13　开机附着流程和信令流程

⑥ eNB 选择 MME，向 MME 发送 INITIAL UE MESSAGE 消息，包含 NAS 层 Attach request 消息；

⑦ MME 向 eNB 发送 INITIAL CONTEXT SETUP REQUEST 消息，包含 NAS 层 Attach Accept 消息；

⑧ eNB 接收到 INITIAL CONTEXT SETUP REQUEST 消息，如果不包含 UE 能力信息，则 eNB 向 UE 发送 UECapabilityEnquiry 消息，查询 UE 能力；

⑨ UE 向 eNB 发送 UECapabilityInformation 消息，报告 UE 能力信息；

⑩ eNB 向 MME 发送 UE CAPABILITY INFO INDICATION 消息，更新 MME 的 UE 能力信息；

⑪ eNB 根据 INITIAL CONTEXT SETUP REQUEST 消息中 UE 支持的安全信息，向 UE 发送 SecurityModeCommand 消息，进行安全激活；

⑫ UE 向 eNB 发送 SecurityModeComplete 消息，表示安全激活完成；

⑬ eNB 根据 INITIAL CONTEXT SETUP REQUEST 消息中的 ERAB 建立信息，向 UE 发送 RRCConnectionReconfiguration 消息进行 UE 资源重配，包括重配 SRB1 信令承载信息和无线资源配置，建立 SRB2、DRB（包括默认承载）等；

⑭ UE 向 eNB 发送 RRCConnectionReconfigurationComplete 消息，表示无线资源配置完成；

⑮ eNB 向 MME 发送 INITIAL CONTEXT SETUP RESPONSE 响应消息，表明 UE 上下文建立完成；

⑯ UE 向 eNB 发送 ULInformationTransfer 消息，包含 NAS 层 Attach Complete、Activate default EPS bearer context accept 消息；

⑰ eNB 向 MME 发送上行直传 UPLINK NAS TRANSPORT 消息，包含 NAS 层 Attach Complete 消息。

2. 去附着流程

（1）Idle 状态下关机去附着流程

Idle 状态下关机去附着流程如图 3-14 所示。

① 处在 RRC_IDLE 态的 UE 进行 Detach 过程，发起随机接入过程，即 MSG1 消息；

② eNB 检测到 MSG1 消息后，向 UE 发送随机接入响应消息，即 MSG2 消息；

③ UE 收到随机接入响应后，根据 MSG2 的 TA 调整上行发送时机，向 eNB 发送 RRCConnectionRequest 消息；

④ eNB 向 UE 发送 RRCConnectionSetup 消息，包含建立 SRB1 信令承载信息和无线资源配置信息；

⑤ UE 完成 SRB1 承载和无线资源配置，向 eNB 发送 RRCConnectionSetupComplete 消息，包含 NAS 层 Detach request 信息，Detach request 消息中包括 Switch off 信息；

⑥ eNB 选择 MME，向 MME 发送 INITIAL UE MESSAGE 消息，包含 NAS 层 Detach request 消息；

⑦ MME 向 eNB 发送 UE CONTEXT RELEASE COMMAND 消息，请求 eNB 释放 UE 上下文信息；

⑧ eNB 接收到 UE CONTEXT RELEASE COMMAND 消息，释放 UE 上下文信息，向 MME 发送 UE CONTEXT RELEASE COMPLETE 消息进行响应，并向 UE 发送 RRCConnectionRelease 消

息，释放 RRC 连接。

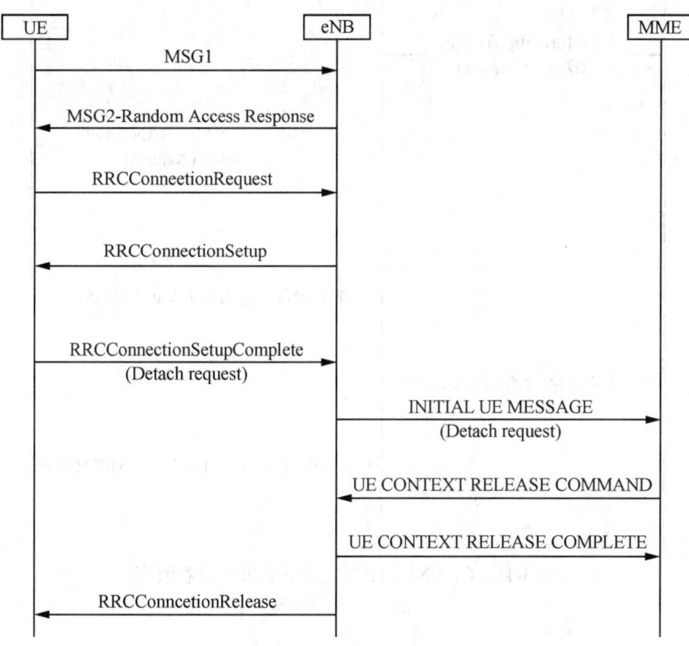

EPS MM	Detach request 开始信令
EPS MM	Unknown(0x0734)
UL DCCH	ulInformationTransfer
DL DCCH	dlInformationTransfer
EPS MM	Security protected NAS message
EPS MM	Detach accept 结束信令
EPS DCCH	rrcConnectionRelease
EPS SM	PDN connectivity request

图 3-14　Idle 状态下关机去附着流程和信令流程

（2）CONNECTED 状态下关机去附着流程

CONNECTED 状态下关机去附着流程如图 3-15 所示。

① 处在 RRC_CONNECTED 状态的 UE 进行 Detach 过程，向 eNB 发送 ULInformationTransfer 消息，包含 NAS 层 Detach request 信息；

② eNB 向 MME 发送上行直传 UPLINK NAS TRANSPORT 消息，包含 NAS 层 Detach request 信息；

③ eNB 向 UE 发送 DLInformationTransfer 消息，包含 NAS 层 Detach accept 消息；Detach request 消息中包括 Switch off 信息；

④ MME 向 eNB 发送 UE CONTEXT RELEASE COMMAND 消息，请求 eNB 释放 UE 上下文信息；

⑤ eNB 接收到 UE CONTEXT RELEASE COMMAND 消息，释放 UE 上下文信息，向 UE 发送 RRCConnectionRelease 消息，释放 RRC 连接；并向 MME 发送 UE CONTEXT RELEASE COMPLETE 消息进行响应。

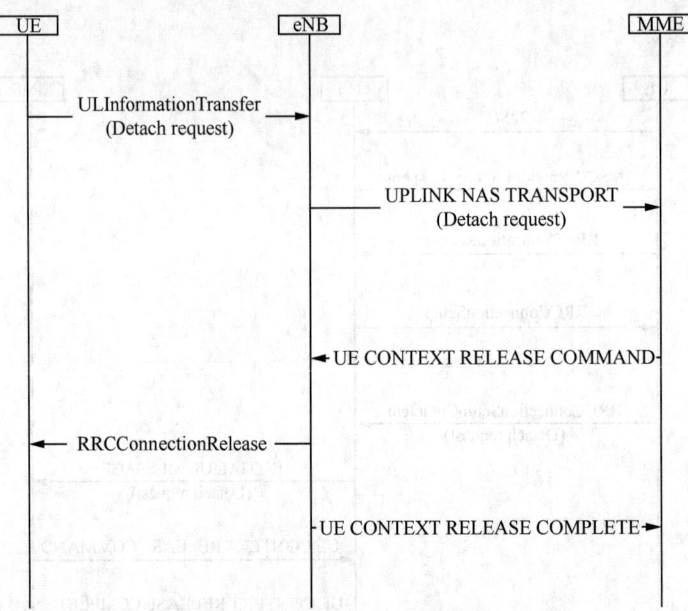

图 3-15　CONNECTED 状态下关机去附着流程

【想一想】

比较 Idle 状态和 CONNECTED 状态下关机去附着流程有何差异？

【知识链接 2】 Service Request 流程

Service Request 流程如图 3-16 所示。

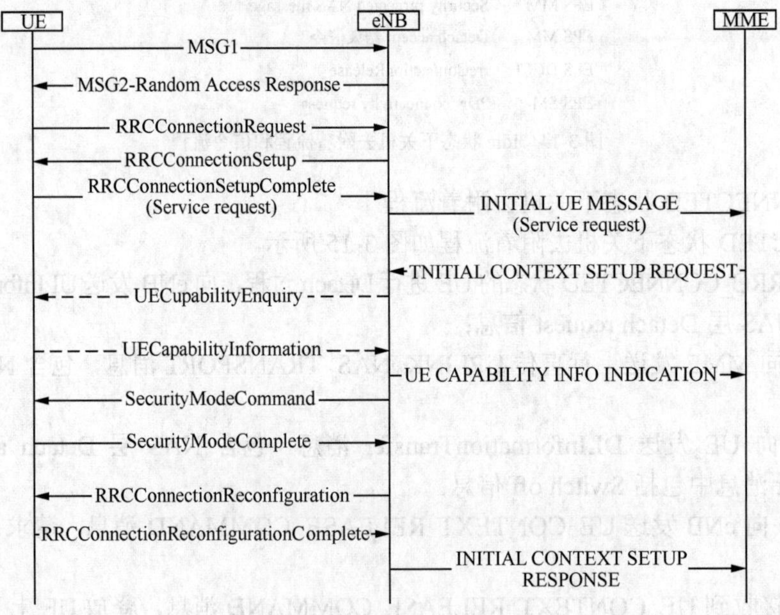

图 3-16　Service Request 流程

Service Request 流程说明：

① 处在 RRC_IDLE 态的 UE 进行 Service Request 过程，发起随机接入过程，即 MSG1

消息；

② eNB 检测到 MSG1 消息后，向 UE 发送随机接入响应消息，即 MSG2 消息；

③ UE 收到随机接入响应后，根据 MSG2 的 TA 调整上行发送时机，向 eNB 发送 RRCConnectionRequest 消息；

④ eNB 向 UE 发送 RRCConnectionSetup 消息，包含建立 SRB1 承载信息和无线资源配置信息；

⑤ UE 完成 SRB1 承载和无线资源配置，向 eNB 发送 RRCConnectionSetupComplete 消息，包含 NAS 层 Service Request 信息；

⑥ eNB 选择 MME，向 MME 发送 INITIAL UE MESSAGE 消息，包含 NAS 层 Service Request 消息；

⑦ MME 向 eNB 发送 INITIAL CONTEXT SETUP REQUEST 消息，请求建立 UE 上下文信息；

⑧ eNB 接收到 INITIAL CONTEXT SETUP REQUEST 消息，如果不包含 UE 能力信息，则 eNB 向 UE 发送 UECapabilityEnquiry 消息，查询 UE 能力；

⑨ UE 向 eNB 发送 UECapabilityInformation 消息，报告 UE 能力信息；

⑩ eNB 向 MME 发送 UE CAPABILITY INFO INDICATION 消息，更新 MME 的 UE 能力信息；

⑪ eNB 根据 INITIAL CONTEXT SETUP REQUEST 消息中 UE 支持的安全信息，向 UE 发送 SecurityModeCommand 消息，进行安全激活；

⑫ UE 向 eNB 发送 SecurityModeComplete 消息，表示安全激活完成；

⑬ eNB 根据 INITIAL CONTEXT SETUP REQUEST 消息中的 ERAB 建立信息，向 UE 发送 RRCConnectionReconfiguration 消息进行 UE 资源重配，包括重配 SRB1 和无线资源配置，建立 SRB2 信令承载、DRB 业务承载等；

⑭ UE 向 eNB 发送 RRCConnectionReconfigurationComplete 消息，表示资源配置完成；

⑮ eNB 向 MME 发送 INITIAL CONTEXT SETUP RESPONSE 响应消息，表明 UE 上下文建立完成。

【想一想】

简述 LTE 中 Service Request 流程。

【技能实训】 LTE Service Request 信令流程分析

1．实训目标

（1）培养良好的职业道德与习惯，增强团队意识。

（2）能够利用路测系统前台进行 LTE Service Request 信令流程的截图。

（3）能够利用路测系统后台进行 LTE Service Request 信令流程的分析。

2．实训设备

（1）安装有 LTE 路测系统前台笔记本电脑一台、测试手机一台、测试系统前台加密狗一个。

（2）安装有 LTE 路测系统后台计算机一台、测试系统后台加密狗一个。

3．实训步骤及注意事项

（1）通过 LTE 路测系统前台进行 Service Request 信令流程捕捉。

（2）通过 LTE 路测系统后台进行 Service Request 信令流程的截图和分析。

（3）通过前面的调查，对资料进行电子归档，并整理成一个文档。

4．实训考核单

考核项目	考 核 内 容	所占比例	得分
实训态度	1. 积极参加技能实训操作； 2. 按照安全操作流程进行操作； 3. 纪律遵守情况	30%	
实训过程	1. 使用 LTE 路测系统前台进行 Service Request 信令流程捕捉； 2. 使用 LTE 路测系统前台进行 Service Request 信令流程的截图和分析	40%	
成果验收	1. LTE 小区 Service Request 信令流程分析报告	30%	
合计		100%	

任务 4　寻呼和 TAU 流程

【工作任务单】

工作任务单名称	寻呼和 TAU 流程	建议课时	2
工作任务内容： 1. 掌握寻呼流程； 2. 掌握跟踪区更新流程； 3. 进行寻呼流程和 TAU 流程的信令捕捉与读取			
工作任务设计： 首先，教师讲解寻呼信令流程； 其次，教师讲解跟踪区更新流程； 最后，学生分组用工具软件捕捉寻呼和 TAU 信令流程并读取相关参数			
建议教学方法	教师讲解、分组讨论、现场教学	教学地点	实训室

【知识链接 1】　寻呼流程

1．系统信息改变触发的寻呼流程

系统信息改变触发的寻呼流程如图 3-17 所示。

当 eNB 小区系统信息发生改变，eNB 向 UE 发送 Paging 消息，UE 接收到寻呼消息后在下一个系统信息改变周期接收新的系统信息。

2. MME 触发的寻呼流程

MME 触发的寻呼流程如图 3-18 所示。

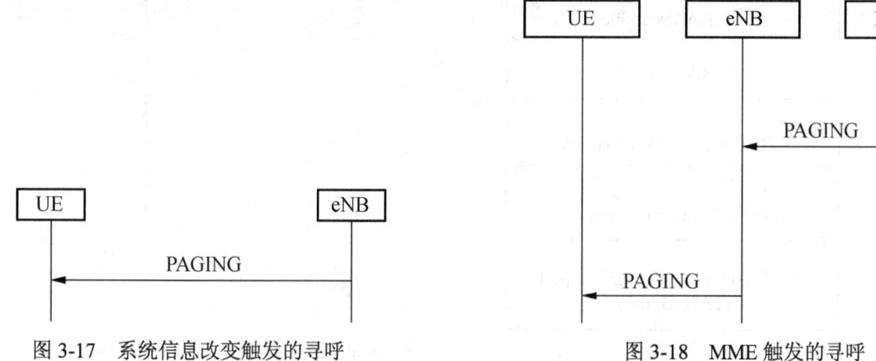

图 3-17　系统信息改变触发的寻呼

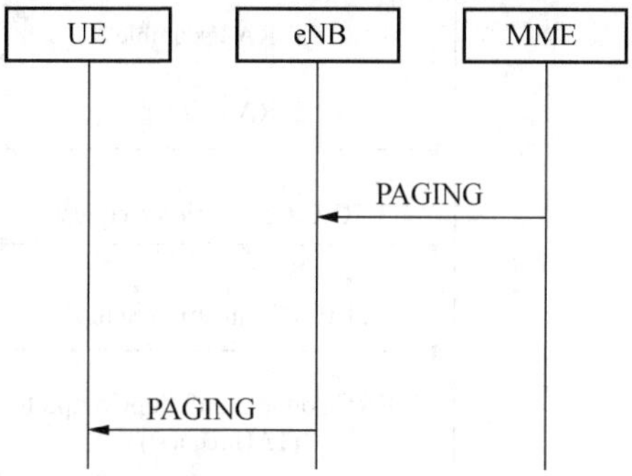

图 3-18　MME 触发的寻呼

① 当 EPC 需要给 UE 发送数据时，则向 eNB 发送 PAGING 消息；

② eNB 根据 MME 发的寻呼消息中的 TA 列表信息，在属于该 TA 列表的小区发送 Paging 消息，UE 在属于自己的寻呼时间接收到 eNB 发送的寻呼消息。

【想一想】

系统信息改变触发的寻呼和 MME 触发的寻呼有何不同?

【知识链接 2】 TAU 流程

1. IDLE 态 TAU 过程

（1）IDLE 下发起的不设置“active”标识的正常 TAU 流程

IDLE 下发起的不设置“active”标识的正常 TAU 流程如图 3-19 所示。

IDLE 下发起的不设置“active”标识的正常 TAU 流程说明：

① 处在 RRC_IDLE 态的 UE 监听广播中的 TAI 不在保存的 TAU List 时，发起随机接入过程，即 MSG1 消息；

② eNB 检测到 MSG1 消息后，向 UE 发送随机接入响应消息，即 MSG2 消息；

③ UE 收到随机接入响应后，根据 MSG2 的 TA 调整上行发送时机，向 eNB 发送 RRCConnectionRequest 消息；

④ eNB 向 UE 发送 RRCConnectionSetup 消息，包含建立 SRB1 承载信息和无线资源配置信息；

⑤ UE 完成 SRB1 承载和无线资源配置，向 eNB 发送 RRCConnectionSetupComplete 消息，包含 NAS 层 TAU request 信息；

⑥ eNB 选择 MME，向 MME 发送 INITIAL UE MESSAGE 消息，包含 NAS 层 TAU request 消息；

⑦ MME 向 eNB 发送 Downlink NAS Transport 消息，包含 NAS 层 TAU Accept 消息；

⑧ eNB 接收到 Downlink NAS Transport 消息，向 UE 发送 DL information transfer 消息，包含 NAS 层 TAU Accept 消息；

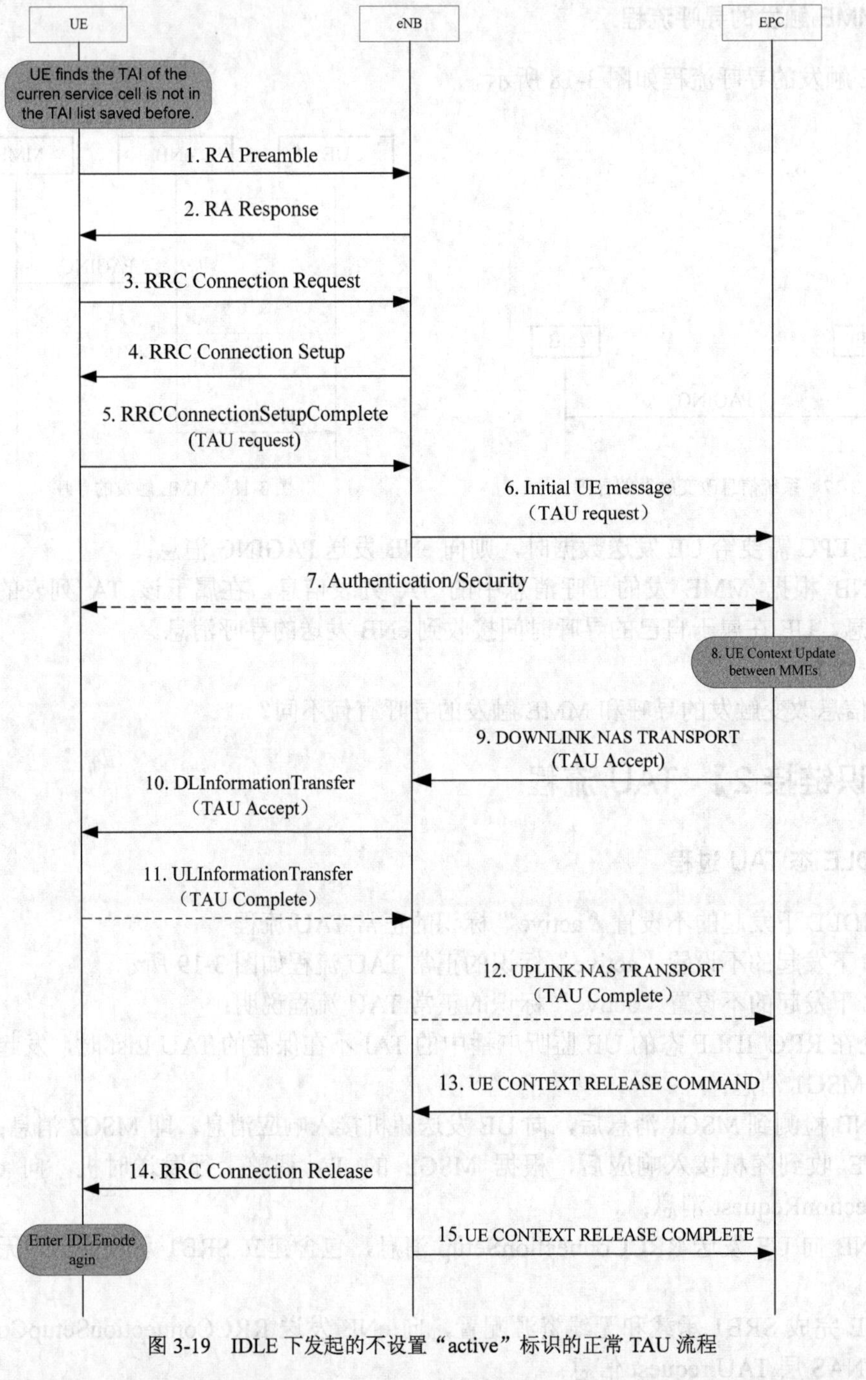

UE

eNB

EPC

UE finds the TAI of the curren service cell is not in the TAI list saved before.

1. RA Preamble

2. RA Response

3. RRC Connection Request

4. RRC Connection Setup

5. RRCConnectionSetupComplete
(TAU request)

6. Initial UE message
（TAU request）

7. Authentication/Security

8. UE Context Update between MMEs

9. DOWNLINK NAS TRANSPORT
(TAU Accept)

10. DLInformationTransfer
（TAU Accept）

11. ULInformationTransfer
（TAU Complete）

12. UPLINK NAS TRANSPORT
（TAU Complete）

13. UE CONTEXT RELEASE COMMAND

14. RRC Connection Release

Enter IDLEmode agin

15.UE CONTEXT RELEASE COMPLETE

图 3-19　IDLE 下发起的不设置“active”标识的正常 TAU 流程

⑨ 在 TAU 过程中，如果分配了 GUTI，UE 才会向 eNB 发送 ULInformationTransfer，包含 NAS 层 TAU Complete 消息；

⑩ eNB 向 MME 发送 Uplink NAS Transport 消息，包含 NAS 层 TAU Complete 消息；

⑪ TAU 过程完成释放链路，MME 向 Enb 发送 UE CONTEXT RELEASE COMMAND 消息指示 eNB 释放 UE 上下文；

⑫ eNB 向 UE 发送 RRC Connection Release 消息，指示 UE 释放 RRC 链路；并向 MME 发送 UE CONTEXT RELEASE COMPLETE 消息进行响应。

（2）IDLE 下发起的设置“active”标识的正常 TAU 流程

IDLE 下发起的设置“active”标识的正常 TAU 流程如图 3-20 所示。

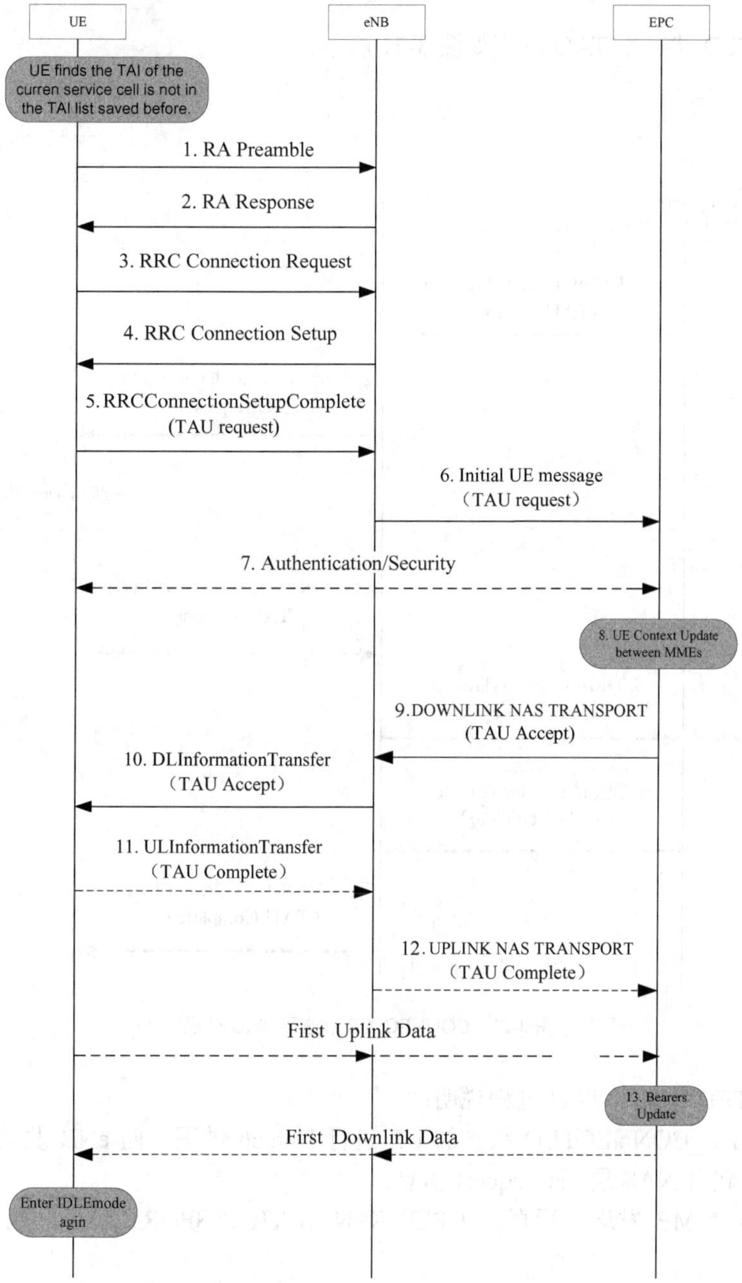

UE　eNB　EPC

UE finds the TAI of the curren service cell is not in the TAI list saved before.

1. RA Preamble

2. RA Response

3. RRC Connection Request

4. RRC Connection Setup

5. RRCConnectionSetupComplete (TAU request)

6. Initial UE message （TAU request）

7. Authentication/Security

8. UE Context Update between MMEs

9. DOWNLINK NAS TRANSPORT (TAU Accept)

10. DLInformationTransfer （TAU Accept）

11. ULInformationTransfer （TAU Complete）

12. UPLINK NAS TRANSPORT （TAU Complete）

First Uplink Data

13. Bearers Update

First Downlink Data

Enter IDLEmode agin

图 3-20　IDLE 下发起的设置“active”标识的正常 TAU 流程

IDLE 下发起的设置“active”标识的正常 TAU 流程说明：

① 同 IDLE 下发起的不设置“active”标识的正常 TAU 流程；

② UE 向 EPC 发送上行数据；

③ EPC 进行下行承载数据发送地址更新；

④ EPC 向 UE 发送下行数据。

2. Connected 状态下 TAU 过程

CONNECTED 状态下 TAU 过程如图 3-21 所示。

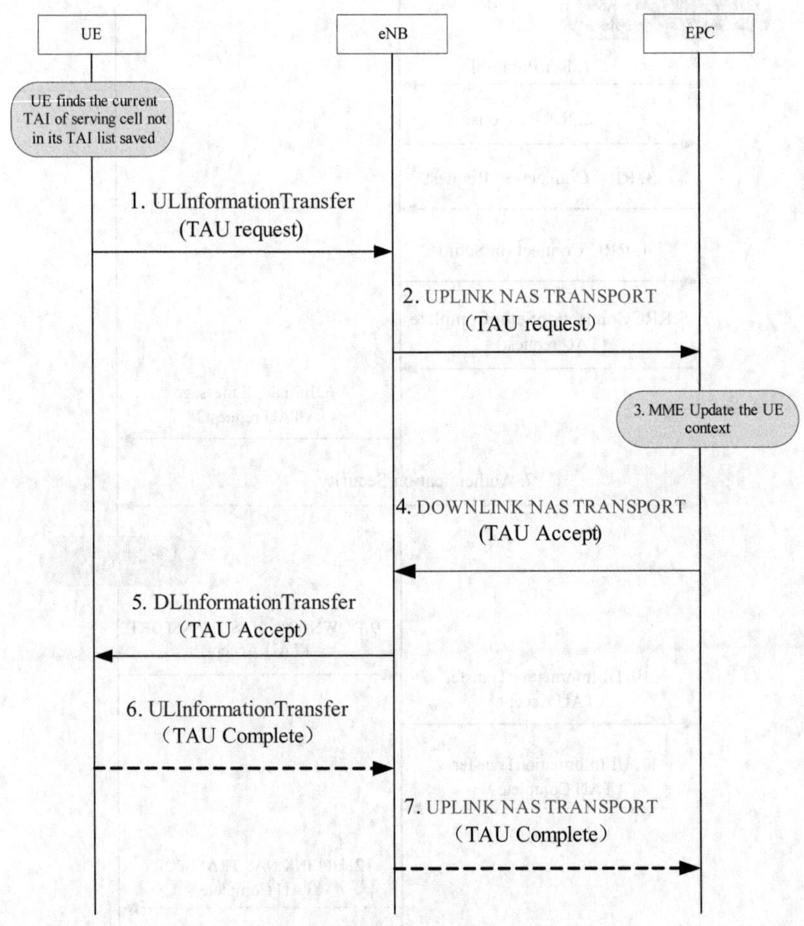

图 3-21　CONNECTED 状态下 TAU 过程

CONNECTED 状态下 TAU 过程说明：

① 处在 RRC_CONNECTED 状态的 UE 进行 Detach 过程，向 eNB 发送 ULInformation Transfer 消息，包含 NAS 层 Tau request 信息；

② eNB 向 MME 发送上行直传 UPLINK NAS TRANSPORT 消息，包含 NAS 层 Tau request 信息；

③ MME 向基站发送下行直传 DOWNLINK NAS TRANSPORT 消息，包含 NAS 层 Tau accept 消息；

④ eNB 向 UE 发送 DLInformationTransfer 消息，包含 NAS 层 Tau accept 消息；

⑤ UE 向 eNB 发送 ULInformationTransfer 消息，包含 NAS 层 Tau complete 信息；

⑥ eNB 向 MME 发送上行直传 UPLINK NAS TRANSPORT 消息，包含 NAS 层 Tau complete 信息。

【想一想】

LTE 中 IDLE 和 CONNECTED 状态下 TAU 过程有何不同？

【技能实训】 LTE 寻呼和 TAU 信令流程分析

1. 实训目标

（1）培养良好的职业道德与习惯，增强团队识。

（2）能够利用路测系统前台进行寻呼和 TAU 信令流程的截图。

（3）能够利用路测系统后台进行寻呼和 TAU 信令流程的分析。

2. 实训设备

（1）安装有 LTE 路测系统前台笔记本电脑一台、测试手机一台、测试系统前台加密狗一个。

（2）安装有 LTE 路测系统后台计算机一台、测试系统后台加密狗一个。

3. 实训步骤及注意事项

（1）通过 LTE 路测系统前台进行寻呼和 TAU 信令流程捕捉。

（2）通过 LTE 路测系统后台进行寻呼和 TAU 信令流程的截图分析。

（3）通过前面的调查，对资料进行电子归档，并整理成一个文档。

4. 实训考核单

考核项目	考 核 内 容	所占比例	得分
实训态度	1. 积极参加技能实训操作； 2. 按照安全操作流程进行操作； 3. 纪律遵守情况	30%	
实训过程	1. 使用 LTE 路测系统前台进行寻呼和 TAU 信令流程捕捉； 2. 使用 LTE 路测系统后台进行寻呼和 TAU 信令流程的截图分析	40%	
成果验收	1.LTE 小区寻呼和 TAU 信令流程分报告	30%	
合计		100%	

任务 5　专用承载流程

【工作任务单】

工作任务单名称	专用承载流程	建议课时	2
工作任务内容： 1. 掌握 LTE 专用承载流程的建立、修改和释放； 2. 进行 LTE 专用承载流程的捕捉与分析			

续表

工作任务单名称	专用承载流程	建议课时	2
工作任务设计： 首先，教师讲解 LTE 专用承载流程的建立、修改和释放流程； 其次，学生分组用工具软件捕捉专用承载流程并读取相关参数			
建议教学方法	教师讲解、分组讨论、现场教学	教学地点	实训室

【知识链接 1】 专用承载建立流程

专用承载建立流程如图 3-22 所示。

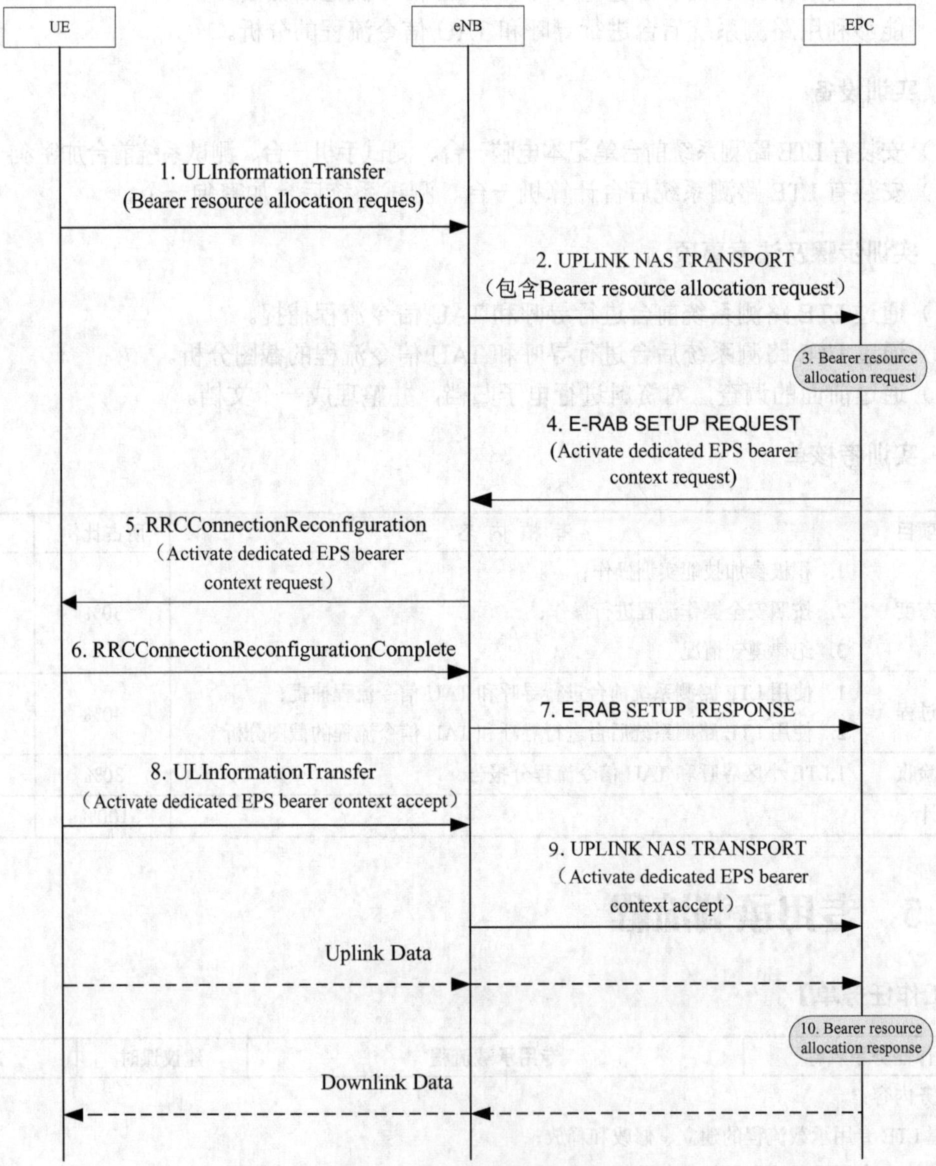

图 3-22 专用承载建立流程

专用承载建立流程说明：

① 连接状态下的 UE 通过 ULinformationTransfer 消息将 Bearer resource allocation Request 消息传递给 eNB（也可以是发送 Bearer resource modification request 消息）。

② eNB 通过 UPLINK NAS TRANSPORT 消息将 Bearer resource allocation Request（或者是 Bearer resource modification request）发送给 EPC。

③ EPC 通过进行承载资源申请处理。

④ EPC 通过 E-RAB SETUP REQUEST 传递 Activate dedicated EPS bearer context request 消息告知 eNB。

⑤ eNB 通过重配消息，将 NAS 消息 Activate dedicated EPS bearer context request 传递给 UE。

⑥ UE 建立专用承载成功，返回 RRCConnectionReconfigurationComplete 消息，表明承载建立成功。

⑦ eNB 发送 E-RAB SETUP RESPONSE 消息给 EPC，表明无线承载建立成功。

⑧ UE 在发送完成重配完成后，通过 ULinformationTransfer 消息将 Activate dedicated EPS bearer context accept 消息告知 eNB。

⑨ eNB 发送 UL NAS TRANSPORT 消息 Activate dedicated EPS bearer context accept 告知 EPC。

⑩ 此时，上下行数据已经可以进行发送。

⑪ EPC 通过进行承载资源申请响应。

【知识链接 2】 专用承载修改流程

专用承载修改流程（通过专有消息）如图 3-23 所示。

专用承载修改流程：

① 连接状态下的 UE 通过 ULinformationTransfer 消息将 Bearer resource allocation Request 消息传递给 eNB（也可以是发送 Bearer resource modification request 消息）。

② eNB 通过 UPLINK NAS TRANSPORT 消息将 Bearer resource allocation Request（或者是 Bearer resource modification request）发送给 EPC。

③ EPC 通过进行承载资源申请处理。

④ EPC 通过 E-RAB MODIFY RESPONSE 传递 Modify dedicated EPS bearer context request 消息告知 eNB。

⑤ eNB 通过重配消息，将 NAS 消息 Modify dedicated EPS bearer context request 传递给 UE。

⑥ UE 建立专用承载成功，返回 RRCConnectionReconfigurationComplete 消息，表明承载修改成功。

⑦ eNB 发送 E-RAB MODIFY RESPONSE 消息给 EPC，表明无线承载修改成功。

⑧ UE 在发送完成重配完成后，通过 ULinformationTransfer 消息将 Modify dedicated EPS bearer context accept 消息告知 eNB。

⑨ eNB 发送 UL NAS TRANSPORT 消息 Modify dedicated EPS bearer context accept 告知 EPC。

⑩ 此时，上下行数据已经可以进行发送。

UE eNB EPC

1. ULInformationTransfer
(Bearer resource allocation reques)

2. UPLINK NAS TRANSPORT
（Bearer resource allocation request）

3. Bearer resource allocation request

4. E-RAB MODIFY REQUEST
(Modify dedicated EPS bearer context request)

5. RRCConnectionReconfiguration
（Modify dedicated EPS bearer context request）

6. RRCConnectionReconfigurationComplete

7. E-RAB MODIFY RESPONSE

8. ULInformationTransfer
（Modify dedicated EPS bearer context accept）

9. UPLINK NAS TRANSPORT
（Modify dedicated EPS bearer context accept）

Uplink Data

10. Bearer resource allocation response

Downlink Data

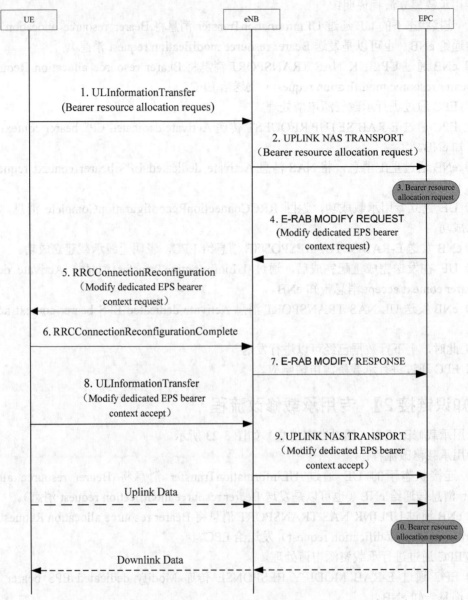

图 3-23 专用承载修改流程

⑪ EPC 通过进行承载资源申请响应。

【知识链接 3】 专用承载释放流程

专用承载释放流程如图 3-24 所示。

专用承载释放流程说明：

① EPC 发起承载释放过程。这个过程可能是 UE 申请的，也可能是 EPC 侧启动的。

② EPC 发送 E-RAB Release Command 消息给 eNB，其中包含 NAS 消息（Deactivate EPS Bearer Context Request）。

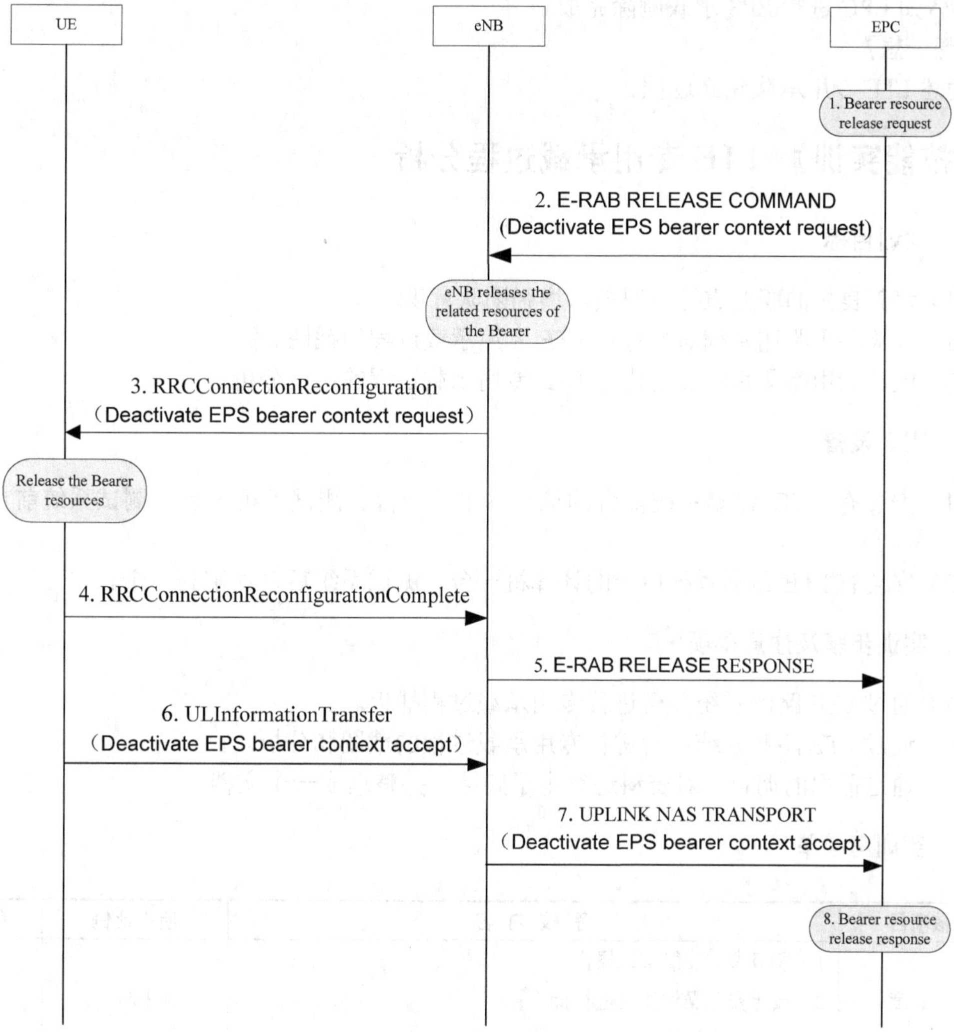

UE

eNB

EPC

1. Bearer resource release request

2. E-RAB RELEASE COMMAND
(Deactivate EPS bearer context request)

eNB releases the related resources of the Bearer

3. RRCConnectionReconfiguration
（Deactivate EPS bearer context request）

Release the Bearer resources

4. RRCConnectionReconfigurationComplete

5. E-RAB RELEASE RESPONSE

6. ULInformationTransfer
（Deactivate EPS bearer context accept）

7. UPLINK NAS TRANSPORT
（Deactivate EPS bearer context accept）

8. Bearer resource release response

图 3-24　专用承载释放（通过专有消息）

③ eNB 收到 E-RAB Release Command 消息后，启动承载释放流程，并且发送 RRCConnectionReconfiguration 给 UE，其中包含 NAS 消息（Deactivate EPS Bearer Context Request）消息给 UE。

④ UE 收到重配消息 RRCConnectionReconfiguration 中的 NAS 消息（Deactivate EPS Bearer Context Request）后释放相关承载资源。

⑤ UE 发送返回 RRCConnectionReconfigurationComplete 消息，表明无线承载释放成功。

⑥ eNB 收到 RRCConnectionReconfigurationComplete 消息后，返回 E-RAB Release Response 消息给 EPC。

⑦ eNB 发送 E-RAB MODIFY RESPONSE 消息给 EPC，表明无线承载建立成功。

⑧ UE 在发送完成重配完成后，通过 ULinformationTransfer 消息将 NAS 层 Deactivate EPS bearer context accept 消息告知 eNB。

⑨ eNB 发送 UL NAS TRANSPORT 消息 Deactivate EPS bearer context accept 告知

EPC，告知 EPC 进行 EPS 承载删除完成。

【想一想】

简述 LTE 专用承载建立过程。

【技能实训】 LTE 专用承载过程分析

1. 实训目标

（1）培养良好的职业道德与习惯，增强团队意识。
（2）能够利用路测系统前台进行 LTE 专用承载过程的截图。
（3）能够利用路测系统后台进行 LTE 专用承载过程的信令分析。

2. 实训设备

（1）安装有 LTE 路测系统前台的笔记本电脑一台、测试手机一台、测试系统前台加密狗一个。
（2）安装有 LTE 路测系统后台的计算机一台、测试系统后台加密狗一个。

3. 实训步骤及注意事项

（1）通过 LTE 路测系统前台进行专用承载过程捕捉。
（2）通过 LTE 路测系统后台进行专用承载过程的截图和分析。
（3）通过前面的调查，对资料进行电子归档，并整理成一个文档。

4. 实训考核单

考核项目	考 核 内 容	所占比例	得分
实训态度	1. 积极参加技能实训操作； 2. 按照安全操作流程进行操作； 3. 纪律遵守情况	30%	
实训过程	1. 使用 LTE 路测系统前台进行专用承载过程捕捉； 2. 使用 LTE 路测系统后台进行专用承载过程的截图分析	40%	
成果验收	1. LTE 专用承载过程分析报告	30%	
合计		100%	

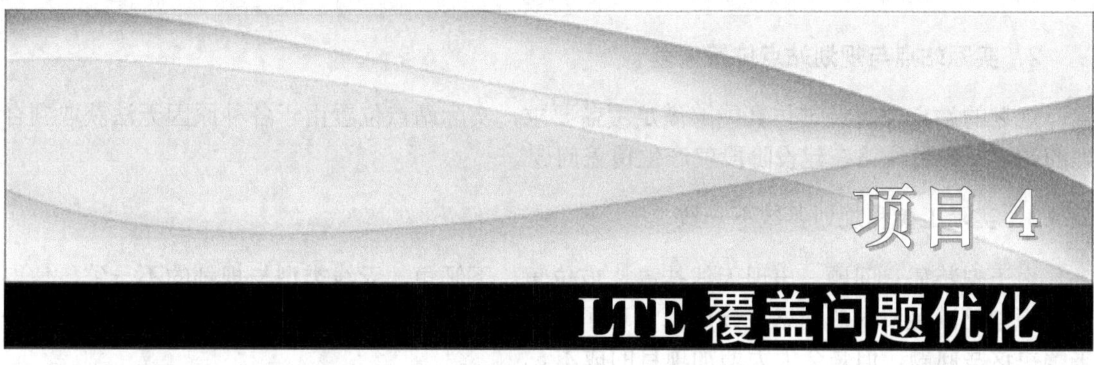

项目 4 LTE 覆盖问题优化

【知识目标】掌握覆盖问题产生的原因；掌握覆盖问题的分类；理解覆盖问题优化的方式及手段；通过学习的知识能分析问题出现的原因及解决方法。

【技能目标】对 LTE 覆盖问题的分类有清晰的认识；能够理解 LTE 系统中覆盖指标的含义及现场取值的应用；掌握现场 LTE 网络覆盖优化的方式及流程；理解各种覆盖问题的判别方法及应用；通过各种覆盖问题的案例学习，加深对覆盖问题的理解并能灵活运用，解决实际问题。

任务 1　覆盖问题分类

【工作任务单】

工作任务单名称	覆盖问题分类	建议课时	2
工作任务内容： 1. 理解覆盖问题产生的原因； 2. 了解覆盖问题的类型； 3. 掌握覆盖优化的指标定义及一般取值			
工作任务设计： 首先，单个学生通过 Internet 进行 LTE 覆盖问题资料收集； 其次，分组进行资料归纳，总结 LTE 覆盖优化问题的关键点，理解应用方法； 最后，教师讲解关键技术如：覆盖问题产生原因、覆盖问题的分类、覆盖指标的含义及取值等知识点			
建议教学方法	教师讲解、情景模拟、分组讨论	教学地点	实训室

【知识链接 1】 覆盖问题产生的原因

移动通信网络中涉及的覆盖问题主要表现为四个方面：覆盖空洞、弱覆盖、越区覆盖和导频污染。无线网络覆盖问题产生的原因主要分为 5 类。

1. 无线网络规划的准确性

无线网络规划直接决定了后期覆盖优化的工作量和未来网络所能达到的最佳性能。从传播模型选择、传播模型校正、电子地图、仿真参数设置以及仿真软件等方面保证规划的准确性，避免规划导致的覆盖问题，确保在规划阶段就满足网络覆盖要求。

2．实际站点与规划站点位置偏差

规划的站点位置经过仿真能够满足覆盖要求，实际站点位置由于各种原因无法获取到合理的站点，导致网络在建设阶段就产生覆盖问题。

3．实际工参和规划参数不一致

由于安装质量问题，出现天线挂高、方位角、下倾角、天线类型与规划的不一致，使得原本规划已满足要求的网络在建成后出现了很多覆盖问题。虽然后期网优可以通过一些方法来解决这些问题，但是会大大增加项目的成本。

4．覆盖区无线环境的变化

一种是无线环境在网络建设过程中发生了变化，个别区域增加或减少了建筑物，导致出现弱覆盖或越区覆盖。另外一种是由于街道效应和水面的反射导致形成越区覆盖和导频污染。这种要通过控制天线的方位角和下倾角，尽量避免沿街道直射，减少信号的传播距离。

5．增加新的覆盖需求

覆盖范围的增加、新增站点、搬迁站点等原因，导致网络覆盖发生变化。

实际的网络建设中，尽量从上述五个方面规避网络覆盖问题的产生。

【知识链接 2】 覆盖优化问题分类

覆盖优化主要消除网络中存在的四种问题：覆盖空洞、弱覆盖、越区覆盖和导频污染。覆盖空洞可以归入到弱覆盖中，越区覆盖和导频污染都可以归为交叉覆盖，所以，从这个角度和现场可实施角度来讲，优化主要有两个内容：消除弱覆盖和交叉覆盖。

覆盖优化目标的制定，就是结合实际网络建设，衡量最大限度地解决上述问题的标准。

1．覆盖空洞

覆盖空洞是指在连片站点中间出现的完全没有信号的区域。UE 终端的灵敏度一般为−124dBm，考虑部分商用终端与测试终端灵敏度的差异，预留 5dB 余量，则覆盖空洞定义为 RSRP<−119dBm 的区域。

2．弱覆盖

弱覆盖一般是指有信号，但信号强度不能够保证网络能够稳定地达到要求 KPI 的情况。

将天线在车外测得的 RSRP≤−95dBm 的区域定义为弱覆盖区域，天线在车内测得的 RSRP<−105dBm 的区域定义为弱覆盖区域。

3．越区覆盖

当一个小区的信号出现在其周围一圈邻区及以外的区域，并且能够成为主服务小区时，称为越区覆盖，如图 4-1 所示。

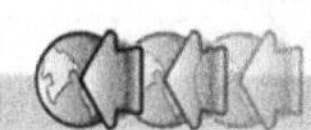

4．导频污染

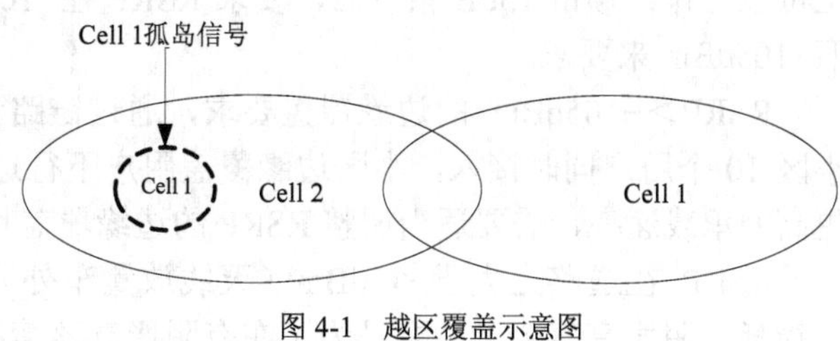

图 4-1　越区覆盖示意图

LTE 中主要是通过对 RSRP 的研究来定义其导频污染的。LTE 的导频污染中引入了强导频和足够强主导频的定义。即在某一点存在过多的强导频却没有一个足够强的主导频的时候，即定义为导频污染。

（1）导频污染问题的判断标准

① 强导频问题的判断标准

在 LTE 中，定义为当 RSRP 大于某一门限 A，RSRP＞A。一般设定 A=−100dBm（天线放在车顶时 A=−90dBm）。

② 导频过多问题的判断标准

当某一地点的强导频信号数目大于某一门限的时候，即定义为强导频信号过多。RSRP _number≥N，设定 N=4。

③ 足够强主导频的判断标准

某个地点是否存在足够强主导频，是通过判断该点的多个导频的相对强弱来决定的。如果该点的最强导频信号和第 N 个强导频信号强度的差值小于某一门限值 D，即定义为该地点没有足够强主导频。

RSRP(fist)－RSRP(N)≤D，设定 D=6dB。

（2）导频污染的定义

综上所述，判断 TD-LTE 网络中的某点存在导频污染的条件是：① RSRP＞−100dBm（天线放置车外时为−95dBm）的小区个数大于等于 4 个；②RSRP(fist)－RSRP(4)≤6dB。当上述两个条件都满足时，即为导频污染。

【知识链接 3】　覆盖指标及定义

在 LTE 系统中，使用 RSRP、RSRQ、CINR、SINR 指标来衡量覆盖。

1．RSRP 参考信号接收功率

Reference signal received power（RSRP）在协议中的定义为在测量频宽内承载 RS 的所有 RE 功率的线性平均值，参见 3GPP 36.214。在 UE 的测量参考点为天线连接器，UE 的测量状态包括系统内、系统间的 RRC_IDLE 态和 RRC_CONNECTED 态。

在链路预算中，RSRP（RS 信号接收功率）= RS 信号发射功率+扇区侧天线增益−传播损耗−建筑物穿损−人体损耗−线缆损失−阴影衰落+终端天线增益。

TD-S 语音下行的灵敏度是−106dBm，实际终端在−100dBm 能够做业务，但接通率和掉话率不能达标。为了保障覆盖道路上的网络性能，一般要求道路在−90dBm 以上，即预留了 15dB 的余量。

TD-LTE RS 的下行灵敏度为−124dBm，考虑 PDCCH 的 CCE 聚合度以信道质量实时调整，以 PDCCH 采用 8CCE 的链路预算对比，此时 PDCCH 最大路损比 RS 少 1.5dB，PRACH 采用 FORMAT1，最大路损与 RS 相差约 1dB。这种情况下，RSRP 在−122.5dBm 以

上可以工作，预留 15dB 余量后，要求 RSRP 在−107dBm 以上，在实际优化过程中，可以按照−105dBm 来要求。

RSRP＞−105dBm 的边缘覆盖要求，通过链路预算和仿真，对应在 20M 带宽组网，单小区 10 个用户同时接入，小区边缘覆盖用户下行速率约为 1Mbit/s。如果边缘覆盖用户要求更高的承载速率，需要适当调整 RSRP 的边缘覆盖目标。

RSRP 在道路上大于−95dBm（天线放置车外）考虑了一定的阴影衰落余量和一定的穿透损耗。阴影衰落余量主要是为了在有阴影衰落情况下保证一定的无线接通率。而穿透损耗主要是考虑建筑物内的用户也能够得到服务。在优化道路时，优先考虑 RSRP 达到−100dBm 以上的要求，如果−100dBm 达不到，再考虑满足−105dBm 的要求。在密集城区、一般城区和重点交通干线上，必须达到−100dBm 以上。其他地方必须达到−105dBm 以上（RSRP 值均是天线在车内测得）。

2．RSRQ 参考信号接收质量

Reference Signal Received Quality（RSRQ）在协议中的定义为：N×RSRP/(E-UTRA carrier RSSI)，即 RSRQ = 10log10(N) + UE 所处位置接收到主服务小区的 RSRP – RSSI。其中 N 为 UE 测量系统频宽内 RB 的数目，RSSI 是指天线端口 port0 上包含参考信号的 OFDM 符号上的功率的线性平均，首先将每个资源块上测量带宽内的所有 RE 上的接收功率累加，包括有用信号、干扰、热噪声等，然后在 OFDM 符号上即时间上进行线性平均。

由上述定义可知，RSRQ 不但与承载 RS 的 RE 功率相关，还与承载用户数据的 RE 功率相关，以及邻区的干扰相关，因而 RSRQ 是随着网络负荷和干扰发生变化，网络负荷越大，干扰越大，RSRQ 测量值越小。

根据仿真中 RSRQ>−13.8dB 与 RS-CINR>0dB 的统计比例基本一致，要求优化 RSRQ>−13.8dB 的优化目标。

3．CINR 载波干扰噪声比

Carrier to Interference plus Noise Ratio（CINR）载波干扰噪声比，RS-CINR 在终端定义为 RS 有用信号与干扰（或噪声或干扰加噪声）相比强度。

在仿真工具 CNP 中，RS-CINR=服务小区 RSRP/（邻接小区 RSRP 之和+N），N 为热噪声功率。

RS-CINR 指示信道覆盖质量好坏的参数。按照中国移动各个实验局的测试结果表明，在 RS-CINR>0dB 的环境下，其业务性能达到要求。

4．SINR 信号与干扰加噪声比

SINR：信号与干扰加噪声比（Signal to Interference plus Noise Ratio），是指接收到的有用信号的强度与接收到的干扰信号（噪声和干扰）的强度的比值。

一般计算公式为：PDCCH SINR =（所属最佳服务小区的信道接收功率/覆盖小区信道在该处的干扰）。

PDCCH SINR 指示 PDCCH 信道质量的好坏。3GPP 36.101 中定义了 PDCCH 信道解调门限，见表 4-1 所示。

表 4-1　　Minimum performance PDCCH/PCFICH

Test number	Bandwidth	Aggregation level	Reference Channel	Reference value	
				Pm-dsg (%)	SNR (dB)
1	10 MHz	8 CCE	R.15 TDD	1	-1.6
2	10 MHz	4CCE	R.17 TDD	1	1.2
3	10 MHz	2CCE	R.16 TDD	1	4.2

在 TD-LTE 系统中，PDCCH 的 CCE（Control Channel Element，控制信道单元）聚合度是根据信道质量自适应的，在信道持续恶化时会采用 8CCE 的配置方式，那么 PDCCH SINR 满足大于−1.6dB 即可。

任务 2　覆盖问题优化方法

【工作任务单】

工作任务单名称	覆盖问题优化方法	建议课时	2
工作任务内容： 1. 了解覆盖优化的目标和工具； 2. 了解覆盖优化的手段和原则； 3. 掌握覆盖优化的流程； 4. 理解覆盖优化的方法			
工作任务设计： 首先，单个学生通过 Internet 对 LTE 覆盖优化存在的意义、问题、方法进行资料搜集； 其次，分组进行资料归纳，总结覆盖问题的类型及优化方法，在 LTE 中如何解决等； 最后，教师讲解覆盖优化的目标、手段、原则、流程、方法等知识点			
建议教学方法	教师讲解、情景模拟、分组讨论	教学地点	实训室

【知识链接 1】 覆盖优化的目标和工具

1. 覆盖优化的目标

开展无线网络覆盖优化之前，首先确定优化的关键性能指标 KPI（Key Performance Indicators）目标，TD-LTE 网络覆盖优化的目标 KPI 主要包括如下内容。

（1）RSRP：在覆盖区域内，TD-LTE 无线网络覆盖率应满足 RSRP＞−105dBm 的概率大于 95%；

（2）RSRQ：在覆盖区域内，TD-LTE 无线网络覆盖率应满足 RSRQ＞−13.8dB 的概率大于 95%；

（3）RS-CINR：在覆盖区域内，TD-LTE 无线网络覆盖率应满足 RS-CINR＞0dB 的概率大于 95%；PDCCH SINR：在覆盖区域内，TD-LTE 无线网络覆盖率应满足 PDCCH SINR＞−1.6dB 的概率大于 95%；

（4）RSRP 的测试建议采用反向覆盖测试系统或者扫描仪（如：SCANNER）在测试区

域的道路上测试，当测试天线放在车顶时，要求 RSRP＞−95dBm 的覆盖率大于 95%；当天线放在车内时，要求 RSRP>−105dBm 的覆盖率大于 95%。RSRQ、RS-CINR、PDCCH SINR 建议采用 SCANNER 和专用测试终端路测获得。

2．覆盖优化的工具

覆盖优化的工具分为覆盖测试工具、分析工具以及优化调整工具。

（1）覆盖测试工具

在单站、簇覆盖优化时，采用路测软件在 IDLE 或业务状态下进行覆盖测试，在开展片区覆盖优化时，测试的工具优先采用反向覆盖测试系统，其次选择 SCANNER，并且天线放在车内。

需要注意的是：

① 路测之前需添加好可能的邻区关系。UE 是按照邻区配置进行测量、重选和切换的，如果没有相邻关系，信号再强 UE 也不会进行测量、重选和切换。所以在路测之前，把可能的邻区关系配上。但实际上刚刚建成的网络存在很多的越区覆盖，在没有测试的情况下，很难把测试路线上的相邻关系加全。所以，在覆盖优化阶段进行测试时，最好把 SCANNER 和 UE 同时接上进行数据采集，便于发现漏配邻区。

② UE 要在 Idle 状态下进行覆盖测试。在网络建设初期，覆盖存在很多问题，UE 非常容易出现呼叫不通、掉话、切换失败的情况，而这些情况很可能会使 UE 所在原小区覆盖统计指标恶化。

（2）分析工具可以采用 CNA 或 ACP 等分析软件。

（3）覆盖优化调整工程参数时，使用坡度仪测量天线下倾角，使用罗盘测量天线的方位角。

【知识链接 2】 覆盖优化的手段和原则

解决覆盖的四种问题即覆盖空洞、弱覆盖、越区覆盖、导频污染（或弱覆盖和交叉覆盖）有如下六种方法（按优先级排）：调整天线下倾角；调整天线方位角；调整 RS 的功率；升高或降低天线挂高；站点搬迁；新增站点或 RRU。在解决这四种问题时，优先考虑通过调整天线下倾角，再考虑调整天线的方位角，依次类推。

手段排序主要是依据对覆盖影响的大小，对网络性能影响的大小以及可操作性。

1．天线下倾角

（1）下倾角的限度

下倾角度在使用调整天线下倾角时，必须注意机械下倾角的度数不能超过 8°，若网络中存在机械下倾角超过 8°的，必须更换为含电下倾的天线（例如 6°电下倾 T6）。原因如图 4-2、图 4-3 所示。

当机械下倾角超过 10°后，天线水平方向的波形图严重畸变，虽然法线方向的覆盖范围减小，但 A 方向的信号依然很强，而 B 区域的信号下降了很多，容易导致乒乓切换。而电下倾则是各个方向的同步收缩。

（2）下倾角的计算

基站天线下倾角和覆盖区之间存在的关系如图 4-4 所示。

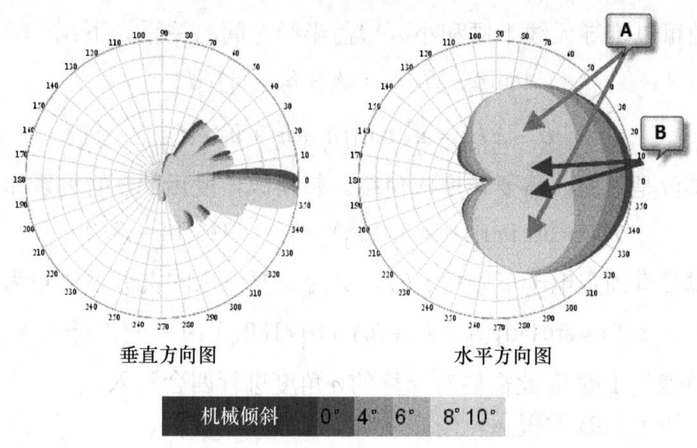

图 4-2　不同机械倾角天线覆盖图

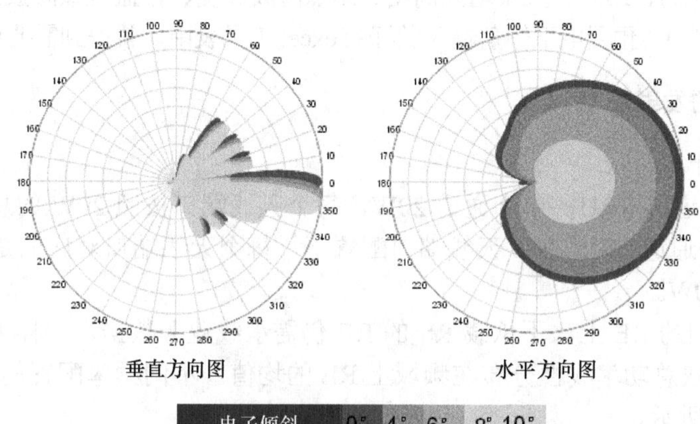

图 4-3　不同电子倾角天线覆盖图

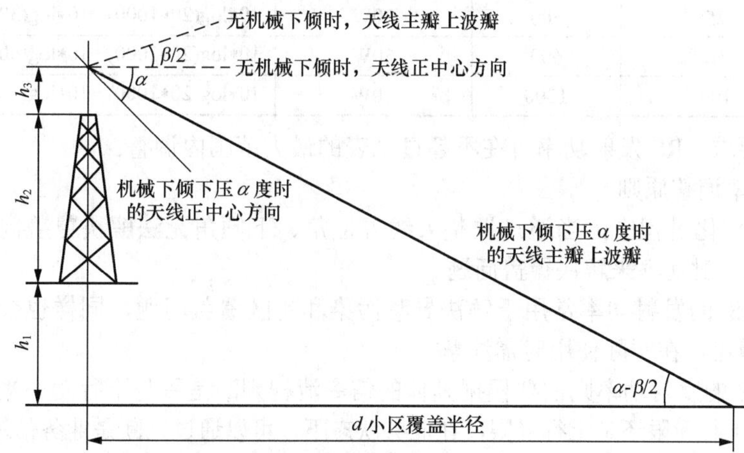

图 4-4　基站天线下倾角和覆盖区之间存在的关系

根据三角函数可以推导天线下倾和小区覆盖半径之间的关系如下：

$$\tan(\alpha - \beta/2) = (h_1 + h_2 + h_3)/d$$

$$\alpha - \beta/2 = \arctan\left[(h_1 + h_2 + h_3)/d)\right]$$

这里的 α 的单位是弧度，需要转换成角度。转换成角度后的 a 的关系如下：

$$\alpha(°) = \arctan\left[(h_1 + h_2 + h_3)/d)\right] * 180/3.14 + \beta/2$$

当选用的天线带有固定电子下倾角 γ 时，这时需要下压的机械下倾角为：

$$\alpha(°) = \arctan\left[(h_1 + h_2 + h_3)/d)\right] * 180/3.14 + \beta/2 - \gamma$$

一般工程上精确到 1 度 因此需要对计算的 a 角度进行四舍五入。

在优化中，天线上 3dB 的覆盖范围必须将切换带包含在内。

根据路测，使用路测软件测量出需要加强覆盖的区域（或规划的切换带的边缘）距离基站的距离，将要覆盖的距离、站高、天线增高高度、站点海波高度、覆盖区域海拔高度、天线垂直波瓣宽度（TD 使用 7°）、预置电下倾角输入做好的 excel 工具表中，就得到需要设置的下倾角。

2. 调整 RS 的发射功率

（1）RS 功率计算

对于目前 2 通道的 RRU，单个通道 20W，每个天线端口按照 20W 的总功率计算；对于 8 通道 RRU，单个通道 5W，在 2 天线端口配置下，每个天线端口对应的是 4 个通道阵元，总功率为 4*5W=20W。

RS 承载在不同的 RE 上，不承载 RS 的 RE 仍需承载业务数据，同样需要分享功率，因而 RS 的功率一般取总功率线性分布在频域上 RE 的均值。不同频率配置的情况下，RS 功率配置范围见表 4-2 所示。

表 4-2　不同频率的 RS 功率配置表

频宽	频域 RB 数目	RE 数目	天线端口功率	RS 建议最大功率
5M	25	300	20W	10*log(20*1000) −10*log(300)=18.2dBm
10M	50	600	20W	10*log(20*1000) −10*log(600)=15.2dBm
20M	100	1200	20W	10*log(20*1000) −10*log(1200)=12.2dBm

根据覆盖要求，RS 发射功率可在不超过上表的最大范围内调整。

（2）RS 功率调整原则

① 在覆盖优化过程中，当通过调整天线方位角、下倾角无法解决覆盖问题时才考虑增大或减小 RS 的发射功率来解决覆盖问题。

② 减小 RS 的发射功率常用于解决导频污染和越区覆盖问题，同样也会降低室外信号对室内的深度覆盖，在实际使用时需注意。

③ 增大 RS 的发射功率则需要根据具体的信令流程判断是否是下行功率受限。

④ 判断是下行受限还是上行受限，在业务状态下，可以通过判断是业务信道上行和下行的 BLER 谁先升高（参考门限 20%），也可以通过判断 UE 和 eNodeB 哪一方的发射功率先达到上限。

3. 覆盖优化的原则

原则 1：先优化 RSRP，后优化 RS-CINR；

原则 2：覆盖优化的两大关键任务：消除弱覆盖；消除交叉覆盖；

原则 3：优先优化弱覆盖、越区覆盖、再优化导频污染；

原则 4：优先调整天线的下倾角、方位角、天线挂高和迁站及加站，最后考虑调整 RS 的发射功率。

【知识链接 3】 覆盖优化的流程

覆盖问题优化流程如图 4-5 所示。

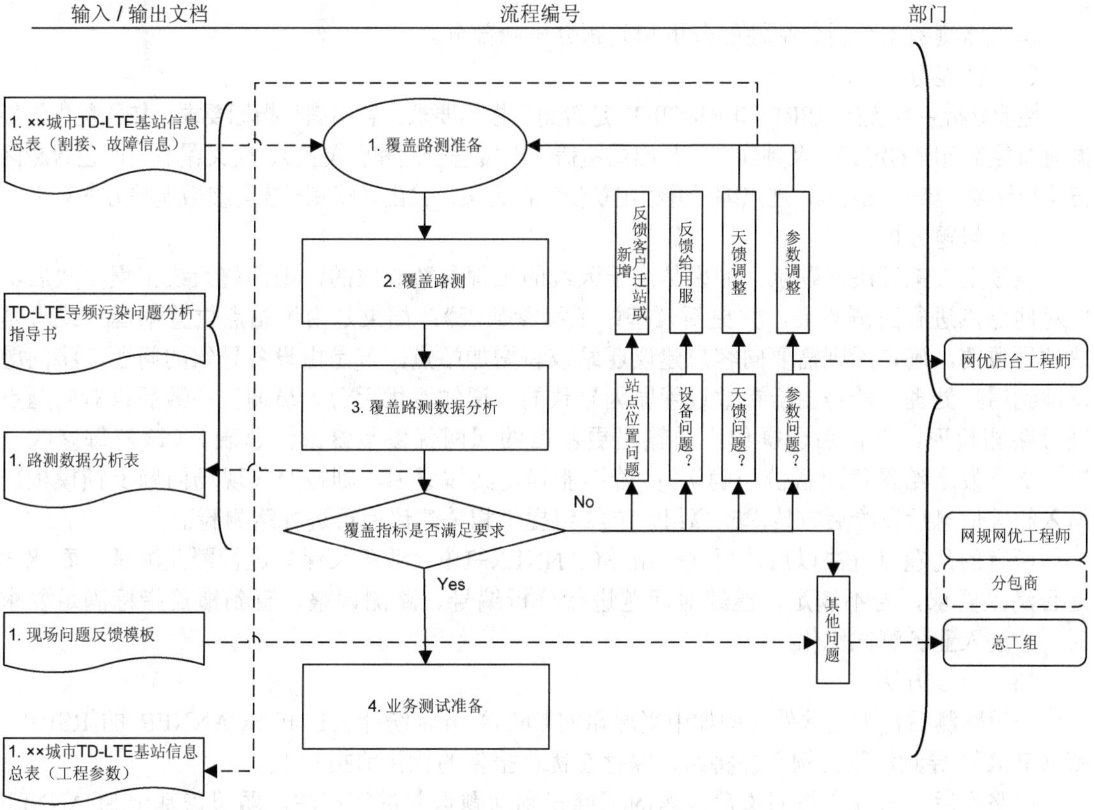

图 4-5　覆盖问题优化流程图

1．覆盖路测准备

在路测之前，首先需要确认测试区域的测试路线，根据《××城市 LTE 基站信息总表》准备好路测工具和所需要的站点信息文件，确认覆盖测试设备和软件能够正常工作，准备所需要的电子地图，通过最新的《××城市 LTE 基站信息总表》中的基站故障信息，确认覆盖测试区域内没有故障站点。在后台核查测试区域站点的邻区配置、功率参数、切换参数、重选参数无误。

覆盖测试要求采用 SCANNER 且天线放在车顶（主要考虑天线放置车内时，测量准确度下降）。如果没有 SCANNER，则可以用手机代替，但前提是需要对覆盖测试区域添加所有可能的邻区关系。

2．覆盖路测

在覆盖测试时，尽可能同时使用 UE（UE 可以处于业务长保状态）和 SCANNER，便于找出遗漏的邻区和分析时的定位问题。

覆盖路测，要求尽可能地遍历区域内所有能走车的道路。对于区域内的第一次摸底性质的覆盖测试和大范围内验证调整效果的路测，都可以交给分包商进行。

3．覆盖路测数据分析

覆盖路测数据分析包括性能分析和问题分析两部分。

（1）性能分析

性能分析主要统计 RSRP 和 RS-CINR 是否满足指标要求。若不满足指标要求，按照优先级根据前面覆盖问题的定义以及判断方法找出弱覆盖（即覆盖空洞和弱覆盖）、交叉覆盖（即包含越区覆盖和导频污染）的区域，逐点编号并给出初步解决方案，输出《路测日志与参数调整方案》。

（2）问题分析

按预定方案解决问题点。如果是由于天线的工程参数导致的，则调整天线工程参数后，再对问题点进行路测验证，并更新《基站工程参数表》；如果是由于站点位置不理想或者是缺站导致的，确定后则需要向客户建议迁站或新增加站点。若是由设备导致的问题，将问题反馈到用户处理；若是由于参数设置原因导致的，通知网优后台人员调整参数后再对问题点进行路测验证，并由后台操作人员输出更新后的《网优参数修改汇总表》（该表每修改一次，必须发送给网优组备份和确认）；若不能确定具体原因，则按照《现场问题反馈模板》填入相关信息后发给后方技术支撑组，支撑组提供相关建议后再进行路测验证。

所有的问题点解决以后，再次使用 SCANNER+UE（业务长保）进行覆盖测试，看 KPI 是否满足要求，若不满足，继续对问题进行分析编号、路测调整，直到覆盖指标满足要求后，才进入业务测试优化。

（3）详细方法

使用路测后台工具软件（例如中兴通讯的 CNA）分别统计 UE 和 SCANNER 的 RSRP、RS-CINR 和导频污染比例，并将结果保存在优化报告的优化前指标中。

在路测后台软件中按照覆盖问题的标准找到问题点并进行标注。弱覆盖基于 SCANNER BESTRSRP 进行判断，导频污染的显示和标注与弱覆盖区域相同，都是基于 SCANNER 的测试数据。可以将 SCANNER 的 BEST RSRP 和导频污染放在一张图中，按照地理位置就近原则进行问题点的合并，显示各个小区的服务范围。路测前台软件（例如中兴通讯的 CNT）的 Map 中的“line”图标功能显示 UE 测试数据的 PCI 来判断每个小区的服务范围，以发现和消除交叉覆盖。或者是用每个点和服务小区的拉线图，不同小区线的颜色不相同，判断每个小区的覆盖范围。

4．覆盖路测优化

在路测优化时，重点借助小区服务范围图（PCI 显示图和服务小区全网拉线图，如图 4-6 所示），优先解决弱覆盖的问题点；对于导频污染点、越区覆盖和 RS-CINR 差的区域通过规划每个小区的服务范围，控制和消除交叉覆盖区域来完成。弱覆盖点和交叉覆盖区域解决完之后，进行路测对比。

在解决弱覆盖和交叉覆盖时，可以借助下倾角计算工具计算天线上 3dB 的覆盖范围对应的天线下倾角。

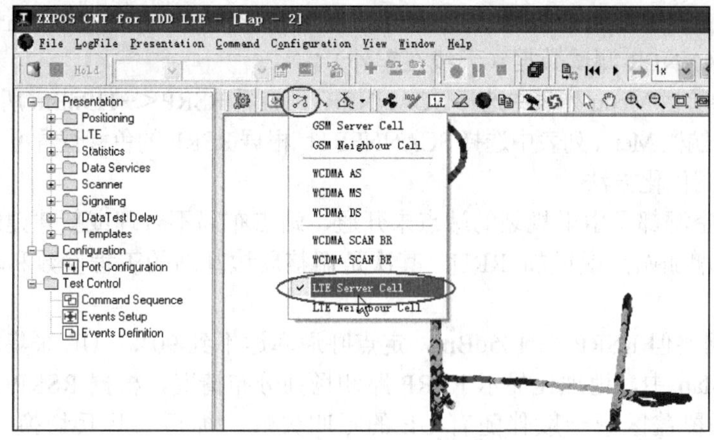

图 4-6　服务小区 RSRP 覆盖的拉线图

【知识链接 4】　覆盖优化的方法

1．覆盖空洞判断及优化方法

（1）覆盖空洞判断方法

利用 UE 测试数据，UE 显示无网络或 RSRP 低于−119dBm，呼通率几乎为 0；UE 采集的 RSRP 数据在 CNT 的导航栏 Map 中，地理化显示 RSRP 路测场强分布情况，根据 RSRP 的色标 Lengend 窗口查看覆盖空洞的区域，如图 4-7 所示。

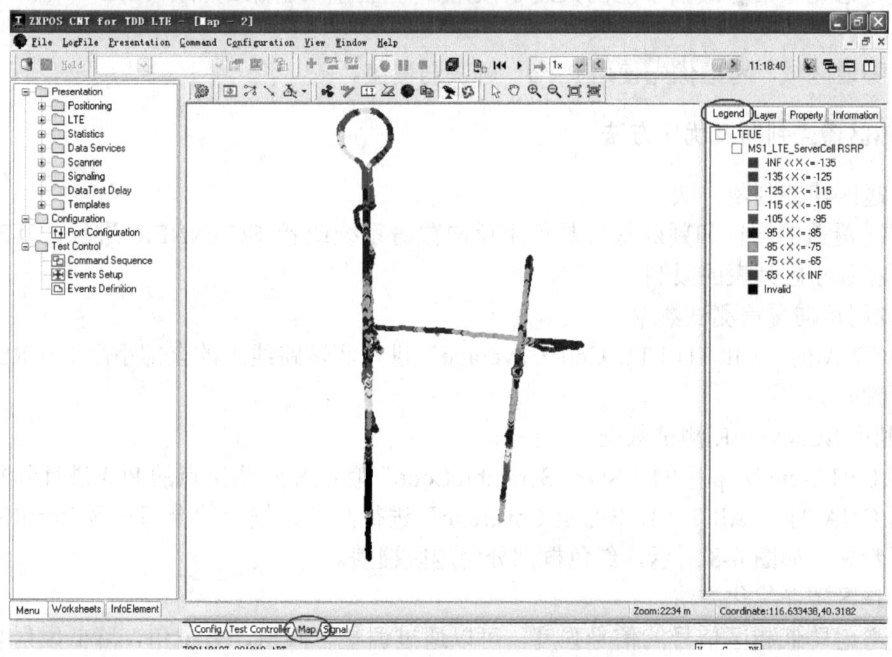

图 4-7　CNT 查看覆盖空洞和弱场显示图

① 利用反向覆盖测试数据（天线在车外）

在 CNA 的导航栏 Menu 列表中选择 NES，查看 RSRP＜－119dBm 所占的百分比；

在 CNA 的导航栏 Menu 列表中选择 NES，根据 RSRP 的色标查看覆盖空洞的区域。

② 利用 SCANNER 测试数据（天线在车外）

在 CNA 的导航栏 Menu 列表中选择 SCANNER1，查看 RSRP＜-119dBm 所占的百分比；

在 CNA 的导航栏 Menu 列表中选择 SCANNER1，根据 RSRP 的色标查看覆盖空洞的区域。

（2）覆盖空洞优化方法

一般的覆盖空洞都是由于规划的站点未开通、站点布局不合理或新建建筑阻挡导致。最佳的解决方案是增加站点或增加 RRU，其次是调整周边基站的工程参数和功率来尽可能地解决覆盖空洞。

UE 显示有网络但 RSRP＜-105dBm，定点呼通率达不到 90%；UE 采集的 RSRP 数据在 CNT 的导航栏 Map 中，地理化显示 RSRP 路测场强分布情况，根据 RSRP 的图标查看覆盖弱场的区域；弱覆盖区域一般伴随有 UE 的呼叫失败、掉话、乒乓切换以及切换失败；PDCCH SINR 小于-1.6dBm。

① 利用反向覆盖测试数据（天线在车外）

在 CNA 的导航栏 Menu 列表中选择 NES，查看 RSRP＜－95dBm 所占的百分比；

在 CNA 的导航栏 Menu 列表中选择 NES，根据 RSRP 的色标查看弱覆盖的区域。

② 利用 SCANNER 测试数据（天线在车外）

在 CNA 的导航栏 Menu 列表中选择 SCANNER1，查看 RSRP＜-95dBm 所占的百分比。

在 CNA 的导航栏 Menu 列表中选择 SCANNER1，根据 RSRP 的色标查看覆盖弱场的区域。

2．弱覆盖优化方法

优先考虑调整信号最强小区的天线下倾角、方位角，增加站点或 RRU，增加 RS 的发射功率。

对于隧道区域，考虑优先使用 RRU，解决弱覆盖。

3．越区覆盖判断及优化方法

（1）越区覆盖判断方法

对越区覆盖的测试和判断最好是使用反向覆盖系统或者 SCANNER 进行，其对邻区的测量不受相邻小区列表的限制。

① 利用反向覆盖测试数据

利用 CNA 的“All TD-LTE Cell Coverage”进行测试路线上的全部小区 BestRSRP 信号连线进行判断。

② 利用 SCANNER 测试数据

根据 CNT New Map 中的“Show ScrambleCode”功能显示测试点的 PCI 进行判断；

利用 CNA 的 “All TD-LTE Cell Coverage”进行测试路线上的全部小区 BestRSRP 信号连线进行判断。如图 4-8 所示，红色框部分为越区覆盖。

（2）越区覆盖优化方法

首先考虑降低越区信号的信号强度，可以通过调整下倾角、方位角，降低发射功率等方式进行。降低越区信号时，需要注意测试该小区与其他小区切换带和覆盖的变化情况，避免

影响其他地方的切换和覆盖性能。

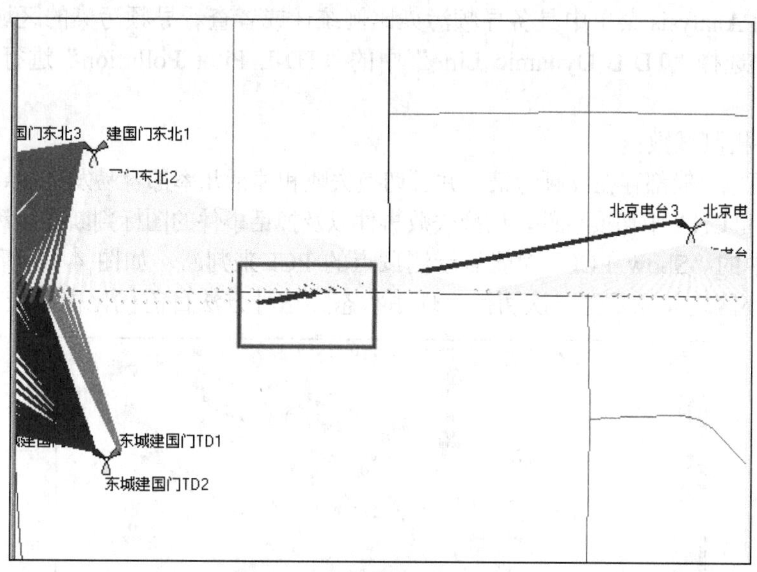

图 4-8　越区覆盖图

在覆盖不能缩小时，考虑增强该点被越区覆盖小区的信号并使其成为主服务小区。

在上述两种方法都不行时，再考虑规避方法。在孤岛形成的影响区域较小时，可以设置单边邻小区解决，即在越区小区中的邻小区列表中增加该孤岛附近的小区，而孤岛附近小区的邻小区列表中不增加孤岛小区；在越区形成的影响区域较大时，在 PCI 不冲突的情况下，可以通过互配邻小区的方式解决，但需慎用。

4．导频污染判断及优化方法

（1）导频污染判断方法

利用反向覆盖测试数据（天线在车外测试），导频污染小区分析如图 4-9 所示。

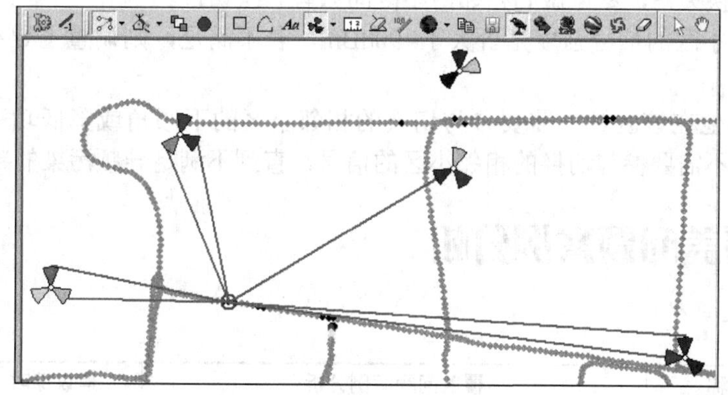

图 4-9　导频污染小区分析

在 CNA 的 Analysis 菜单中可进行导频污染比例统计或者查看导频污染的区域。

在 CNA 中选择“TD-L Dynamic Line”中的“TD-L Pilot Pollution”进行导频污染区域小区分析。

① 利用 SCANNER 测试数据（天线在车外测试）

在 CNA 的 Analysis 菜单中具备导频污染比例统计或者查看导频污染的区域的功能；

在 CNA 中选择“TD-L Dynamic Line”中的“TD-L Pilot Pollution”进行导频污染区域小区分析。

② 利用手机测试数据

乒乓切换区域一般都存在导频污染，并且切换失败和掉话几率都容易发生在导频污染区域，可以通过 CNT 和 CNA 中切换事件、切换失败事件以及掉话事件的图标判断导频污染区域。

用 CNT 中的“Show PCI”功能显示测试点的 PCI 来判断，如图 4-10 所示。使用该方法时，两相邻小区之间只发生一次切换为理想状态。这种方法目前优化覆盖最有效。

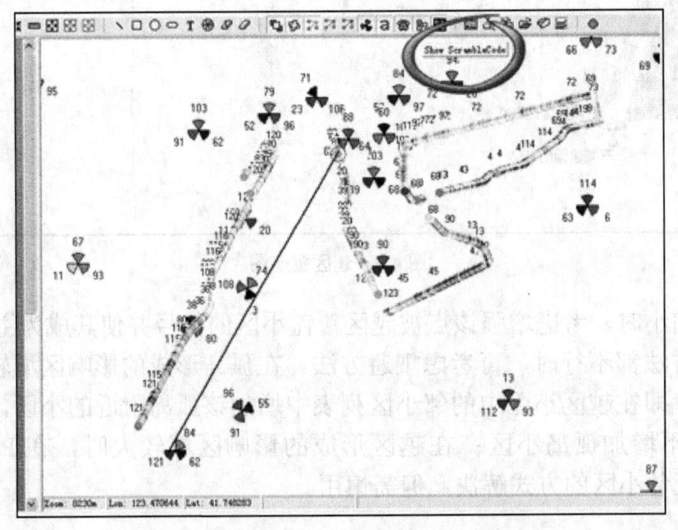

图 4-10　利用显示 PCI 功能判断乒乓切换区域

（2）导频污染优化方法

发现导频污染区域后，首先根据距离判断导频污染区域应该由哪个小区作为主导小区，明确该区域的切换关系，尽量做到相邻两小区间只有一次切换。

然后看主导小区的信号强度是否大于−90dBm，若不满足，则调整主导小区的下倾角、方位角、功率。

然后增大其他在该区域不需要参与切换的相邻小区的下倾角或降低功率或调整方位角等，以降低其他不需要参与切换的相邻小区的信号，直到不满足导频污染的判断条件。

任务 3　覆盖问题案例分析

【工作任务单】

工作任务单名称	覆盖问题案例分析	建议课时	2
工作任务内容： 1. 掌握弱覆盖和覆盖空洞基本概念、问题产生的原因、问题分析的过程、解决方案； 2. 掌握越区覆盖的基本概念、问题产生的原因、问题分析的过程、解决方案； 3. 掌握导频污染的基本概念、问题产生的原因、问题分析的过程、解决方案			

续表

工作任务单名称	覆盖问题案例分析	建议课时	2
工作任务设计： 首先，单个学生通过 Internet 对 LTE 覆盖问题的类型进行分类调查； 其次，分组进行资料归纳，总结 LTE 弱覆盖、覆盖空洞、越区覆盖、导频污染的特点及规律，能判断简单的覆盖问题； 最后，教师讲解各种覆盖问题出现的原因、分析过程、解决方案等知识点			
建议教学方法	教师讲解、情景模拟、分组讨论	教学地点	实训室

【知识链接 1】 覆盖空洞案例分析

1．问题描述及分析

在上南路演示路段进行 DT 测试的过程中，当汽车行驶至上南路高青路附近路段的过程中，由于受到建筑物的阻挡，主控小区 cell177 的信号受到了建筑物的阻挡，信号电平值受到阻挡出现覆盖空洞，从而导致 SNR 值的恶化，并且进一步导致了吞吐量的急剧下降。如图 4-11、图 4-12 所示。

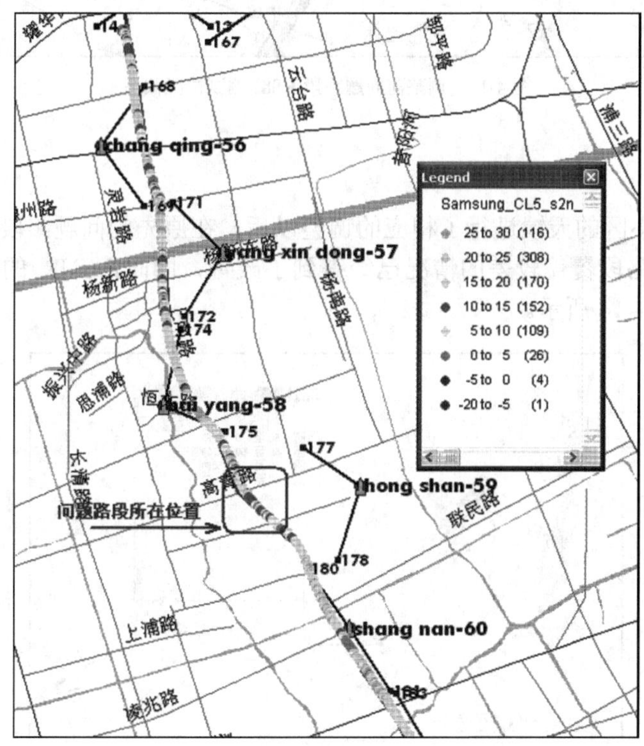

图 4-11　调整前问题路段 CINR 测试情况截图

2．调整措施

将洪山的 177 小区的天馈方位角由 300° 调整为 270°。

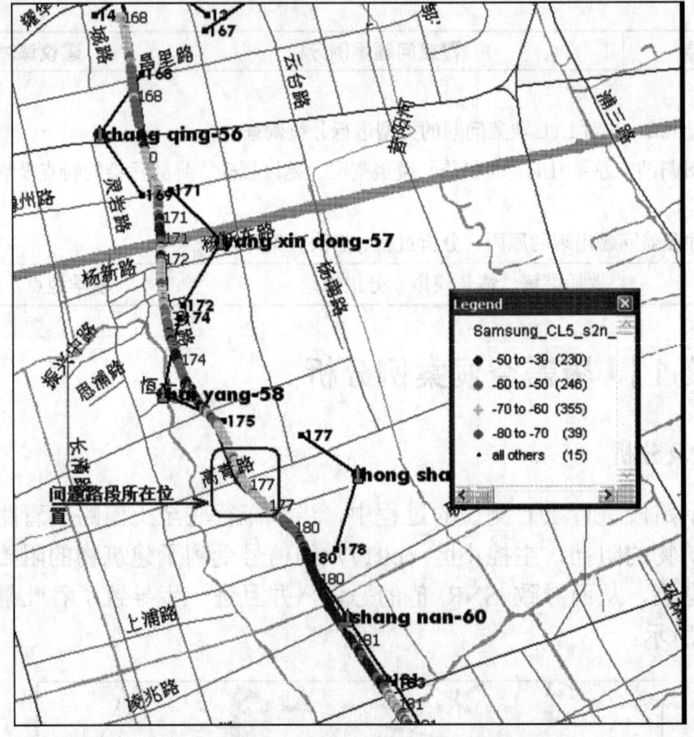

图 4-12　调整前问题路段 RSSI 测试情况截图

3．优化效果

在对洪山 177 小区的天馈进行了相应的调整以后，在原先的问题路段进行复测。通过复测发现，原先问题路段覆盖较差的情况已经得到了改善，同时，SNR 的值也有了明显的提高。如图 4-13、图 4-14 所示。

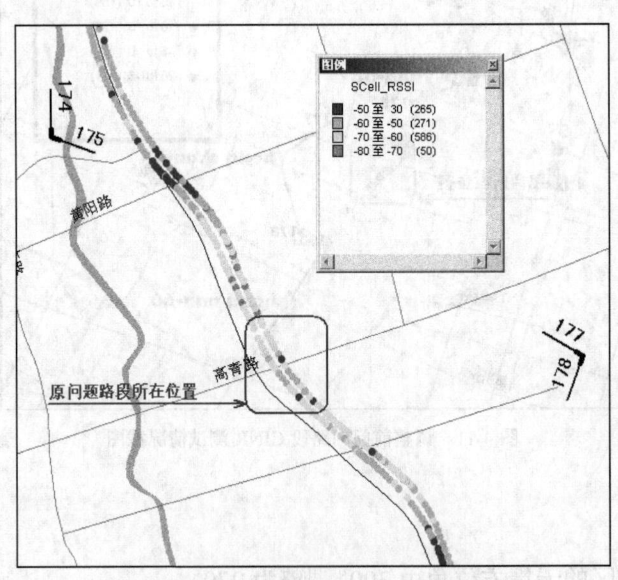

图 4-13　调整原先问题路段复测 RSSI 情况截图

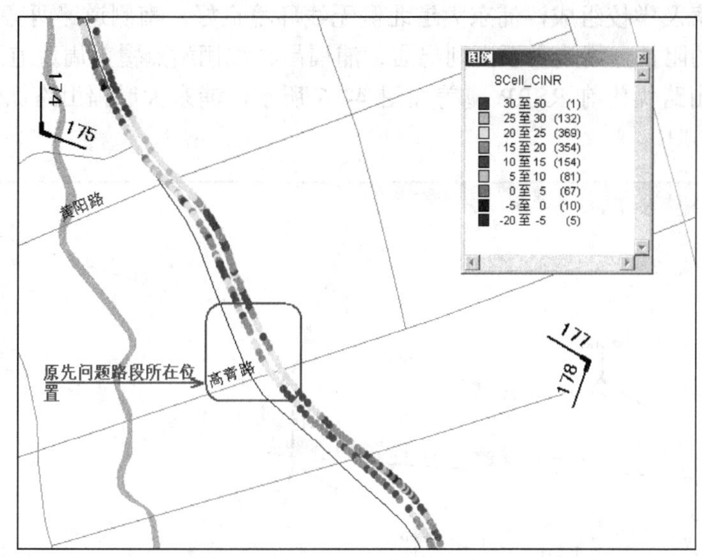

图 4-14　调整后原先问题路段复测 CINR 情况截图

【知识链接 2】 弱覆盖案例分析

1．问题描述

从前期的测试中发现在浦东大道福山路附近路段存在弱覆盖情况，SINR 在道路上分布不满足测试需求，通过 RF 手段优化后进行前后对比。

图 4-15　浦东大道福山路附近无线环境图

从浦东大道福山路周边无线环境图（见图 4-15）中看出，该区域由密集居民区、高层

商务写字楼、厂房及学校组成，浦东大道北侧无线环境良好，南侧道路两旁有较多建筑，对无线信号有较强的阻挡，周边主要由利男居、浦福昌、钱栖站点覆盖周边道路。

浦东大道福山路优化前 RSRP 覆盖如图 4-16 所示，浦东大道福山路优化前 CINR 覆盖如图 4-17 所示。

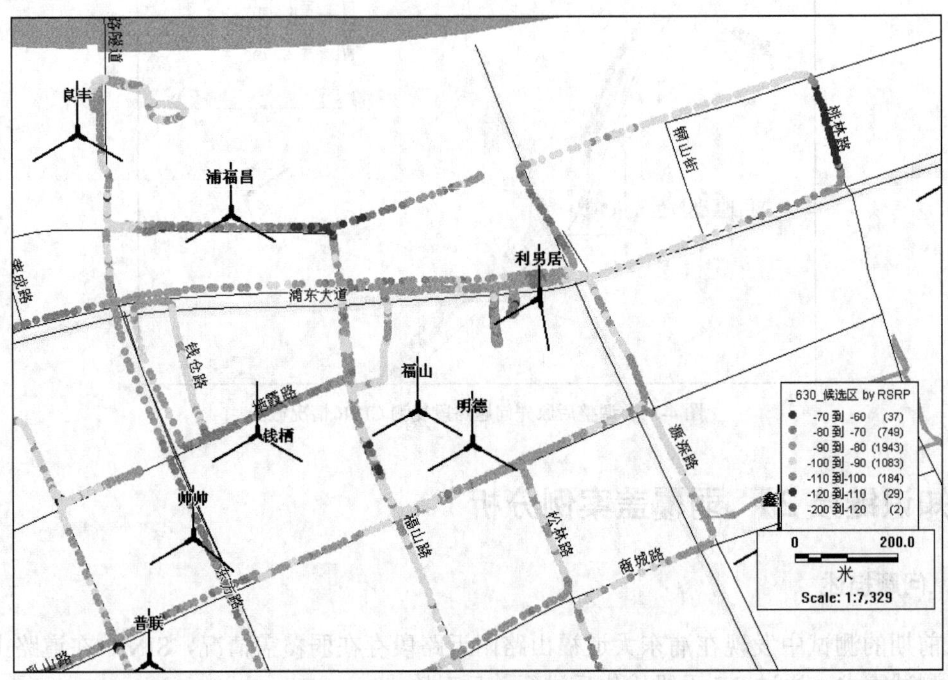

图 4-16　浦东大道福山路优化前 RSRP 覆盖图

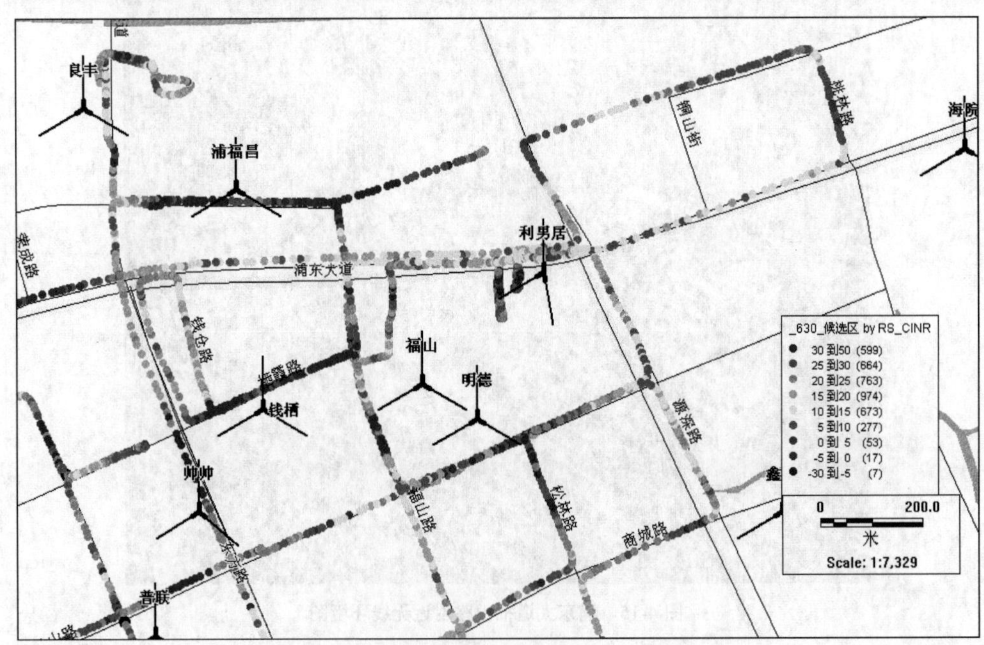

图 4-17　浦东大道福山路优化前 CINR 覆盖图

从优化前的测试数据中看出浦东大道福山路附近路段 RSRP 值主要在-90dBm 左右，但是 CINR 覆盖较差，浦东大道福山路至源深路之间普遍在 15dB 以下，不能满足道路覆盖要求，该路段主要由利男居站点覆盖，但是从该站 RSRP 分布情况看出，该站在浦东大道上没有出现强信号，考虑对该站重点优化。

2．优化分析

问题路段主覆盖站点为利男居，该站点位于浦东大道 44 号林顿酒店 7 楼，天馈采用抱杆安装，挂高 24 米，从利男居站点各小区安装位置中看出，该站 3 个小区天馈周边都有阻挡物，而按照当前设计方位角，利男居_1 小区的天线方位角 0°，在浦东大道上是旁瓣信号覆盖，而利男居_3 小区天线方位角 240°覆盖方向也存在自身楼面建筑的阻挡，从而得出浦东大道该站点信号偏弱的原因。利男居站点平面图如图 4-18 所示。利男居各小区照片如图 4-19 所示。

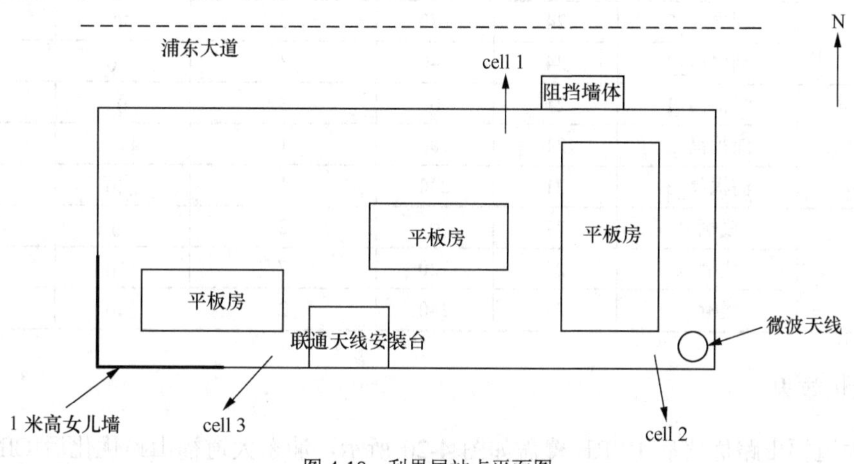

图 4-18　利男居站点平面图

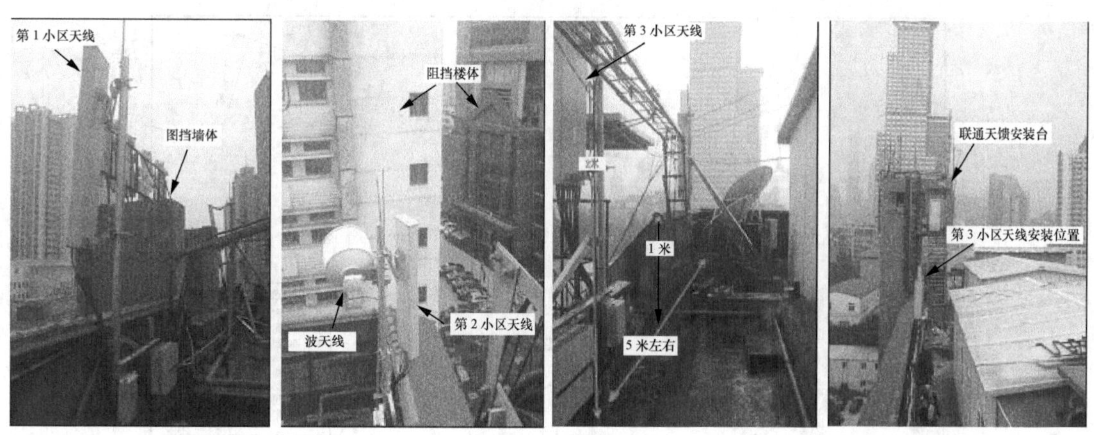

图 4-19　利男居各小区照片

3．优化方案

（1）通过实际情况可以看出，利男居_1 小区 50°方向角有自身建筑的阻挡，往该方向

调整不但不能改善浦东大道的覆盖，反而会使得信号反射而出现在背面区域，于是考虑将利男居_1 调整为 280°，根据挂高计算出该小区下倾调整为 2°，覆盖效果为最佳；

（2）利男居_2 主覆盖方向由两栋高楼阻挡，导致在源深路段覆盖较差，由于建筑的阴影效果通过调整天馈无法改善覆盖，建议该小区调整为 50°来覆盖浦东大道东侧路段、利男居_3 当前信号阻挡明显，调整为 180°可以很好地避开阻挡物，达到最佳的覆盖效果；

（3）同时为了改善福山路近浦东大道覆盖，调整浦福昌 2、钱栖 1 小区天馈来避免由于利男居下倾角增大后出现的弱覆盖路段，综合路测情况分析，得出具体调整方案见表 4-3 所示。

表 4-3　覆盖优化调整表

站点名称	小区名称	初始值			调整后	
		高度	方位角	机械下倾角	方位角	机械下倾角
利男居	利男居_1	24	0	–2	280	2
	利男居_2	24	170	0	50	–4
	利男居_3	24	240	3	180	–4
浦福昌	浦福昌_1	21	0	3	0	–4
	浦福昌_2	21	100	1	110	–1
	浦福昌_3	21	240	1	240	–4
钱栖	钱栖_1	27	0	2	30	–4
	钱栖_2	27	120	7	120	–4
	钱栖_3	27	240	2	240	–2

4．优化效果

浦东大道福山路优化后 RSRP 覆盖如图 4-20 所示，浦东大道福山路优化后 CINR 覆盖如图 4-21 所示，浦东大道福山路优化后 CELL_Identity 分布如图 4-22 所示。

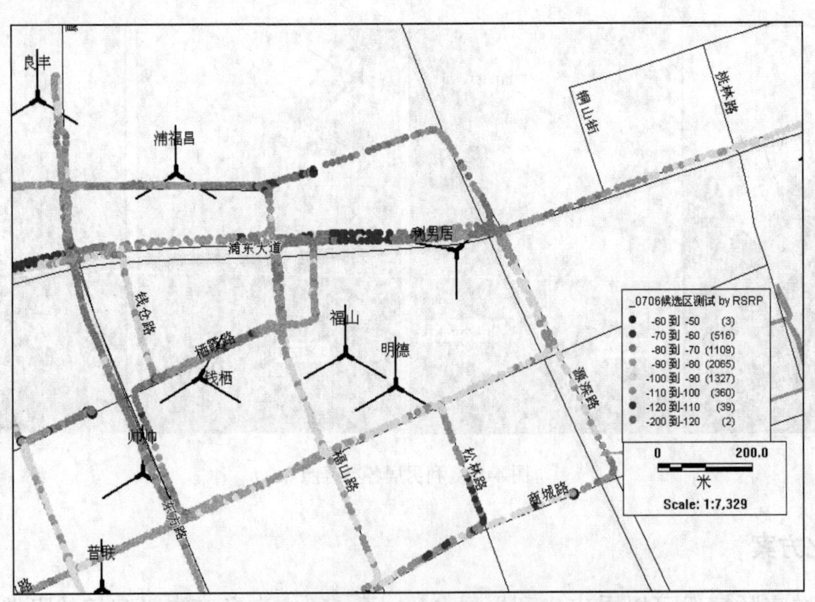

图 4-20　浦东大道福山路优化后 RSRP 覆盖图

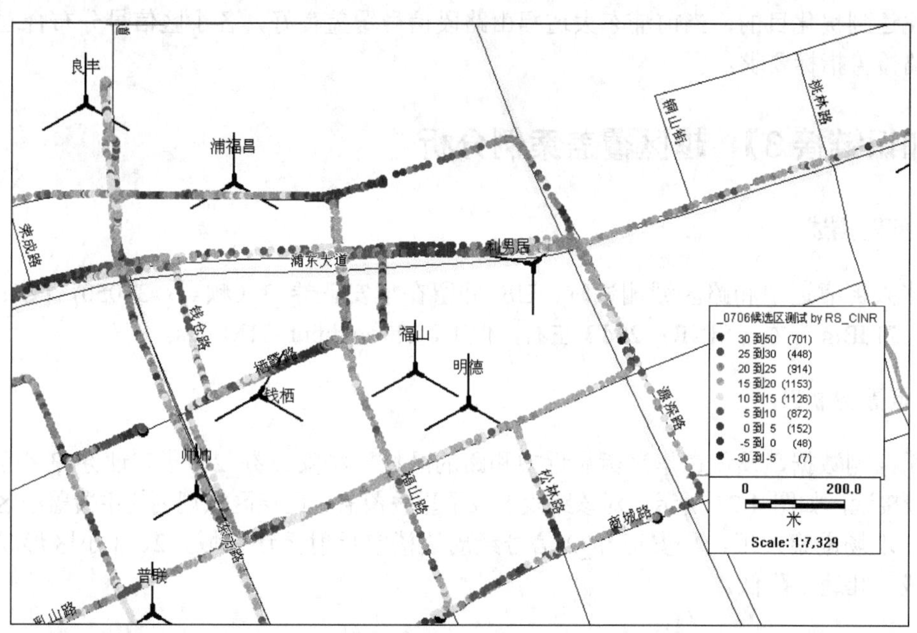

图 4-21　浦东大道福山路优化后 CINR 覆盖图

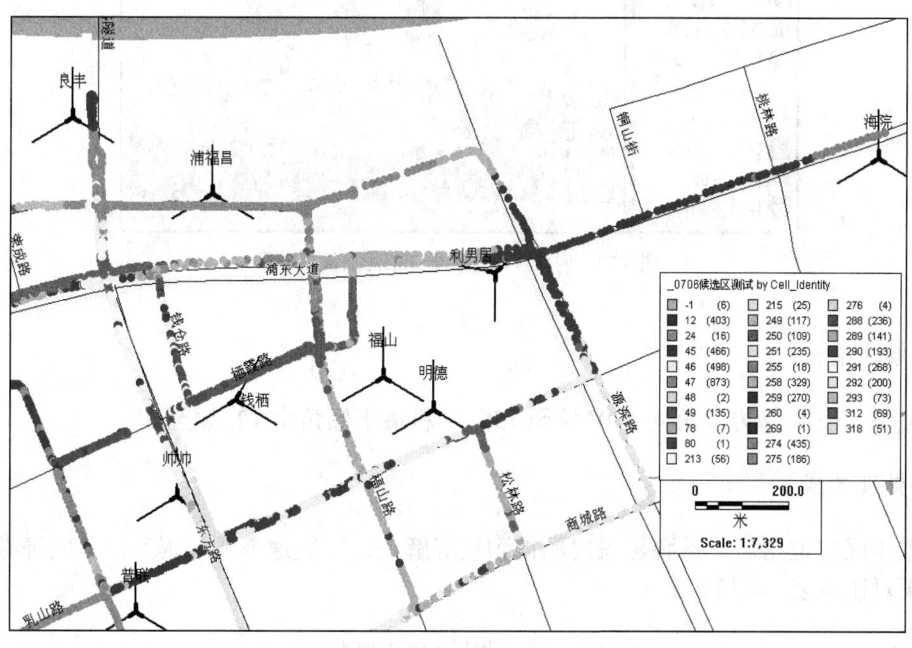

图 4-22　浦东大道福山路优化后 CELL_Identity 分布图

5．优化小结

从优化后的测试数据中看出，利男居_1、2 小区在浦东大道上 RSRP 有较大幅度的提升，其主覆盖方向 CINR 基本能达到 30dB 的极好点，浦福昌 2 小区在昌邑路福山路良好，钱栖 1 小区天馈调整后在福山路近浦东大道信号也有所提升，从调整后的整体效果中看出，

此次优化达到优化目的，当前浦东大道福山路段信号覆盖良好，各小区信号分布合理，信号满足道路覆盖指标要求。

【知识链接 3】 越区覆盖案例分析

1. 问题描述

在华兴街靠近中和路区域测试时，UE 驻留在华安证券_3（频点：38050，PCI：88），RSRP：−71dBm 左右，SINR：25dB 左右，但 DL Throughput=31Mbit/s。

2. 问题分析

分析路测数据，发现在华兴街靠近中和路的区域，华安证券_2、华安证券_3 小区 RSRP 电平值较接近，如图 4-23 所示，对该路段形成了重叠覆盖。而该区域规划的主覆盖小区为华安证券_3，现场勘察发现，华安证券_2 信号经周边楼宇反射至该区域，2、3 小区形成重叠覆盖，造成吞吐速率降低。

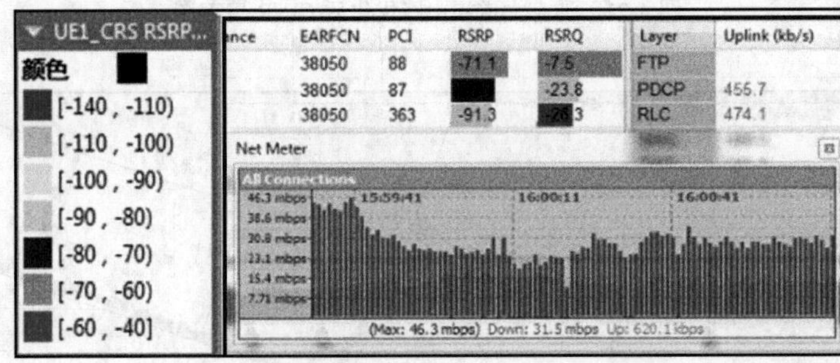

图 4-23 调整前华安证券_3 信号质量测量图

3. 解决措施

调整华安证券_2 方位角由 120° 调至 155°，机械下倾角由 12° 调至 6°。

4. 处理效果

调整小区方位角后，重叠覆盖问题得到较好解决，下载速率明显提升。华安证券 3 优化前后结果对比见表 4-4 所示。

表 4-4 华安证券 3 优化前后结果对比

小区名称	方位角	PCI	RSRP	SINR	下载速率（Mbit/s）
华安证券 3	调整前	88	−71.1	25.9	31.5
华安证券 3	调整后	88	−69.2	27.1	59.6

调整后华安证券_3 信号质量测量如图 4-24 所示。

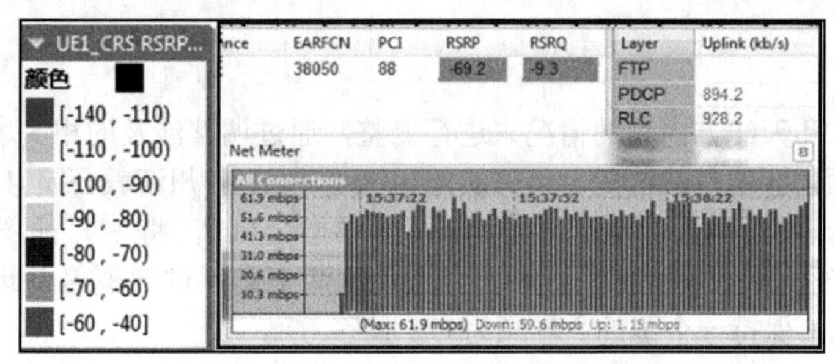

图 4-24　调整后华安证券_3 信号质量测量图

【知识链接 4】 导频污染案例分析

1．问题描述

在路测过程中发现离广州沥教北搬迁 1 小区覆盖区域的环城高速路段存在多个强导频相当的邻区，导致覆盖区域出现导频污染的情况，引起前向下载速率在 2Mbit/s 左右，不能满足覆盖区域数据下载速率的需求。

2．问题分析

如图 4-25 所示，在广州沥教北搬迁站点覆盖的测试某个区域，UE 在此区域能够接收到 PCI135 为−85.14dBm、PCI192、PCI129、PCI193、PCI110 五个扇区的信号，并且 RSRP 都大于−85dBm 左右，接收电平的质量较高，且每个扇区接收电平相差无几。RSRQ 都大于−12dB。说明此区域信号覆盖质量良好。

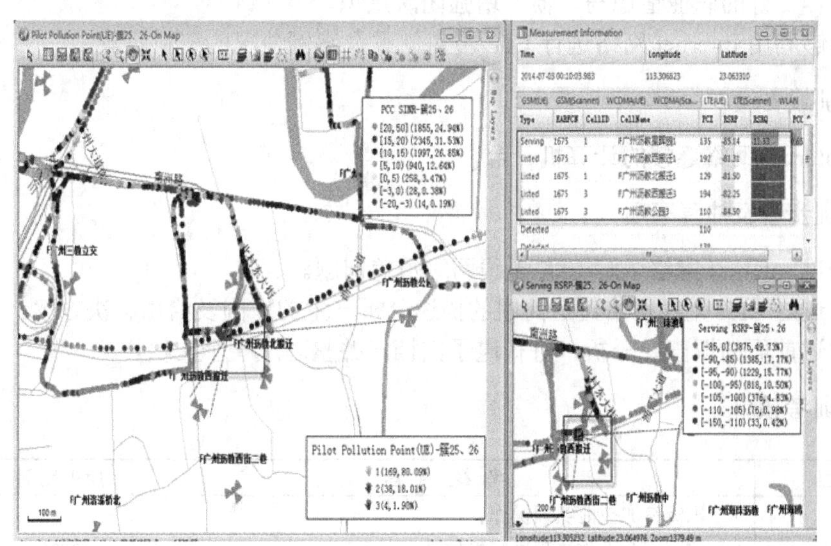

图 4-25　广州沥教北搬迁站点覆盖图

根据导频污染的定义当 RSRP＞−95dBm 的小区个数大于等于 4 个，并且最强扇区的导频强度减与第四个扇区的导频强度的差值小于等于 6dB 的条件满足的话就可以定义为此点导频污染。如图 4-25 所示，我们可以看出以下扇区最强导频为−81dBm，最低的为−85dBm，满足导频污染的定义。导致了 UE 在此区域频繁切换，引起前向下载速率急剧降低。

3. 解决措施

根据基站分布和天线方向角的情况来进行调整，通过调整涉及的相关扇区方向角来改变此区域多个强导频扇区覆盖的情况。具体实施措施是将 F 广州沥教公园 1 扇区的方位角由 120° 调整为 140°，将天线压低，下倾角由 3+6°→3+9°（L），将 F 广州罗马家园北 3 扇区天线压低，下倾角由 4+5°→4+9°（D+L），避免这两个扇区过度覆盖至此区域，减少几个扇区覆盖好的情况，保持一个强的主导频为 UE 服务。

4. 处理效果

经过调整后扇区 PCI135，PCI110 的方向角及下倾角之后，UE 不会检测到这两个小区，也就不会出现导频污染的情况，UE 在此区域的前向下载速率恢复正常的水平。

【想一想】

1. 覆盖优化有什么意义？
2. 覆盖优化的内容是什么？优化的目标和定义是什么？
3. 覆盖优化的手段和原则有哪些？
4. 覆盖优化的流程。
5. 覆盖问题如何判断？采用什么手段解决？

【技能实训】 LTE 覆盖问题及案例资料收集

1. 实训目标

（1）培养良好的职业道德与习惯，增强团队意识。
（2）能够利用 Internet 网络进行 LTE 覆盖问题及案例情况的资料收集。

2. 实训设备

具有 Internet 网络连接的计算机一台。

3. 实训步骤及注意事项

（1）通过 Internet 网络了解 LTE 无线网络覆盖问题。
（2）通过对 LTE 无线网络覆盖问题的描述分析产生的原因及给出解决方案。
（3）通过前面的调查、分析，进行电子归档，并整理成一个文档。

4. 实训考核单

考核项目	考 核 内 容	所占比例	得分
实训态度	1. 积极参加技能实训操作； 2. 按照安全操作流程进行操作； 3. 纪律遵守情况	30%	
实训过程	1. LTE 无线网络覆盖问题资料收集； 2. 通过搜集的的资料进行案例分析	40%	
成果验收	提交覆盖问题分析报告	30%	
合计		100%	

项目 5 接入问题优化

【知识目标】掌握随机接入过程；掌握随机接入信令流程；掌握接通率的分析思路；领会随机接入的信令、随机接入失败的三个可能阶段及分析方法。

【技能目标】能够进行 LTE 系统随机接入信令的捕捉与读取；会 LTE 接入问题案例分析；能够进行 LTE 系统接入失败问题的数据分析。

任务 1　随机接入信令流程

【工作任务单】

工作任务单名称	随机接入信令流程	建议课时	2
工作任务内容： 1. 掌握随机接入过程和随机接入信令流程； 2. 领会随机接入的信令； 3. 进行 LTE 系统随机接入信令的捕捉与读取			
工作任务设计： 首先，教师讲解随机接入过程和随机接入信令流程； 其次，学生分组用工具软件捕捉 LTE 随机接入信令； 最后，教师讲解 LTE 的随机接入信令消息			
建议教学方法	教师讲解、分组讨论、现场教学	教学地点	实训室

【知识链接 1】 随机接入信令流程

1．随机接入过程

在 TD-LTE 系统中，终端上电后，先进行下行同步，RSRP 测量，选择一个合适的小区进行驻留，读取广播消息。处于 Inactive 状态或 IDLE 状态的 UE 通过发起 attach request 或 Service Request 触发初始随机接入，建立 RRC 连接，再通过初始直传建立传输 NAS 消息的信令连接，最后建立 E-RAB。如图 5-1 所示。

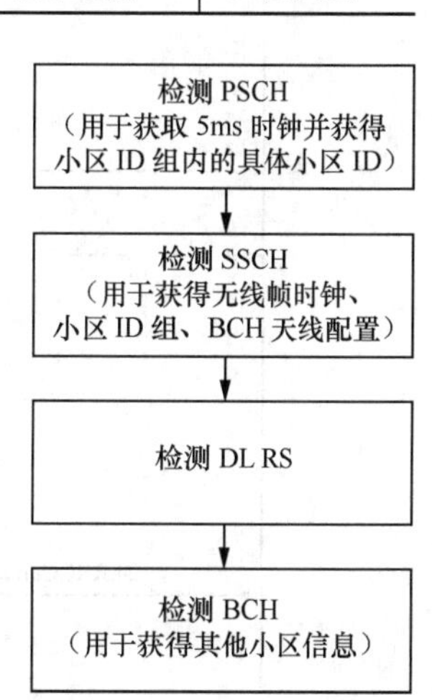

图 5-1　UE 随机接入过程

2．随机接入的信令流程

随机接入信令流程如图 5-2 所示。

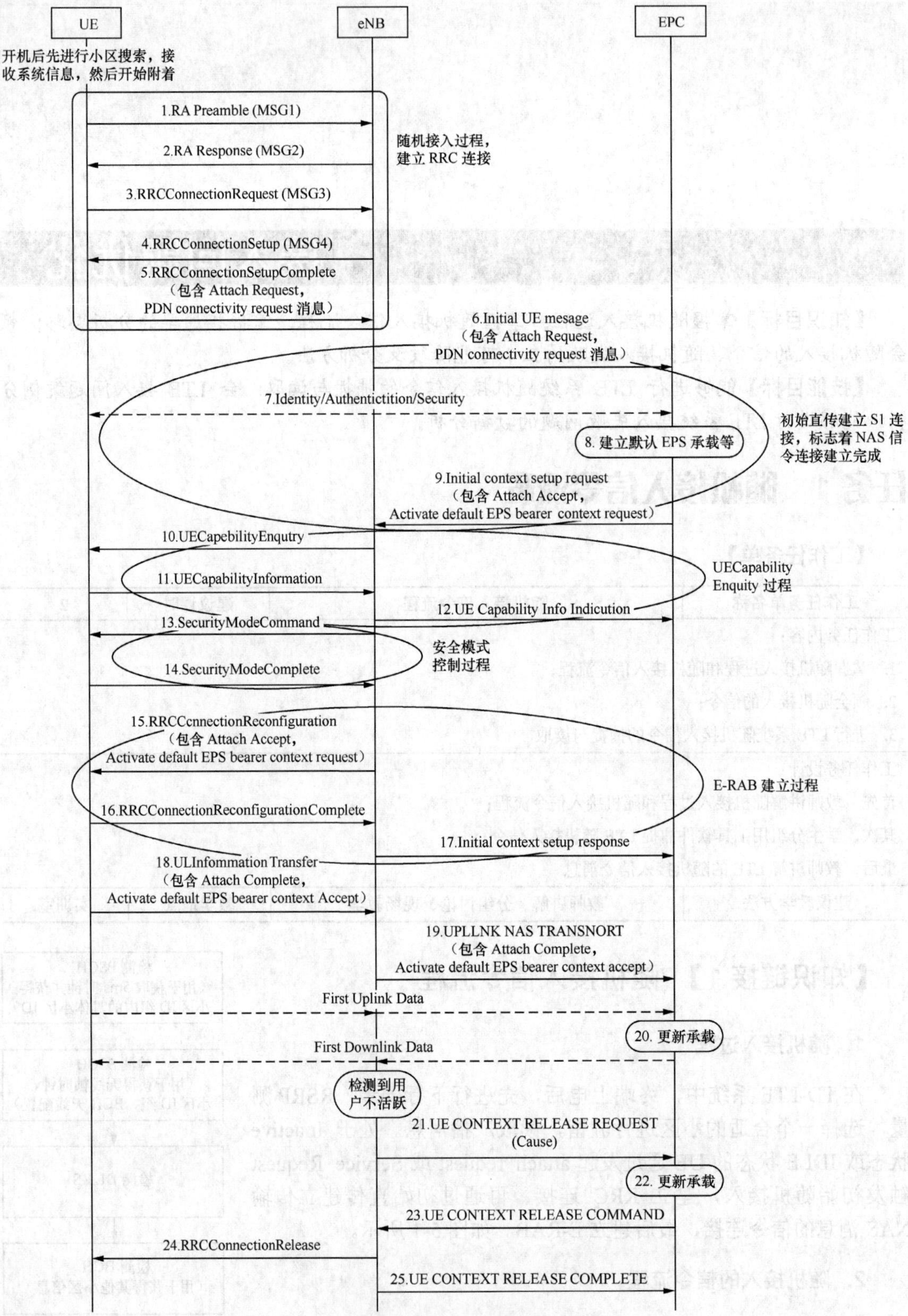

图 5-2　随机接入信令流程图

（1）消息 1～5 随机接入过程，建立 RRC 连接。

（2）消息 6～9 初始直传建立 S1 连接，完成这些过程即标志着 NAS signalling connection 建立完成。

（3）消息 10～12 UE Capability Enquiry 过程。

（4）消息 13～14 安全模式控制过程。

（5）消息 15～17 RRC Connection Reconfiguation，E-RAB 建立过程。

【想一想】

1．简述 LTE 系统 UE 随机接入过程。

2．简述 LTE 系统随机接入信令流程。

【知识链接 2】 随机接入的信令

1．PRACH 的基本配置信息

在 LTE 系统中，随机接入开始之前需要对接入参数进行初始化，此时物理层接受来自高层的参数、随机接入信道的参数以及产生前导序列的参数，UE 通过广播信息获取 PRACH 的基本配置信息。

RACH 所需的信息在 SIB2 的公共无线资源配制信息（radio Resource Config Common）发送，如图 5-3、图 5-4 所示。

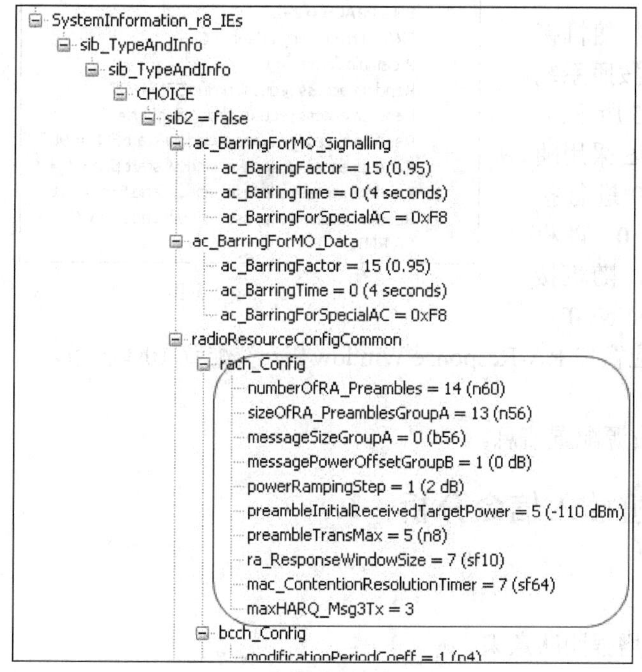

图 5-3　SIB2 rach_Config

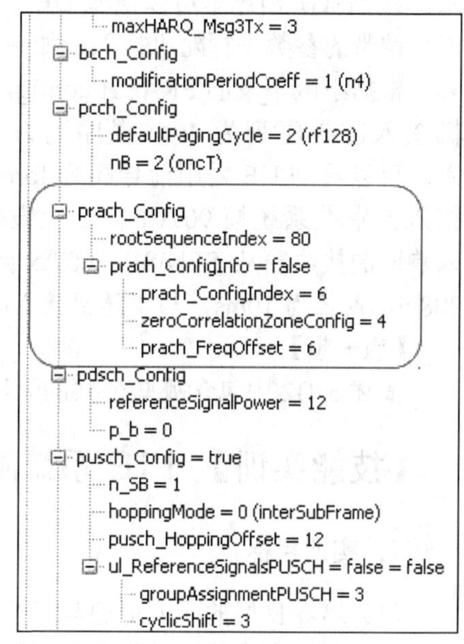

图 5-4　SIB2 Prach_Config

SIB2 中 rach_Config 主要包含以下参数信息：

（1）基于竞争的随机接入前导的签名个数 60——可用的前导个数。

（2）Group A 中前导签名个数 56——中心用户可用的前导个数。

（3）PRACH 的功率攀升步长 POWER_RAMP_STEP 2dB。

（4）PREAMBLE_INITIAL_RECEIVED_TARGET_POWER——PRACH 初始前缀目标接收功率：−110dBm，基站侧期望接收到的 PRACH 功率。

（5）PRACH 前缀重传的最大次数 PREAMBLE_TRANS_MAX 8。

（6）随机接入响应窗口 RA-Response Window Size 索引值 7，范围{2、3、4、5、6、7、8、10}，索引值 7 对应 10sf，即 UE 发送 Msg1 后，等待 Msg2 的时间为 10ms，超时后重发。

（7）MAC 冲突解决定时器 MAC Contention Resolution Timer：索引值 7 对应 64sf，范围{2、3、4、5、6、7、8、10}；即 UE 发送 Msg3，等待 Msg4 的时间 64ms，超时后随机接入失败。

（8）MSG3 HARQ 的最大发送次数：maxHARQ-Msg3Tx 3，即 UE 发送 Msg3，如果没收到 ACK，重发 Msg3，同时重启 MAC 冲突解决定时器。

SIB2 中 Prach_Config 主要包含以下参数信息：

（1）本小区的逻辑根序列索引 root Sequence Index 80，该参数为规划参数。

（2）随机接入前缀的发送配置索引 Prach Config Index 6。

（3）循环移位的索引参数 zeroCorrelationZoneconfig 4。

（4）FDD 小区的每个 PRACH 所占用的频域资源起始位置的偏置值。当前参数设置为 6，即在第 6 个 PRB 位置。

2．小区下发的 PRACH config 消息

UE 获取 PRACH 相关配置后，发起随机接入，在 MSG1 消息里可以检验 UE 是否按照系统消息携带的参数进行随机接入，如图 5-5 所示。

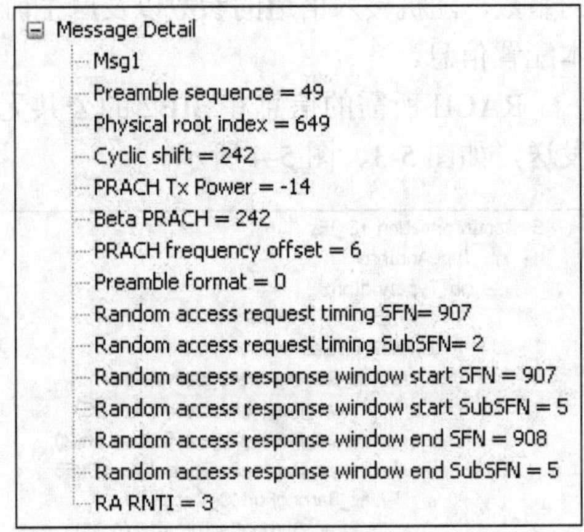

图 5-5　msg1 截图

根据小区下发的 PRACH config，UE 采用随机接入前导序列为 49，根序列为 649 进行接入。可以看到 UE 采用前导序列 format 0，随机接入请求在系统帧 907\子帧 2 上发送，随机接入响应的接收窗从 SFN\SF：907\5 到 SFN\SF：908\5，窗长为 10ms，与“随机接入响应窗口 RA-Response Window Size”配置 10sf 一致。

【想一想】

简述 SIB2 中包含哪些公共的无线资源配置信息。

【技能实训】 LTE 系统随机接入信令分析

1．实训目标

（1）培养良好的职业道德与习惯，增强团队意识。

（2）能够利用路测系统前台进行 LTE 系统随机接入信令流程的截图。

（3）能够利用路测系统后台进行 LTE 系统随机接入信令的分析。

2．实训设备

（1）安装有 LTE 路测系统前台笔记本电脑一台、测试手机一台、测试系统前台加密

狗一个。

（2）安装有 LTE 路测系统后台计算机一台、测试系统后台加密狗一个。

3. 实训步骤及注意事项

（1）通过 LTE 路测系统前台进行随机接入信令捕捉。
（2）通过 LTE 路测系统后台进行随机接入信令的截图和分析。
（3）通过前面的调查，对资料进行电子归档，并整理成一个文档。

4. 实训考核单

考核项目	考 核 内 容	所占比例	得分
实训态度	1. 积极参加技能实训操作； 2. 按照安全操作流程进行操作； 3. 纪律遵守情况	30%	
实训过程	1. 使用 LTE 路测系统前台进行随机接入信令捕捉； 2. 使用 LTE 路测系统后台进行随机接入信令的截图和分析	40%	
成果验收	LTE 小区随机接入信令分析报告	30%	
合计		100%	

任务 2　接通率的分析思路

【工作任务单】

工作任务单名称	接通率的分析思路	建议课时	2
工作任务内容： 1. 掌握接通率的分析思路和随机接入过程； 2. 领会随机接入失败的三个可能阶段及分析方法； 3. 进行 LTE 系统接入失败问题的数据分析			
工作任务设计： 首先，教师讲解接通率的分析思路和随机接入过程； 其次，教师讲解 LTE 随机接入失败的三个阶段及分析方法； 最后，学生分组用工具软件进行接入失败的数据分析			
建议教学方法	教师讲解、分组讨论、现场教学	教学地点	实训室

【知识链接 1】　接通率的分析思路

根据初始接入的信令流程分解 UE 接入过程为三个阶段：RRC 建立过程，初始直传和安全模式控制，E-RAB 建立过程。目前用户量较少 E-RAB 建立几乎没有失败的现象，而随机接入过程出现的问题较多，导致 RRC 连接无响应，引起起呼失败，所以解决随机接入失败问题是当前提升接通率的关键。

利用路测系统工具，统计短呼的初始接入成功率是否满足客户要求，将接入失败的呼叫

提取出来进行分析。如图 5-6 所示。

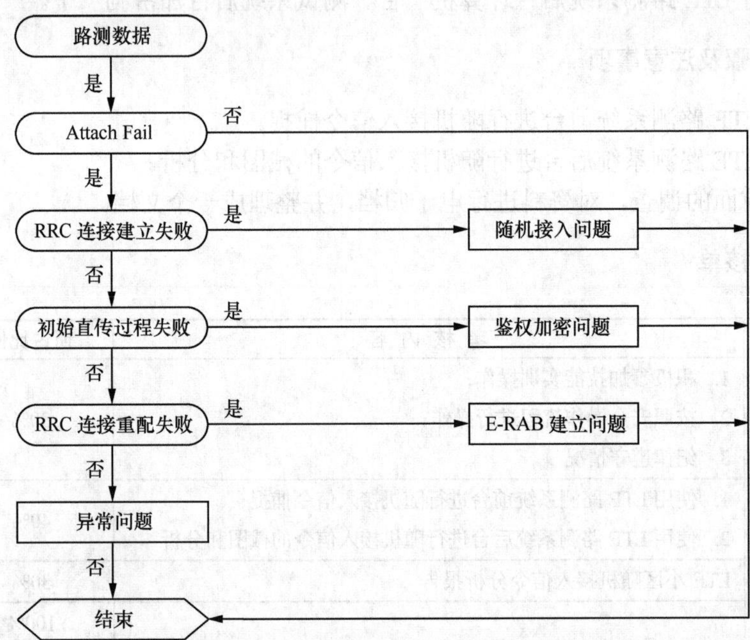

图 5-6　接通率的分析思路

【想一想】

简述 UE 接入过程的三个阶段。

【知识链接 2】 随机接入过程

随机接入过程如图 5-7 所示。

（1）MSG 1：UE 在 PRACH 上发送随机接入前缀；

（2）MSG2：ENB 的 MAC 层产生随机接入响应，并在 PDSCH 上发送；

（3）MSG3：UE 的 RRC 层产生 RRC Connection Request 并映射到 PUSCH 上发送；

（4）MSG4：RRC Connection Setup 由 ENB 的 RRC 层产生，并映射到 PDSCH 上发送。

最后，由 UE 的 RRC 层生成 RRC Connection Set up Complete 并发往 eNB。

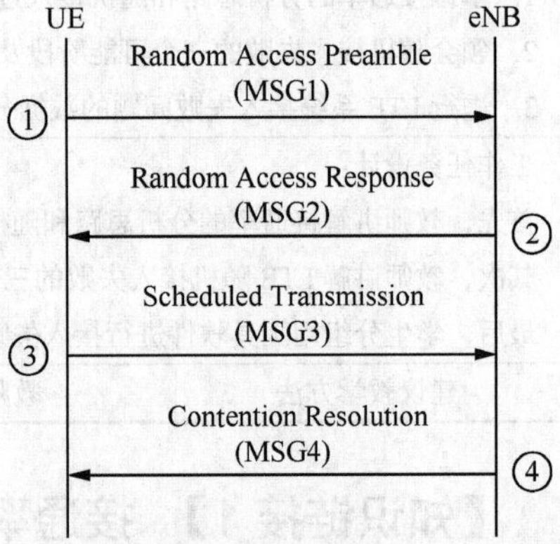

UE　eNB
Random Access Preamble (MSG1) ①
Random Access Response (MSG2) ②
Scheduled Transmission (MSG3) ③
Contention Resolution (MSG4) ④

图 5-7　随机接入过程

【想一想】

简述 UE 接入过程。

【知识链接 3】 接入失败分析

从前台分析随机接入过程，接入失败可能发生的阶段：MSG1 发送后是否接收到 MSG2；MSG3 是否发送成功；MSG4 是否正确接收。

1．MSG1 发送后是否接收到 MSG2

若未接收到 MSG2 的 PDCCH，可分别对上行和下行进行分析，如图 5-8 所示。

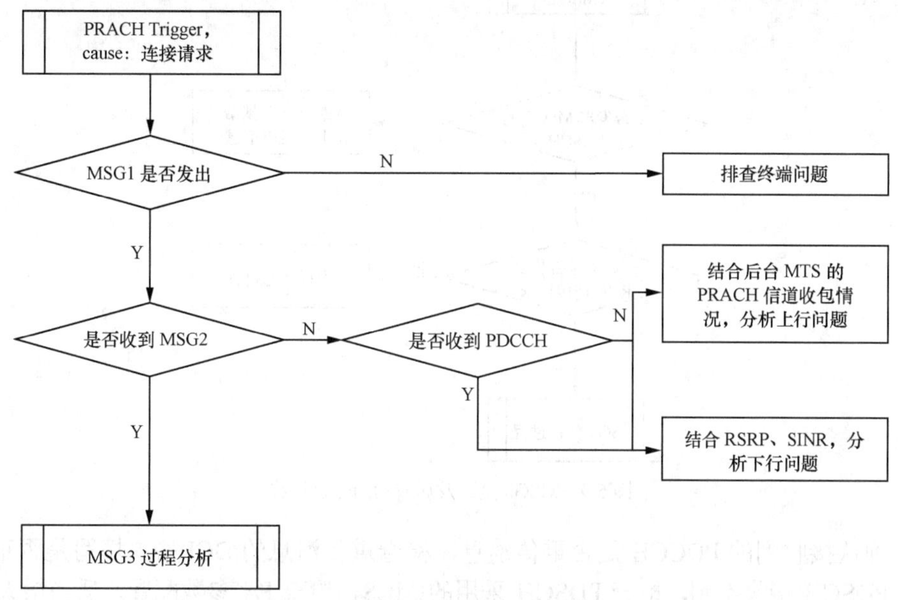

图 5-8　MSG1 发送后是否接收到 MSG2 的分析过程

（1）上行分析

① 结合后台 MTS 的 PRACH 信道收包情况，确认上行是否接收到 MSG1。

② 检查 MTS 上行通道的接收功率是否＞−99dBm，若持续超过−99dBm，解决上行干扰问题，比如是否存在 GPS 失锁或交叉时隙干扰。

③ PRACH 相关参数调整：提高 PRACH 期望接收功率，增大 PRACH 的功率攀升步长，降低 PRACH 绝对前缀的检测门限。

（2）下行分析

① UE 侧收不到以 RA_RNTI 加扰的 PDCCH，检查下行 RSRP 是否＞−119dBm，SINR＞−3dB，下行覆盖问题通过调整工程参数、RS 功率、PCI 等改善。

② PDCCH 相关参数调整：比如增大公共空间 CCE 聚合度初始值。

2．MSG3 是否发送成功

若 UE 已发出 MSG3 的 PUSCH，结合基站侧信令查看 eNodeB 是否收到 RRC Connection Request，若基站侧 RRC Connection Request 未收到，说明上行存在问题。

（1）检查 MTS 上行通道的接收功率是否大于−99dBm，若持续超过−99dBm，解决上行干扰问题。

（2）检查 RAR 中携带的 MSG3 功率参数是否合适，调整 MSG3 发送的功率。

MSG3 是否发送成功的分析过程如图 5-9 所示。

3．MSG4 是否正确接收

若 UE 没有接收到 PDCCH，从下行信号分析及参数两方面解决 PDCCH 接收问题。多

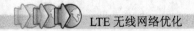

次接收到 PDCCH 后是否接收到 PDSCH？

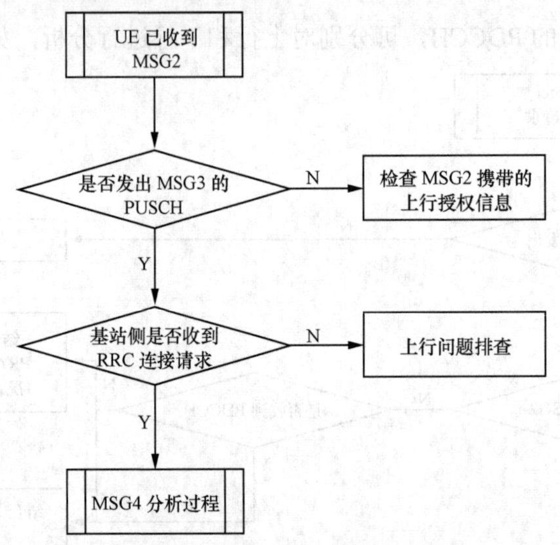

图 5-9 MSG3 是否发送成功的分析过程

（1）确认接收到的 PDCCH 是否重传消息，检查重传消息的 DCI 格式填写是否正确。

（2）PDSCH 接收不到，检查 PDSCH 采用的 MCS，检查 PA 参数配置，适当增大 PDSCH 的 RB 分配数。

MSG4 是否正确接收的分析过程如图 5-10 所示。

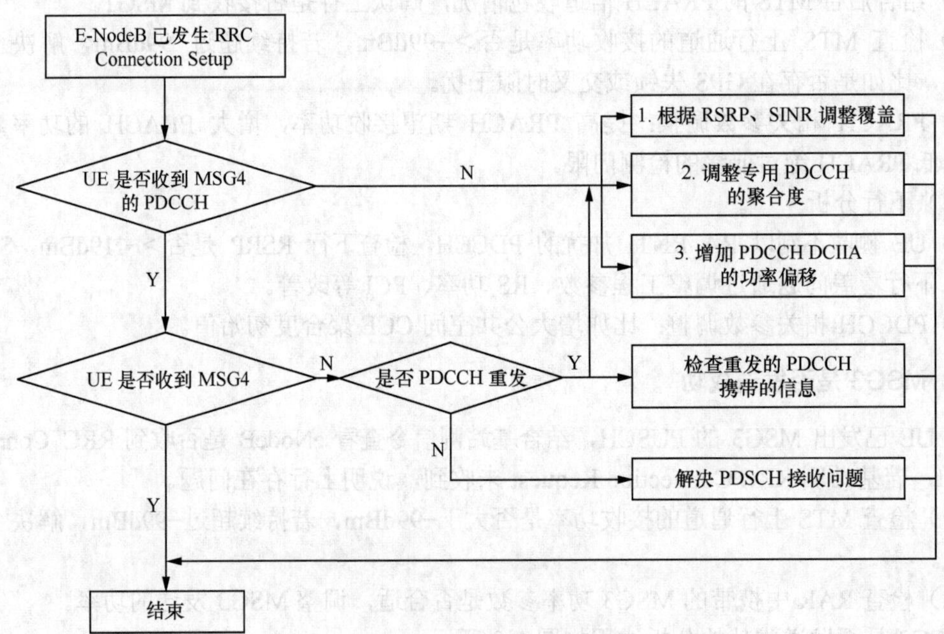

图 5-10 MSG4 是否正确接收的分析过程

【想一想】

接入失败可能发生的阶段有哪些？

【技能实训】 LTE 系统接入失败数据分析

1．实训目标

（1）培养良好的职业道德与习惯，增强团队意识。
（2）能够利用路测系统后台进行 LTE 系统接入失败数据分析。

2．实训设备

安装有 LTE 路测系统后台计算机一台、测试系统后台加密狗一个。

3．实训步骤及注意事项

（1）通过 LTE 路测系统后台进行接入失败数据分析。
（2）通过数据分析，提出相应优化措施。
（3）撰写优化报告。

4．实训考核单

考核项目	考 核 内 容	所占比例	得分
实训态度	1. 积极参加技能实训操作； 2. 按照安全操作流程进行操作； 3. 纪律遵守情况	30%	
实训过程	1. 使用 LTE 路测系统后台进行接入失败数据分析； 2. 通过数据分析，提出相应的优化措施； 3. 撰写优化报告	40%	
成果验收	接入失败网优分析报告	30%	
合计		100%	

任务 3　接入问题案例分析

【工作任务单】

<table>
<tr><th>工作任务单名称</th><th>接入问题案例分析</th><th>建议课时</th><th>2</th></tr>
<tr><td colspan="4">工作任务内容：
1. 案例分析 1：MSG1 多次重发未响应；
2. 案例分析 2：收不到 MSG4；
3. 进行 LTE 系统接入失败案例的收集和学习</td></tr>
<tr><td colspan="4">工作任务设计：
首先，教师引导，学生分组讨论案例 1 和案例 2；
然后，学生分组进行其他接入问题优化案例的讨论</td></tr>
<tr><td>建议教学方法</td><td>分组讨论</td><td>教学地点</td><td>实训室</td></tr>
</table>

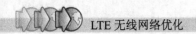

【知识链接 1】 MSG1 多次重发未响应

1．问题现象

在进行短呼测试中，UE 发出 attach req 和 RRC Connection Request，未接收到 RRC Connection Setup；路测信令显示，8 次 msg1 发送未接收到 MSG2，如图 5-11 所示。

Index	Local Time	MS Time	Chann…	Message Name
29	16:54:39:656	15:54:24:625	UL CCCH	ATTACH REQ
30	16:54:39:656	15:54:24:625	UL CCCH	RRC Connection Request
31	16:54:39:656	15:54:24:625	MAC C…	MAC RACH Trigger
32	16:54:39:656	15:54:24:684	UL MAC	Msg1
33	16:54:39:656	15:54:24:704	UL MAC	Msg1
34	16:54:39:656	15:54:24:724	UL MAC	Msg1
35	16:54:39:656	15:54:24:744	UL MAC	Msg1
36	16:54:39:656	15:54:24:764	UL MAC	Msg1
37	16:54:39:656	15:54:24:784	UL MAC	Msg1
38	16:54:39:656	15:54:24:804	UL MAC	Msg1
39	16:54:39:671	15:54:24:824	UL MAC	Msg1
40	16:54:49:734	15:54:34:829	UL CCCH	ATTACH REQ
41	16:54:50:093	15:54:35:036	BCCH B…	Master Information Block
42	16:54:50:093	15:54:35:040	BCCH …	System Information Block Type1
43	16:54:50:093	15:54:35:041	ML1 Co…	ML1 Downlink Common Configuration
44	16:54:50:093	15:54:35:115	BCCH …	System Information

图 5-11　8 次 msg1 发送未收到 MSG2

2．问题分析

先观察服务小区的下行 RSRP 为−91dBm，说明下行信号良好。检查后台告警信息，确定无 GPS 失锁告警。分析结果表明上行不存在交叉干扰。如图 5-12 所示。

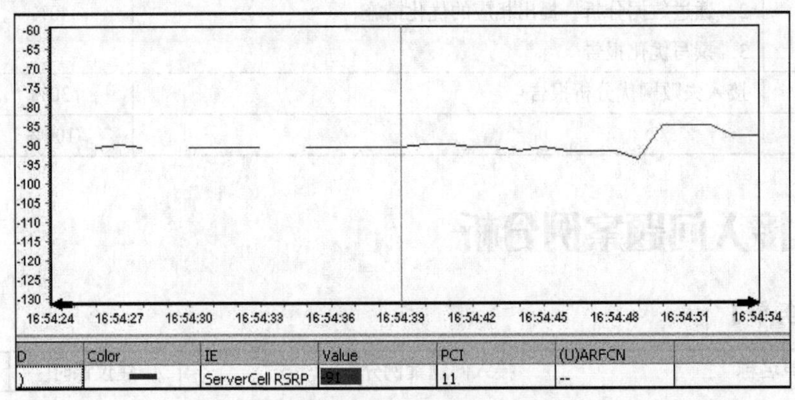

图 5-12　MSG1 无响应时的 RSRP

3．优化方法

最后确定的优化方法为参数调整。通过降低“eNode B 对 PRACH 的绝对前缀检测门限”，提高 PRACH 检测概率，提升 MSG1 正确解调的概率。

eNode B 对 PRACH 的绝对前缀检测门限；取值范围为 1～65535；单位为线性值；默认值为 2000。

将“eNode B 对 PRACH 的绝对前缀检测门限”从 2000 改为 50，修改后进行短呼测试，

RRC Connect Success 为 100%。在小区 PCI 11，从 MSG1 发送的间隔上观察，再未出现 MSG1 重发无响应的现象。

4．总结

MSG1 多次重发无响应造成的起呼失败，在排除无 GPS 干扰的前提下，通过降低“eNode B 对 PRACH 的绝对前缀检测门限”，提高 PRACH 检测概率，解决未接通。

【知识链接 2】 收不到 MSG4

1．问题现象

某地区短呼性能摸底测试，路测发现前台偶尔收不到 MSG4，导致接入失败。核对 NodeB 侧信令发现后台已经下发了 RRC 层消息 RRC Conection Set up，但是未收到 RRC Conection Set up Complete。如图 5-13 所示。

16:54:42 860	RrcConnectionRequest	Uu Interface	Rec...	258	14	400018
16:54:42 860	DrmServiceRequest	RNLC Inner	Sen...	258	14	400018
16:54:42 860	UeCacIn	RNLC Inner	Sen...	258	14	400018
16:54:42 860	UeCacOut	RNLC Inner	Sen...	258	14	400018
16:54:42 860	DrmServiceConfig	RNLC Inner	Sen...	258	14	400018
16:54:42 860	DcmUsmUeCtxtCfgReq	RNLC and RNLU	Sen...	258	14	400018
16:54:42 860	DcmCmacUeCtxtCfgReq	RNLC and MAC	Sen...	258	14	400018
16:54:42 860	DcmPulmUeCtxtCfgReq	RNLC and PHY	Sen...	258	14	400018
16:54:42 870	UsmDcmUeCtxtCfgRsp	RNLC and RNLU	Rec...	258	14	400018
16:54:42 870	CmacDcmUeCtxtCfgRsp	RNLC and MAC	Rec...	258	14	400018
16:54:42 870	PulmDcmUeCtxtCfgRsp	RNLC and PHY	Rec...	258	14	400018
16:54:42 880	DcmUsmDlcchSignalReq	RNLC and RNLU	Sen...	258	14	400018
16:54:42 880	RrcConnectionSetup	Uu Interface	Sen...	258	14	400018
16:54:43 780	DcmRrcSetupTimerOut	RNLC Inner	Rec...	257	14	400018
16:54:43 780	DcmUsmDldcchSignalReq	RNLC and RNLU	Sen...	257	14	400018
16:54:43 780	RrcConnectionRelease	Uu Interface	Sen...	257	14	400018

图 5-13　路测发现前台偶尔收不到 MSG4

2．问题分析

大量短呼测试，RRC 连接无响应均为 msg4 fail，失败原因为 failure at MSG4 due to CT timer expired。如图图 5-14、图 5-15、图 5-16 所示。

101589	2011 Oct 26 07:19:32.452	LTE RRC OTA Packet	UL_CCCH	BS <<< MS
101590	2011 Oct 26 07:19:32.453	LTE MAC Rach Trigger		
101592	2011 Oct 26 07:19:32.513	LTE Random Access Request (MSG1) Report		
101596	2011 Oct 26 07:19:32.529	LTE MAC Rach Attempt	RRC Connection Request	
101598	2011 Oct 26 07:19:32.533	LTE Random Access Request (MSG1) Report		
101601	2011 Oct 26 07:19:32.549	LTE MAC Rach Attempt		
101603	2011 Oct 26 07:19:32.553	LTE Random Access Request (MSG1) Report		
101608	2011 Oct 26 07:19:32.564	LTE Random Access Response (MSG2) Report		
101609	2011 Oct 26 07:19:32.564	LTE UE Identification Message (MSG3) Report		
101616	2011 Oct 26 07:19:32.621	LTE MAC Rach Attempt	57ms	
101617	2011 Oct 26 07:19:32.621	LTE Contention Resolution Message (MSG4) Report		

图 5-14　RRC 连接无响应的原因

```
2011 Oct 26  07:19:32.621  [00]  0xB16A  LTE Contention Resolution Message (MSG4) Report
Version              = 1
SFN                  = 0
Sub-fn               = 15
Contention Result    = Fail
UL ACK Timing SFN    = 0
UL ACK Timing Sub-fn = 15
```

图 5-15　RRC 连接无响应均为 msg4 fail

```
2011 Oct 26  07:19:32.621  [00]  0xB062  LTE MAC Rach Attempt
Version = 1
Number of SubPackets = 1
SubPacket ID = 6
SubPacket - ( RACH Attempt Subpacket )
   Version = 2
   Subpacket Size = 36 bytes
   RACH Attempt :
      Retx counter = 3
      Rach result = Failure at MSG4 due to CT timer expired
      Contention procedure = Contention Based RACH procedure
      Msg1 - RACH Access Preamble[0]
         Preamble Index = 19
         Preamble index mask = Invalid
         Preamble power offset = -106 dB
```

图 5-16　失败原因为 failure at MSG4 due to CT timer expired

对照正常起呼的随机接入过程（如图 5-17 所示），结合 MSG4 过程的分析思路，进行具体分析：

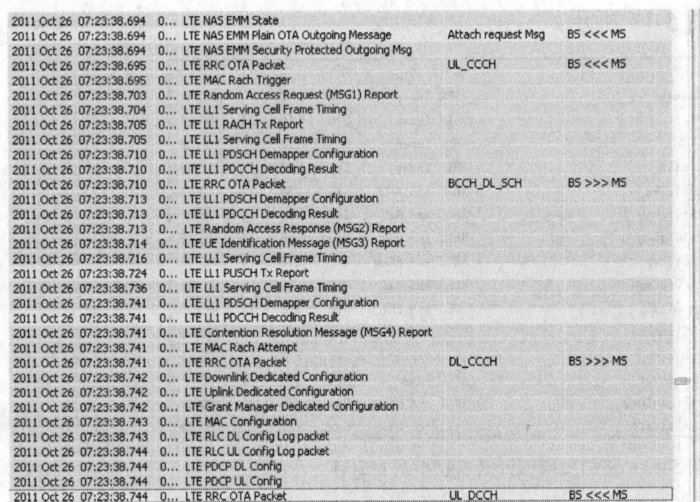

2011 Oct 26 07:23:38.694 0... LTE NAS EMM State
2011 Oct 26 07:23:38.694 0... LTE NAS EMM Plain OTA Outgoing Message Attach request Msg BS <<< MS
2011 Oct 26 07:23:38.694 0... LTE NAS EMM Security Protected Outgoing Msg
2011 Oct 26 07:23:38.695 0... LTE RRC OTA Packet UL_CCCH BS <<< MS
2011 Oct 26 07:23:38.695 0... LTE MAC Rach Trigger
2011 Oct 26 07:23:38.703 0... LTE Random Access Request (MSG1) Report
2011 Oct 26 07:23:38.704 0... LTE LL1 Serving Cell Frame Timing
2011 Oct 26 07:23:38.705 0... LTE LL1 RACH Tx Report
2011 Oct 26 07:23:38.705 0... LTE LL1 Serving Cell Frame Timing
2011 Oct 26 07:23:38.710 0... LTE LL1 PDSCH Demapper Configuration
2011 Oct 26 07:23:38.710 0... LTE LL1 PDCCH Decoding Result
2011 Oct 26 07:23:38.710 0... LTE RRC OTA Packet BCCH_DL_SCH BS >>> MS
2011 Oct 26 07:23:38.713 0... LTE LL1 PDSCH Demapper Configuration
2011 Oct 26 07:23:38.713 0... LTE LL1 PDCCH Decoding Result
2011 Oct 26 07:23:38.713 0... LTE Random Access Response (MSG2) Report
2011 Oct 26 07:23:38.714 0... LTE UE Identification Message (MSG3) Report
2011 Oct 26 07:23:38.716 0... LTE LL1 Serving Cell Frame Timing
2011 Oct 26 07:23:38.724 0... LTE LL1 PUSCH Tx Report
2011 Oct 26 07:23:38.736 0... LTE LL1 Serving Cell Frame Timing
2011 Oct 26 07:23:38.741 0... LTE LL1 PDSCH Demapper Configuration
2011 Oct 26 07:23:38.741 0... LTE LL1 PDCCH Decoding Result
2011 Oct 26 07:23:38.741 0... LTE Contention Resolution Message (MSG4) Report
2011 Oct 26 07:23:38.741 0... LTE MAC Rach Attempt
2011 Oct 26 07:23:38.741 0... LTE RRC OTA Packet DL_CCCH BS >>> MS
2011 Oct 26 07:23:38.742 0... LTE Downlink Dedicated Configuration
2011 Oct 26 07:23:38.742 0... LTE Uplink Dedicated Configuration
2011 Oct 26 07:23:38.742 0... LTE Grant Manager Dedicated Configuration
2011 Oct 26 07:23:38.743 0... LTE MAC Configuration
2011 Oct 26 07:23:38.743 0... LTE RLC DL Config Log packet
2011 Oct 26 07:23:38.744 0... LTE RLC UL Config Log packet
2011 Oct 26 07:23:38.744 0... LTE PDCP DL Config
2011 Oct 26 07:23:38.744 0... LTE PDCP UL Config
2011 Oct 26 07:23:38.744 0... LTE RRC OTA Packet UL_DCCH BS <<< MS
2011 Oct 26 07:23:38.744 [00] 0xB0C0 LTE RRC
Pkt Version = 2
RRC Release Number.Major.minor = 9.5.0
Radio Bearer ID = 1, Physical Cell ID = 25
Freq = 40340
SysFrameNum = N/A, SubFrameNum = 0
PDU Number = UL_DCCH Message, Msg Length
Interpreted PDU:
value UL-DCCH-Message ::=
{
message c1 : rrcConnectionSetupComplete :
{
rrc-TransactionIdentifier 1,
criticalExtensions c1 : rrcConnectic
{
selectedPLMN-Identity 1,
registeredMME
{
mmegi '11100010 00000000'B,
mmec '00000001'B
},
dedicatedInfoNAS '175089925A0C
}
}
}

图 5-17　正常起呼的随机接入过程

（1）下行信道质量如何？RSRP？SINR？

（2）PDCCH 是否接收到？

（3）是否多次接收到 PDCCH，而没有接收到 PDSCH？

分析后将 MAC Contention Resolution Timer 由 48sf 改为 64sf，使得 UE 发送 MSG3 后等待接收 MSG4 的时间由 48ms 增大到 64ms，增加弱场起呼时 UE 接收 MSG4 的概率。

3．优化方法

修改 CRT 定时器为 64ms 后，通过 MSG4 Report 和 LTE MAC RACH Attempt 看到基于竞争的随机接入成功。如图 5-18、图 5-19、图 5-20 所示。

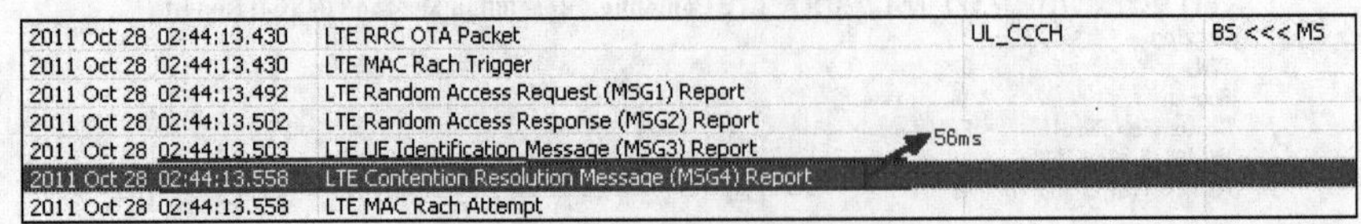

2011 Oct 28 02:44:13.430	LTE RRC OTA Packet	UL_CCCH	BS <<< MS
2011 Oct 28 02:44:13.430	LTE MAC Rach Trigger		
2011 Oct 28 02:44:13.492	LTE Random Access Request (MSG1) Report		
2011 Oct 28 02:44:13.502	LTE Random Access Response (MSG2) Report		
2011 Oct 28 02:44:13.503	LTE UE Identification Message (MSG3) Report	56ms	
2011 Oct 28 02:44:13.558	LTE Contention Resolution Message (MSG4) Report		
2011 Oct 28 02:44:13.558	LTE MAC Rach Attempt		

图 5-18　修改 CRT 定时器为 64ms

```
2011 Oct 28  02:44:13.558  [00]  0xB16A  LTE Contention Resolution Message (MSG4) Report
Version              = 1
SFN                  = 745
Sub-fn               = 3
Contention Result    = Pass
UL ACK Timing SFN    = 745
UL ACK Timing Sub-fn = 7
```

图 5-19　RRC 连接为 msg4 Pass

```
2011 Oct 28  02:44:13.558  [00]  0xB062  LTE MAC Rach Attempt
Version = 1
Number of SubPackets = 1
SubPacket ID = 6
SubPacket - ( RACH Attempt Subpacket )
   Version = 2
   Subpacket Size = 36 bytes
   RACH Attempt :
      Retx counter = 1
      Rach result = Success
      Contention procedure = Contention Based RACH procedure
      Msg1 - RACH Access Preamble[0]
         Preamble Index = 39
         Preamble index mask = Invalid
         Preamble power offset = -110 dB
```

图 5-20　RRC 连接响应成功

小区选择和重选问题优化

【知识目标】掌握跟踪区定义、设计要求、多注册 TA 和 UE 的 RRC 状态及迁移；掌握 PLMN 选择和小区选择过程；掌握小区重选基本概念、小区重选 R 准则、同频小区重选和异频小区重选流程；领会 LTE 测量指标、小区选择 S 准则、小区重选基本参数。

【技能目标】能够进行 LTE 系统随机接入信令的捕捉与读取；能解读 SIB1 系统消息中小区选择相关参数；能解读系统消息中小区重选相关参数。

任务 1　LTE 移动性管理概述

【工作任务单】

工作任务单名称	LTE 移动性管理概述	建议课时	2
工作任务内容： 1. 掌握跟踪区定义、设计要求、多注册 TA 和 UE 的 RRC 状态及迁移； 2. 领会 LTE 测量指标； 3. 进行 LTE 系统随机接入信令的捕捉与读取			
工作任务设计： 首先，教师讲解随机接入过程和随机接入信令流程； 其次，学生分组用工具软件捕捉 LTE 随机接入信令； 最后，教师讲解 LTE 的随机接入信令消息			
建议教学方法	教师讲解、分组讨论、现场教学	教学地点	实训室

移动性管理是蜂窝移动通信系统必备的机制，能够辅助 LTE 系统实现负载均衡、提高用户体验以及系统整体性能。移动性管理主要分为两大类：空闲状态下的移动性管理和连接状态下的移动性管理。空闲状态下的移动性管理主要通过小区选择/重选来实现，由 UE 控制；连接状态下的移动性管理主要通过小区切换来实现，由 eNodeB 控制。

【知识链接 1】 跟踪区（TA）

1．跟踪区的定义

跟踪区（Tracking Area）是 LTE/SAE 系统为 UE 的位置管理新设立的概念。

2．跟踪区设计要求

（1）对于 LTE 的接入网和核心网保持相同的位置区域的概念。

（2）当 UE 处于空闲状态时，核心网能够知道 UE 所在的跟踪区。

（3）当处于空闲状态的 UE 需要被寻呼时，必须在 UE 所注册的跟踪区的所有小区进行寻呼。

（4）在 LTE 系统中应尽量减少因位置改变而引起的位置更新信令。

【知识链接 2】 多注册 TA

1．多注册 TA

（1）如图 6-1 所示多个 TA 组成一个 TA 列表，同时分配给一个 UE，UE 在该 TA 列表内移动时不需要执行 TA 更新。

（2）当 UE 进入不在其所注册的 TA 列表中的新 TA 区域时，需要执行 TA 更新，MME 给 UE 重新分配一组 TA，新分配的 TA 也可包含原有 TA 列表中的一些 TA。

（3）每个小区只属于一个 TA。

2．UE 的 RRC 状态及迁移

UE 的 RRC 状态及迁移如图 6-2 所示。

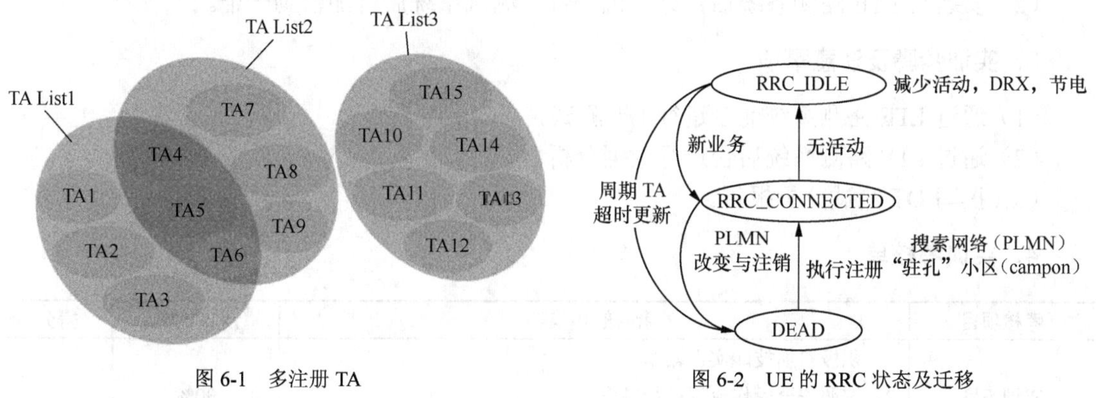

图 6-1　多注册 TA

图 6-2　UE 的 RRC 状态及迁移

【知识链接 3】 LTE 测量

1．RSRP

RSRP 是参考信号接收功率（对应 TD-SCDMA/WCDMA 的 RSCP）。RSRP 是每个 RB 上 RS 的接收功率，它提供了小区 RS 信号强度度量。UE 根据 RSRP 对 LTE 候选小区排序，同时作为切换和小区重选的输入参数。

2．RSSI

RSSI 是载波接收信号强度指示。UE 对所有信号来源观测到的总接收带宽功率。

3．RSRQ

RSRQ 是参考信号接收质量（对应 WCDMA 的 Ec/No）。RSRQ=N*RSRP/RSSI，其中 N 为 RSSI 测量带宽的 RB 个数；RSRQ 反映了小区 RS 信号的质量。当仅根据 RSRP 不能提供足够

的信息来执行可靠的移动性管理时，根据 RSRQ 对 LTE 候选小区排序，可作为切换和小区重选的输入参数。

【想一想】

1. 简述 LTE 系统中，RSRP 和 RSSI 有何区别。
2. 简述 LTE 系统中，多注册 TA 有什么好处。

【技能实训】 LTE 系统 DT 测试

1. 实训目标

（1）培养良好的职业道德与习惯，增强团队意识。
（2）能够利用路测系统前台进行 DT 测试。
（3）能够利用路测系统后台进行 LTE 测量指标分析。

2. 实训设备

（1）安装有 LTE 路测系统前台笔记本电脑一台、测试手机一台、测试系统前台加密狗一个。
（2）安装有 LTE 路测系统后台计算机一台、测试系统后台加密狗一个。

3. 实训步骤及注意事项

（1）通过 LTE 路测系统前台进行 DT 测试。
（2）通过 LTE 路测系统后台进行数据分析。
（3）撰写 DT 测试分析报告。

4. 实训考核单

考核项目	考 核 内 容	所占比例	得分
实训态度	1. 积极参加技能实训操作； 2. 按照安全操作流程进行操作； 3. 纪律遵守情况	30%	
实训过程	1. 使用 LTE 路测系统前台进行 DT 测试； 2. 使用 LTE 路测系统后台进行数据分析	40%	
成果验收	1. 撰写 DT 测试分析报告	30%	
合计		100%	

任务 2 PLMN 和小区选择

【工作任务单】

工作任务单名称	PLMN 和小区选择	建议课时	2
工作任务内容： 1. 掌握 PLMN 选择和小区选择过程； 2. 领会小区选择 S 准则； 3. 解读 SIB1 系统消息中小区选择相关参数			

续表

工作任务单名称	PLMN 和小区选择	建议课时	2
工作任务设计： 首先，教师讲解 PLMN 选择和小区选择过程； 其次，教师讲解小区选择 S 准则； 最后，学生使用工具软件解读和讨论小区选择相关参数			
建议教学方法	教师讲解、分组讨论、现场教学	教学地点	实训室

【知识链接 1】 PLMN 的选择

1. PLMN 选择的形式

LTE 系统中，PLMN 的选择可以分为自动和手动两种形式。自动形式是指 UE 根据事先设好的优先级准则，自主完成 PLMN 的搜索和选择。手动形式是指 UE 将满足条件的 PLMN 列表呈现给用户，由用户来做出选择。

无论是自动模式还是手动模式，UE AS 层都需要能够将网络中现有的 PLMN 列表报告给 UE NAS 层。为此，UE AS 根据自身的能力和设置，进行全频段的搜索，在每一个频点上搜索信号最强的小区，读取其系统信息，报告给 UE NAS 层，由 NAS 层来决定 PLMN 搜索是否继续进行。对于 EUTRAN 的小区，RSRP >= −110 dBm 的 PLMN 称之为高质量的 PLMN (High Quality PLMN)，对于不满足高质量条件的 PLMN，UE AS 层在上报过程中需要同时报告 PLMN ID 和 RSRP 的值。

2. PLMN 选择的优先级

如果 UE 搜索到多个 PLMN，在自动模式下，PLMN 选择的优先级可以分为如下几种：

（1）上一次开机或脱离服务区之前注册的 PLMN (RPLMN)。

（2）HPLMN（可以由 IMSI 得到）或者 EHPLMN 优先级列表。

（3）用户或者运营商定义的 PLMN 优先级列表。

（4）高质量的 PLMN。

（5）按 RSRP 排序的非高质量 PLMN 列表。

3. PLMN 搜索选择的流程

如果 UE 存储有先验信息，如载波频率、小区参数等，则 PLMN 的搜索过程可以得到优化，NAS 层指示 AS 层按照先验信息的参数来进行 PLMN 搜索，并把结果上报给 NAS 层。一个简化的 PLMN 搜索选择的流程如图 6-3 所示。

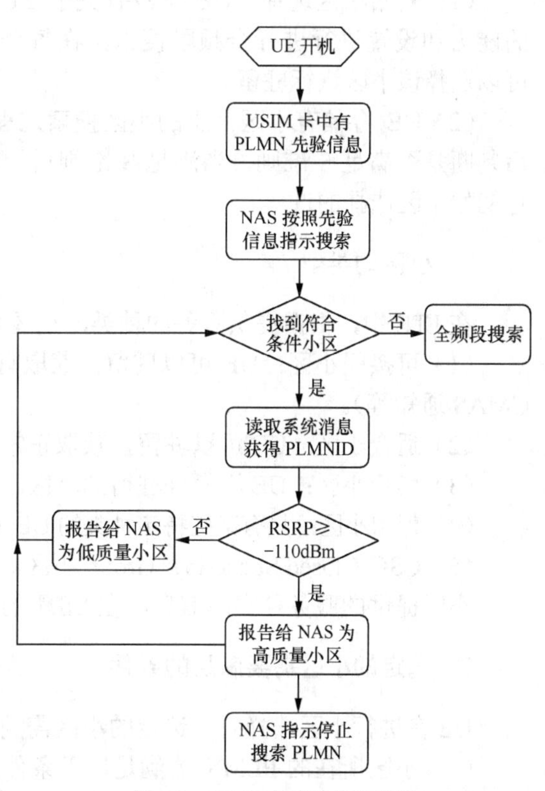

图 6-3 PLMN 搜索选择流程图

【知识链接 2】 小区选择

UE 在选择了 PLMN 以后，要通过小区选择的过程，选择适合的小区进行驻留。

1．UE 小区选择的过程

UE 小区选择的过程，可以分为如下两种情况，如图 6-4 所示。

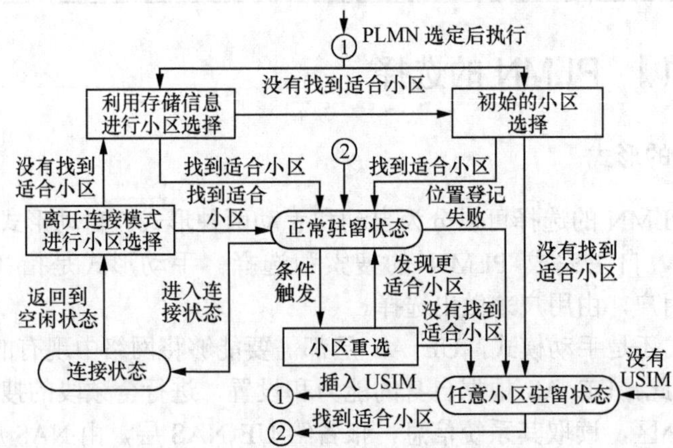

图 6-4　Idle 模式下的状态和状态转移

（1）初始小区选择。UE 中没有关于 EUTRA 载波的先验信息，此时 UE 需要根据自身的能力和设置进行进行全频段搜索，在每个频点上搜索最强的小区，当满足 S 准则后，即可以选择该小区进行驻留。

（2）UE 存储有小区信息的小区搜索过程，此时 UE 只需在这些小区上进行搜索，搜到后判断是否满足 S 准则，当满足 S 准则后，UE 便选择此小区进行驻留。否则的话，仍需进行初始小区选择的过程。

2．小区的类型

在 LTE 中，根据提供服务的种类，小区可以分为如下几种类型：

（1）可接受小区：UE 可以驻留，获取有限服务的小区（发起紧急呼叫，接收 ETWS 和 CMAS 通知等）。

（2）适合小区：UE 可以驻留，获取正常服务的小区。

（3）禁止小区：UE 不允许驻留的小区。

（4）保留小区：只有某些特定种类的 UE（AC 11 和 AC15）在 HPLMN 能够驻留的小区。

（5）CSG(Closed Subscriber Group 小区，只有属于 CSG Group 的 UE 才可以驻留。

小区提供的服务种类的信息，在 SIB1 的相关参数中进行广播。

3．选定的小区需要满足的条件

UE 在进行小区选择时，选定的小区需满足：

（1）小区所在的 PLMN 需满足以下条件之一：所选择的 PLMN 或注册的 PLMN 或等价 PLMN 列表中的一个（EPLMN）。

（2）小区没有被禁止。

（3）小区至少属于一个不被禁止漫游（Roaming）的 TA（Tracking Area，跟踪区域）。

（4）对于 CSG 的小区，CSG ID 包含在 UE 允许的 CSG 列表中。

（5）小区满足 S-Criterion 准则。

4．小区选择准则（S 准则）

小区选择过程中，终端需要对将要选择的小区进行测量，以便进行信道质量评估，判断其是否符合驻留的标准。小区选择的测量准则被称为 S 准则。当某个小区的信道质量满足 S 准则之后，就可以被选择为驻留小区。S 准则的具体内容如下：

$$Srxlev>0$$

$$Srxlev=Q_{rxlvmeas}-(Q_{rxlevmin}+Q_{rxlevminoffset})-Pcompensation$$

小区选择公式中各参数的含义见表 6-1 所示。

表 6-1　小区选择公式中各参数的含义

参数名称	参数含义
Srxlev	小区选择 S 值，单位 dB
Qrxlevmeas	测量小区的 RSRP 值，单位 dBm
Qrxlevmin	小区中 RSRP 最小接收强度要求，单位 dBm，广播消息中获得
Qrxlevminoffset	当驻留在 VPLMN 上搜索高优先级 PLMN 上的时候，采用 Srxlev 评估小区质量，需要对 Qrxlevmin 进行的偏移。用于防止乒乓效应。
Pcompensation	Max（PEMAX－PUMAX，0），单位 dB
PEMAX	终端在小区中允许的最大上行发送功率，单位 dBm，广播消息中获得
PUMAX	由终端能力决定的最大上行发送功率，单位 dBm

小区选择相关的参数在 SIB1 系统消息中广播，其中 Qrxlevminoffset 的作用是减少 PLMN 之间的乒乓选择，此参数只在 UE 驻留在访问 PLMN（Visited PLMN）时，周期性地搜寻更高级别的 PLMN 时使用。

终端在进行小区选择时，通过测量得到小区的 Qrxlevmeas 值，通过小区的系统信息及自身能力等级获取 S 准则公式中的其他参数，计算得到 Srxlev，然后与 0 进行比较，如果 Srxlev>0，则终端认为该小区满足小区选择的信道质量要求，可以选择其作为驻留小区。如果该小区的系统信息中广播其为允许驻留，那么终端将选择在此小区上驻留，进入空闲状态。

【想一想】

简述 LTE 系统中，小区选择 S 准则。

【技能实训】 解读小区选择相关参数

1．实训目标

（1）培养良好的职业道德与习惯，增强团队意识。

（2）能够利用路测系统后台进行参数分析。

2. 实训设备

(1) 安装有 LTE 路测系统前台笔记本电脑一台、测试手机一台、测试系统前台加密狗一个。

(2) 安装有 LTE 路测系统后台计算机一台、测试系统后台加密狗一个。

3. 实训步骤及注意事项

(1) 将测试数据导入 LTE 路测系统后台。

(2) 通过 LTE 路测系统后台解读 SIB1 系统消息中小区选择相关参数。

(3) 进行相关截图，并撰写小区选择参数分析报告。

4. 实训考核单

考核项目	考 核 内 容	所占比例	得分
实训态度	1. 积极参加技能实训操作； 2. 按照安全操作流程进行操作； 3. 纪律遵守情况	30%	
实训过程	1. 将测试数据导入 LTE 路测系统后台； 2. 解读 SIB1 系统消息中小区选择相关参数； 3. 进行相关截图和分析	40%	
成果验收	1. 撰写小区选择参数分析报告	30%	
合计		100%	

任务 3　小区重选

【工作任务单】

工作任务单名称	小区重选	建议课时	2
工作任务内容： 1. 掌握小区重选基本概念、小区重选 R 准则、同频小区重选和异频小区重选流程； 2. 领会小区重选基本参数； 3. 解读系统消息中小区重选相关参数			
工作任务设计： 首先，教师讲解小区重选基本概念、小区重选 R 准则； 其次，教师讲解小区重选参数、同频小区重选和异频小区重选流程； 最后，学生使用工具软件解读和讨论小区重选相关参数			
建议教学方法	教师讲解、分组讨论、现场教学	教学地点	实训室

【知识链接 1】　小区重选概述

LTE 驻留到合适的小区，停留适当的时间（1 秒钟）后，就可以进行小区重选的过程。

通过小区重选，可以最大程度地保证空闲模式下的 UE 驻留在合适的小区。

在空闲模式下，通过对服务小区和临近小区测量值的监控，来触发小区重选。重选触发条件的核心内容就是：存在有比服务小区更好的小区，且更好小区在一段时间内都保持最好。这样一方面 UE 尽量重选到更好的小区去，另一方面又保证了一定的稳定性，避免频繁的重选震荡。

1．小区重选时机

（1）开机驻留到合适小区即开始小区重选；

（2）处于 RRC_IDLE 状态下的 UE 移动位置。

重选到新小区的条件主要满足：在时间 TreselectionRAT 内，新小区信号强度高于服务小区；UE 在以前服务小区驻留时间超过 1s。其中 TreselectionRAT 为小区重选定时器，对于每一种 RAT 的每一个目标频点或频率组，都定义了一个专用的小区重选定时器，当在 E-UTRAN 小区中评估重选或重选到其他 RAT 小区都要应用小区重选定时器。

2．小区重选的原则

小区重选的原则首先选择高优先级的 E-UTRAN 小区，依次为同频 E-UTRAN 小区、同优先级异频 E-UTRAN 小区、低优先级 E-UTRAN 小区、3G 小区、2G 小区。该优先级顺序也可由运营商根据实际需要进行配置。

（1）UE 通过测量服务小区和邻小区的属性来使能小区重选过程。

（2）服务小区的系统信息指示 UE 搜索和测量邻小区的信息。

（3）小区重选准则涉及服务小区和邻小区的测量。

（4）小区重选参数可以适用于小区中的所有 UE，但有可能对某个 UE 或 UE 组配置特定的重选参数。

3．小区重选过程

（1）UE 评估基于优先级的所有 RAT 频率。

（2）UE 用排序的准则并基于无线链路质量来比较所有相关频率上的小区。

（3）一旦重选目标小区，将 UE 验证该小区的可接入性。

（4）若小区无接入受限，则 UE 重选到目标小区。

4．小区重选优先级

eUTRAN 不同频率或 IRAT 频率的绝对优先级：可以通过系统信息和 RRCConnectionRelease 消息获取。

当 UE 处于空闲状态，在小区选择之后它需要持续地进行小区重选，以便驻留在优先级更高或者信道质量更好的小区。网络通过设置不同频点的优先级，可以达到控制 UE 驻留的目的；同时，UE 在某个频点上将选择信道质量最好的小区，以便提供更好的服务。

【知识链接 2】 小区重选有关的参数

LTE 中的小区重选，分为同频的小区重选和异频的小区重选（包括不同 RAT 之间的小区重选）两种。与小区重选有关的参数来源于服务小区的系统消息 SIB3，SIB4 和 SIB5。小

区重选对于网络侧而言，只需要 E-UTRAN 配置 SIB 用于小区重选参数即可，如相关门限、定时器参数、测量偏置等，其他操作都在 UE 侧完成。

1．SIB3 中包含的重选参数

SIB3 中包含了小区同频和异频（包括 Inter－RAT）重选的信息。

（1）cellReselectionInfoCommon 消息中定义的参数

参数 QHyst 表示服务小区 RSRP 的滞后效应，用于进行小区重选排序 R 准则的公式计算，目的是为了减少重选振荡。

（2）cellReselectionServingFreqInfo 消息中定义的参数

① Snonintrasearch

Snonintrasearch 用于进行/异频小区重选时，判断是否进行异频小区重选测量的门限参数。在异频重选的情况下，如果相邻小区的优先级高于服务小区，UE 需要进行异频小区重选测量。另外，如果此 Snonintrasearch 参数没有在系统消息内广播，UE 也需要进行异频小区的重选测量。否则，UE 可以选择，只有当服务小区的 S 值小于等于 Snonintrasearch 时，才进行异频小区的重选测量；

② threshServingLow

threshServingLow 定义了 UE 在重选优先级较低的小区时，服务小区的测量门限，在此情况下，目标小区也必须满足一定的测量门限。

③ cellReselectionPriority

cellReselectionPriority 定义了服务频率在异频小区重选的优先级，在 0 到 7 之间取值，其中 0 代表优先级最低。异频的小区切换基于优先级值的大小，UE 通常总是会尝试驻留在优先级高的小区。相邻小区的优先级在 SIB5 中广播。除此之外，LTE 还可以通过 RRC 层的信令，定义针对每个 UE 特定的小区频率优先级。

（3）intraFreqCellReselectionInfo 消息中定义的参数

在 intraFreqCellReselectionInfo 中，定义了和同频小区重选有关的参数。

① Sintrasearch

Sintrasearch 用于进行同频小区重选时，判断是否进行同频小区重选的门限参数。当 LTE 服务小区的 S 值小于等于 Sintrasearch 时，就要执行同频小区重选测量；另外如果此 Sintrasearch 参数没有在系统消息内广播，也要执行同频小区重选测量。除此之外，UE 可以选择不进行测量。

② t-ReselectionEUTRA

t-ReselectionEUTRA 定义了小区选择的时间间隔。

此外，在 intraFreqCellReselectionInfo 中还定义了与移动性相关的一些小区重选的参数。

2．SIB4 中包含的重选参数

SIB4 中包含了同频小区重选有关的小区相关信息。

在 intraFreqNeighborCellInfo 中定义了用于同频重选的小区物理 ID 列表以及对应的偏移量值。偏移量值用于进行小区重选排序 R 准则（下面将会介绍）的公式计算，目的是为了减少重选振荡。

在 SIB4 中也定义了不能用于同频重选的小区黑名单列表。

3. SIB5 中包含的重选参数

SIB5 中包含了异频小区重选有关的小区信息，包括异频小区列表、频率等。

其中，priority 定义了异频小区的重选优先级，在进行小区重选时，UE 可以只考虑定义了优先级的频率小区。不同接入技术的小区（inter-RAT）之间，其优先级是不相等的。UE 基于小区频率的优先级，进行小区重选。如果目标小区的优先级比当前服务小区的优先级高，并且目标小区的 S 值在时间 ReselectionTimer 内持续超过门限参数 threshXHigh， 那么不管当前小区的 S 值是多少，UE 都会重选到目标小区。否则，如果目标小区的优先级比当前服务小区的低，那么只有服务小区的 S 值小于 threshServingLow（在 SIB3 中定义），并且目标小区的 S 值大于门限参数 threshXLow，而且持续的时间超过 Reselection Timer 后，UE 才会重选到目标小区。

4. SIB6 中包含的重选参数

为实现系统间小区重选，需要在 SystemInformationBlockType3 中配置 s-NonIntraSearch（系统间测量触发门限）。E-UTRAN 到 UTRAN 的小区重选参数，主要在 SystemInformationBlockType6 中配置，包含 UTRAN 小区频点信息和 UTRAN 邻小区相关信息等。主要配置参数见表 6-2 所示。

表 6-2　　E-UTRAN 到 UTRAN 的小区重选主要参数

主 要 参 数	说　　明
carrierFreq	UTRAN 下行频点
cellReselectionPriority	UTRAN 小区重选优先级
threshX-High	重选到比服务频点优先级高的 UTRAN 小区频点的高门限
threshX-Low	重选到比服务频点优先级低的 UTRAN 小区频点的低门限
q-RxLevMin	UTRAN 小区中所需要的最小接收电平
p-MaxUTRA	上行最大允许传输功率
q-QualMin	UTRAN FDD 小区重选条件的最小质量要求
t-ReselectionUTRA	UTRAN 小区重选定时器值
t-ReselectionUTRA-SF-Medium	在中速状态下的 UTRAN 小区重选时间比例因子
t-ReselectionUTRA-SF-High	在高速状态下的 UTRAN 小区重选时间比例因子

【知识链接 3】 小区重选 R 准则

对于同频的小区，或者异频但具有同等优先级的小区，UE 采用 R 准则对小区进行重选排序。所谓 R 准则，是指对于服务小区的 Rs 和目标小区的 Rt 分别满足：

$$Rs = Qmeas,s + QHyst$$

$$Rt = Qmeas,t - Qoffset$$

其中 Qmeas 是测量小区的 RSRP 值，Qoffset 定义了目标小区的偏移值，对于具有同等优先级的异频小区来说，包括基于小区的偏移值和基于频率的偏移值两个部分。

如果目标小区在 Treselection 时间内（同频和异频的 Treselection 可能不同），Rt 持续超

过 Rs，那么 UE 就会重选到目标小区。

【知识链接 4】 小区重选的流程

小区重选可以分为同频小区重选和异频小区重选。同频小区重选，可以解决无线覆盖问题；异频小区重选，不仅可以解决无线覆盖问题，而且还可以通过设定不同频点的优先级来实现负载均衡。

1. 重选到新小区的条件

重选到新小区的条件主要满足：在时间 TreselectionRAT 内，新小区信号强度高于服务小区；UE 在以前服务小区驻留时间超过 1s。

其中 TreselectionRAT 为小区重选定时器，对于每一种 RAT 的每一个目标频点或频率组，都定义了一个专用的小区重选定时器，当在 E-UTRAN 小区中评估重选或重选到其他 RAT 小区都要应用小区重选定时器。

2. 同频小区重选流程

（1）同频小区重选的流程

① 通过服务小区的参数 *S*（*S* 值的计算方法与小区选择时一致）与系统广播中参数 Sintrasearch 对比决定是否启动同频测量；

② 对候选小区根据质量高低进行 R 准则排序，选择最优小区；

③ 根据合适小区准则确定最优小区是否是合适的小区（suitable cell）。

（2）R 准则

服务小区：R_s = Qmeas，s + QHyst

邻小区：R_n = Qmeas，n − Qoffset

其中，各参数的含义见表 6-3 所示。

表 6-3　同频小区重选参数含义

参数名称	参数含义
R_s	服务小区的 *R* 值，单位 dB
R_n	邻小区的 *R* 值，单位 dB
Qmeas	用于小区重选的小区的 RSRP 值，单位 dBm
Qoffset	对于同频重选，该参数等于小区间的 Qoffset（系统广播中存在小区间 Qoffset）或者 0（系统广播中没有小区间 Qoffset）；对于异频重选，该参数等于“频率间 Qoffset+小区间 Qoffset”（系统广播中存在小区间 Qoffset）或者频率间 Qoffset（系统广播中没有小区间 Qoffset）。

对于优先级相同的频点，其重选中的排序过程与同频小区重选一致，即使用 R 准则。

（3）排队及选择过程中需要满足的约束条件

同频小区重选的对象可以是邻小区列表中的小区，也可以是重选过程中检测到的小区。排队及选择过程中需要满足以下约束条件：

① 新小区质量在排序中要比当前小区好的持续时间长于 Treselection；

② 如果终端处于非普通移动状态，需要考虑对参数 Treselection 与 Qhyst 进行缩放；

③ 终端驻留原小区时间超过 1s。

3．异频小区重选流程

在异频小区重选过程中，网络可以通过设置合理的优先级参数，来实现不同频点负载均衡的目的。异频小区重选包括下面几个主要步骤：

（1）测量

① 对于系统消息指出的优先级高于当前频率的频率，终端应该总是执行对它们的测量。

② 对于系统消息指出的优先级等于或低于当前频率的频率，终端的测量准则如下：如果服务小区的 S 值大于 Snonintrasearch，不执行测量；如果服务小区的 S 值小于或等于 Snonintrasearch，执行测量。

（2）优先级处理

终端可以通过广播消息获取频点的优先级信息（公共优先级），或者通过 RRC 连接释放消息获取频点的优先级信息（专用优先级）。如果提供了专用优先级，终端将忽略所有的公共优先级。如果系统信息中没有提供终端当前驻留小区的优先级信息，终端将把该小区所在频点优先级置为最低。终端只出现在系统信息中提供优先级的频点之间，按照优先级策略进行小区重选（尽量选择优先级高的频点）。

如果出现以下情况，终端将删除专用优先级：

① 终端进入连接状态；

② 专用优先级已经失效（超过了预先设定的时间）；

③ NAS 要求进行 PLMN 选择。

（3）小区重选准则

① 对于高优先级频率的小区重选，在满足以下条件后进行：高优先级频率小区的 S 值大于预设的门限，且持续时间超过 Treselection；终端驻留原小区时间超过 1 秒钟；如果最高优先级上多个相邻小区符合标准的话，选择最高优先级频率上的最优小区。

② 对于同等优先级频点/同频，采用同频小区重选的 R 准则。

③ 对于低优先级频率的小区重选，在满足以下条件后进行：没有高优先级频率的小区符合重选要求；没有同等优先级频率的小区重选要求；服务小区 S 值小于预设的门限，并且低优先级频率小区的 S 值大于预设的门限，且持续时间超过 Treselection；终端驻留原小区时间超过 1 秒钟；异频小区重选的对象可以是邻小区列表中的小区，也可以是小区重选过程中检测到的小区。

如果根据终端速度检测结果，终端处于非普通移动状态，在重选中应该使用经过缩放的参数 Treselection。

【想一想】

简述 LTE 系统中，同频小区重选和异频小区重选有哪些不同？

【技能实训】 解读小区重选相关参数

1．实训目标

（1）培养良好的职业道德与习惯，增强团队意识。

（2）能够利用路测系统后台进行参数分析。

2．实训设备

（1）安装有 LTE 路测系统前台的笔记本电脑一台、测试手机一台、测试系统前台加密狗一个。

（2）安装有 LTE 路测系统后台的计算机一台、测试系统后台加密狗一个。

3．实训步骤及注意事项

（1）将测试数据导入 LTE 路测系统后台。

（2）通过 LTE 路测系统后台解读系统消息中小区重选相关参数。

（3）进行相关截图，并撰写小区重选参数分析报告。

4．实训考核单

考核项目	考 核 内 容	所占比例	得分
实训态度	1. 积极参加技能实训操作； 2. 按照安全操作流程进行操作； 3. 纪律遵守情况	30%	
实训过程	1. 将测试数据导入 LTE 路测系统后台； 2. 解读系统消息中小区重选相关参数； 3. 进行相关截图和分析。	40%	
成果验收	1. 撰写小区重选参数分析报告	30%	
合计		100%	

任务 4　小区选择与重选优化案例

【工作任务单】

工作任务单名称	小区选择与重选优化案例	建议课时	2
工作任务内容： 1. 掌握小区选址问题产生的原因、问题分析的过程、解决方案； 2. 掌握小区重选问题产生的原因、问题分析的过程、解决方案； 3. 进行 LTE 系统小区选择与重选优化案例的收集和学习			
工作任务设计： 首先，教师引导，学生分组讨论案例 1 和案例 2； 其次，学生分组进行其他小区选择与重选问题优化案例的讨论			
建议教学方法	教师讲解、分组讨论、现场教学	教学地点	实训室

【案例 1】 ATTACH 问题优化案例

1．问题描述

在 2 月 28 日前零散出现因基站校准问题导致的 T300 超时无法接入现象；2 月 28 日下午

17 时针对科学城片区拉网测试过程中发现部分基站存在大量 T300 超时而无法接入切换问题，其中大部分基站重启后恢复正常；2 月 29 日在完成岭南学院片区 RF 优化调整后（约下午 15:00），外场人员知会项目组发现该片区大部分基站存在 T300 超时而无法接入问题，部分基站重启一次后恢复正常，部分基站通过重启多次恢复正常；大量 T300 超时导致无法接入的问题影响了优化的进度。如图 6-5 和图 6-6 所示。

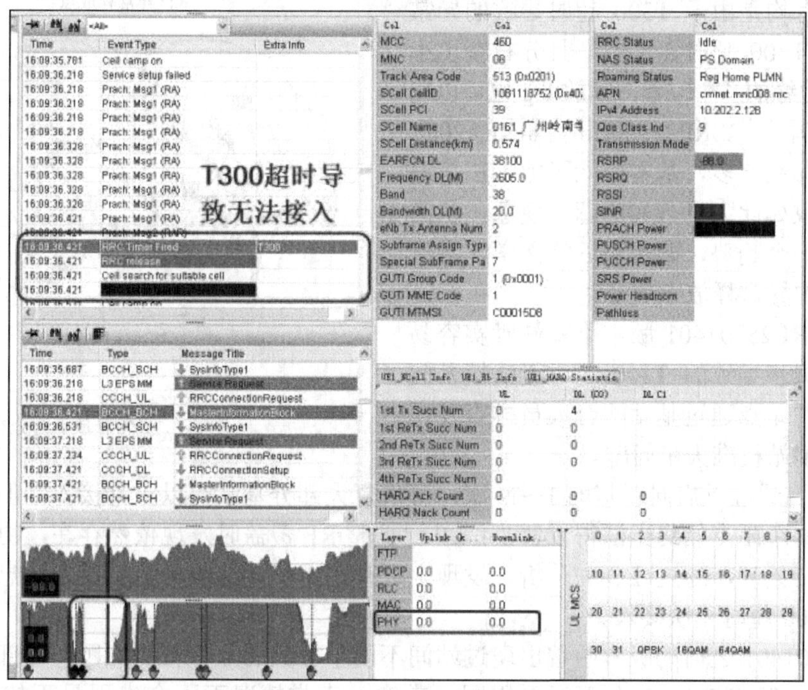

图 6-5　T300 超时引起的无法接入

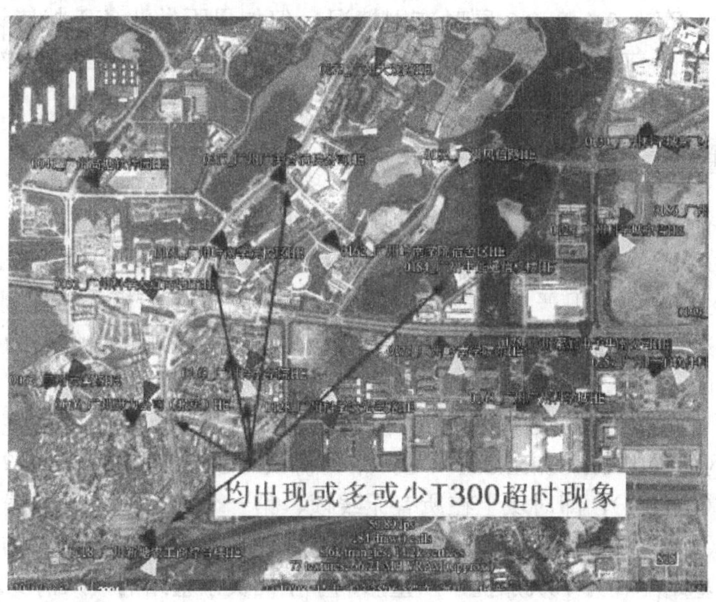

图 6-6　多个基站出现 T300 超时现象

2．问题分析

通常可能导致 T300 超时而引起无法接入的原因有：（1）UE 所处位置信道质量较差；（2）基站校准失步；（3）干扰（LTE 基站内互相干扰、外部干扰导致）。

如图 6-7 所示，图中红色 R 表示异常释放，几乎所有均是由于 T300 超时导致的异常释放；产生 T300 超时点过多，且分布在了小区从中心到边缘的各个位置，回放 log 也可以明显看出，及时在 RSRP<−90dBm，SINR>20dB 的区域依然存在许多，基本排除了因 UE 信道质量差而导致如此大量 T300 超时现象；从图中可以看出一个趋势，即越靠近岭南学院测试区域，产生的异常释放点越多。

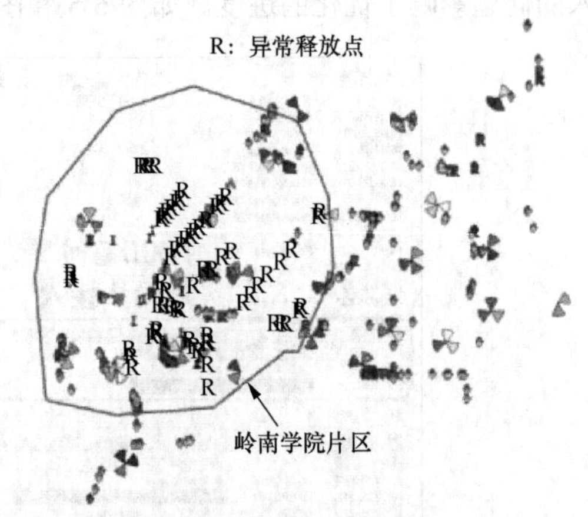

图 6-7　异常释放点的分布

（1）在 RL25 01401 版本下基站确实容易出现因校准失步导致的 T300 超时无法接入问题；出现问题站点通过基站配合人员排查发现基本未出现基站校准失步问题。

（2）28 日通过重启问题基站 1～N 次，可恢复大部分基站得以正常接入，但岭南学院校区、香满楼两个站点始终无法得以解决；29 日调整 RF 覆盖时发现依然存在，协调研发人员上站进行配合处理，通过 LOG 分析，发现上行存在干扰无法收到随机接入消息，而并非校准导致的 T300 超时无法接入。

（3）在 01401 之前的版本中曾出现过站间不同步导致的上行干扰问题；外部干扰也会导致类似问题，但 TD-LTE 上下行采用同一带宽，正常情况下不会出现只干扰上行不干扰下行的情况，且干扰水平必须很高（IOT>30dB），才可能导致 UE 无法接入情况；小区间帧配置不统一，存在 3:1 & 2:2 同时在网情况，但如果不做业务干扰应该不会太大且影响面不会太广，且当前优化每日均要求基站侧按照标准配置模板配置基站，不应出现该问题。

3．问题排查

（1）首先进行了外部干扰清频，通过扫频发现外场没有发现外部干扰；

（2）其次进行了内部干扰核查，通过对片区 24 个基站配置文件核查，发现主测基站“岭南学院宿舍区”配置出现严重问题：整个基站配置成为 3:1 模式，同周边其余基站 2:2 配置不同；该站第 1 和第 3 小区均配置成为了 70%加扰，这也可以解释为什么周边大量片区受到影响；经此，认定为参数配置问题导致难以接入。

（3）干扰原理分析如图 6-8 所示。① 全网默认配置为帧配置 1，干扰基站误配置为帧结构 2；② 全网配置 prachConfIndex = 3，依据协议 3GPP 36.211-910 5.7.1 节，2:2 配比 PRACH 发送在（0,0,0,1），即时域上在所有无线帧、第一个半帧、No 1（编号从 0 开始）号上行子帧发送；③从图 6-8 可见，干扰基站配置 2 下行干扰到了其余基站的上行 PRACH 发送位置；④干扰基站配置为 70%加扰，严重影响了全网其余基站的接入情况。

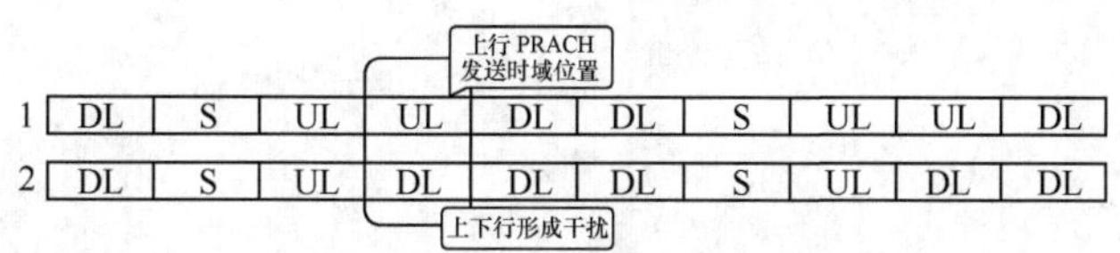

图 6-8　干扰原理分析

4．优化效果与经验总结

3 月 1 日修改后复测一切正常，问题未再出现。

【案例 2】 小区重选优化案例

1．问题描述

从建业路由南向北行驶，在空闲状态下，UE 占用优能科技 2（PCI：4）小区，行进到优能科技 1（PCI：3）小区覆盖路段，满足重选条件后，UE 却迟迟未重选到优能科技 1（PCI：3），随后却能成功地重选到附近的远见智能 2 小区（PCI：76），尝试多次优能科技 2 跟优能科技 1 小区的重选均未能成功，但 UE 在进行 FTP 业务时两小区间能正常切换。

2．问题分析

（1）在问题路段，优能科技 2 与优能科技 1 小区的重选带无线环境较好（RSRP 在-85dBm 以上，SINR 值在 5dB 以上），排除无线环境问题；

（2）做 FTP 业务时，优能科技 2 与优能科技 1 之间能正常切换说明邻区关系正常，UE 在 connect 状态下正常；

（3）优能科技 2 与优能科技 1 之间能正常切换，但不能正常重选，怀疑重选参数设置有问题，核查与重选有关的相关参数；

（4）最后发现同频小区黑名单范围参数设置为 n24，起始 PCI 为 0，这表示从 PCI 0 到 PCI 23，这 24 个小区之间是不能进行小区重选的，但是可以驻留和切换；

（5）由于优能科技 2（PCI：4）和优能科技 1（PCI：3）小区的 PCI 符合 BlackList 的条件，所以无法进行小区重选操作，而远见智能 2（PCI：76）不在黑名单范围，所以从 PCI 4 可以重选到 PCI 76，但是从 PCI 76 无法重选到 PCI 4。验证其他 PCI 在 0 到 23 之间的小区均无法进行重选。

3．优化措施

小区黑名单列表的设置主要是针对高话务小区或者问题小区而设置，避免占用该小区，可以起到均衡话务和避免占用问题小区的作用。建议删除小区黑名单列表（要删除小区黑名列表必须先关掉 SIB4）。

4．优化效果

删除同频小区黑名单列表后，优能科技 2 跟优能科技 1 小区之间的重选正常。验证其他小区均能重选成功，随后使用海思、创毅、中兴和三星不同终端进行相关业务验证，重选正常。

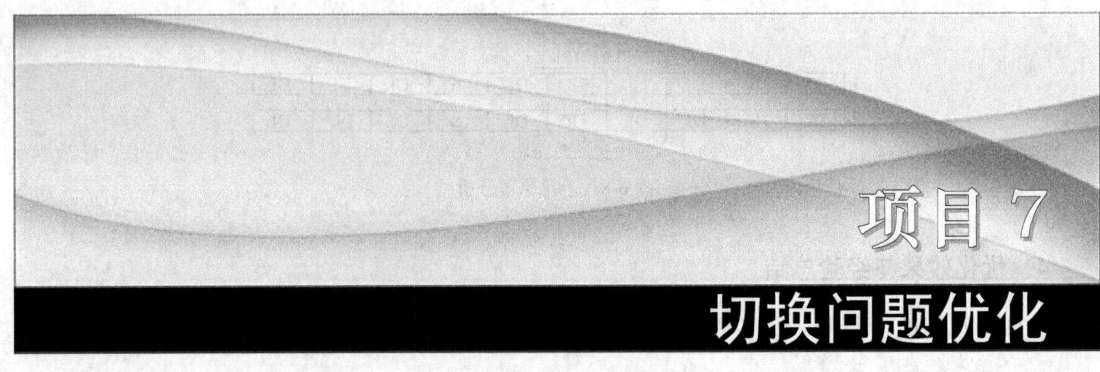

项目 7 切换问题优化

【知识目标】掌握 LTE 切换的流程、分类、信令流程；掌握重要的切换参数及取值含义；理解 LTE 优化切换的思路。理解并掌握邻区漏配、无线环境引起切换异常、上行失步引起掉话、不同厂商切换差异等相关知识点。

【技能目标】能对切换流程有清晰的认识；能够根据问题的现象描述，利用学习的切换知识分析问题出现的原因；通过案例的学习，能够分辨问题的类型，找到相应的解决方法调整网络解决问题。

任务 1 切换基本概念

【工作任务单】

工作任务单名称	切换的基本概念	建议课时	2
工作任务内容： 1. 掌握 LTE 切换流程； 2. 掌握 LTE 切换的分类； 3. 了解切换信令的流程			
工作任务设计： 首先，教师讲解 LTE 切换流程、切换分类、信令等重要知识点； 其次，学生组织讨论切换流程的特点、切换类型的区别、信令的记忆； 最后，分组通过 Internet 进行切换学习心得的资料查询与记录，加深对切换知识的理解			
建议教学方法	教师讲解、情景模拟、分组讨论	教学地点	实训室

【知识链接 1】 切换流程

切换流程如图 7-1 所示。

（1）测量控制

测量控制（Measurement Control），一般在初始接入或上一次切换命令中的重配消息里携带。

（2）测量报告

测量报告（Measurement Report），终端根据当前小区的测量控制信息，将符合切换门限的小区进行上报。

（3）切换请求

切换请求（HO Request），源小区在收到测量报告后向目标小区申请资源及配置信息

（站内切换的话为站内交互，站间切换会使用 X2 口或者 S1 口，优先使用 X2 口）。

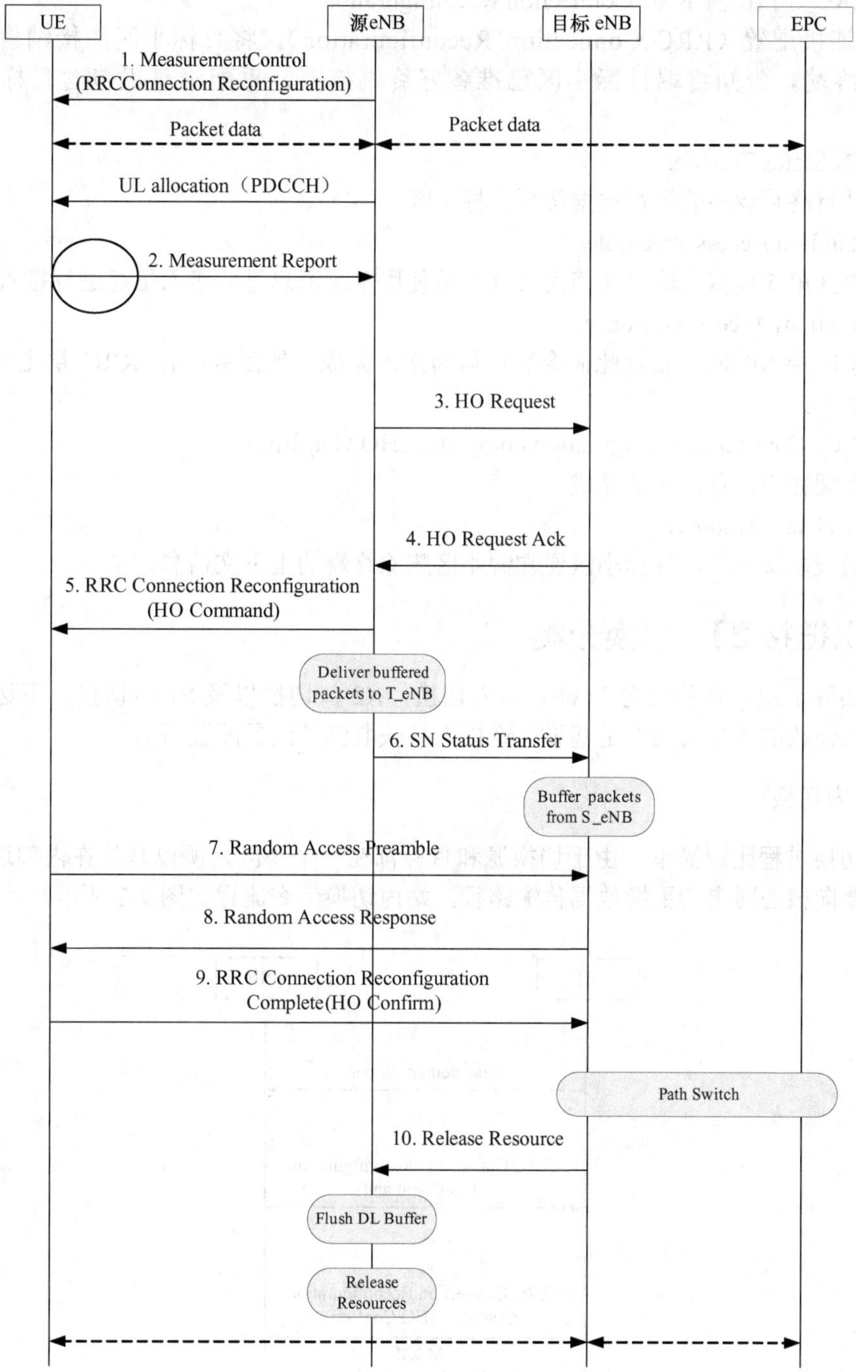

UE
源eNB
目标 eNB
EPC
1. MeasurementControl
(RRCConnection Reconfiguration)
Packet data
Packet data
UL allocation（PDCCH）
2. Measurement Report
3. HO Request
4. HO Request Ack
5. RRC Connection Reconfiguration
(HO Command)
Deliver buffered packets to T_eNB
6. SN Status Transfer
Buffer packets from S_eNB
7. Random Access Preamble
8. Random Access Response
9. RRC Connection Reconfiguration
Complete(HO Confirm)
Path Switch
10. Release Resource
Flush DL Buffer
Release Resources

图 7-1　切换流程图

（4）切换请求响应

切换请求响应（HO Request Ack），目标小区将终端的接纳信息以及其他配置信息反馈

给源小区。

（5）RRC 连接配置 RRC Connection Reconfiguration

RRC 连接配置（RRC Connection Reconfiguration），将目标小区的接纳信息及配置信息发给终端，告知终端目标小区已准备好终端接入，重配消息里包含目标小区的测量控制。

（6）SN Status Transfer

源小区将终端业务的缓存数据移至目标小区。

（7）Random Access Preamble

终端收到第 5 步重配消息（切换命令）后使用重配消息里的接入信息进行接入。

（8）Random Access Response

目标小区接入响应，收到此命令后可认为接入完成，然后终端在 RRC 层上发重配完成消息（第 9 步）。

（9）RRC Connect Reconfiguration complete（HO Confirm）

上报重配完成消息，切换完成。

（10）Release Resource

当终端成功接入后，目标小区通知源小区删除终端的上下文信息。

【知识链接 2】 切换分类

按照实际情况，切换可分为 eNb 站内切换，X2 口切换以及 S1 口切换，下边分别进行介绍（下面介绍的所有切换都是基于已经接入且获取到了测量配置后）。

1．站内切换

站内切换过程比较简单，由于切换源和目标都在一个小区，所以基站在内部进行判决，并且不需要向核心网申请更换数据传输路径。站内切换信令流程如图 7-2 所示。

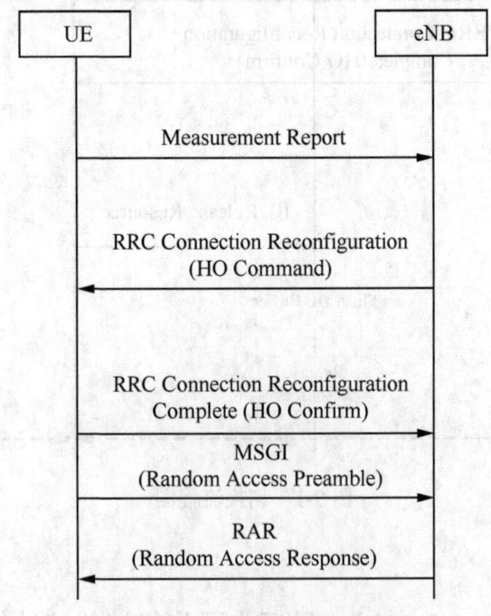

图 7-2　站内切换信令流程图

2．X2 口切换

用于建立 X2 口连接的邻区间切换，在接到测量报告后需要先通过 X2 口向目标小区发送切换申请（图 7-1 第 3 步），得到目标小区反馈后（图 7-1 第 4 步）才会向终端发送切换命令，并向目标侧发送带有数据包缓存、数据包缓存号等信息的 SNStatus Transfer 消息，待 UE 在目标小区接入后，目标小区会向核心网发送路径更换请求，目的是通知核心网将终端的业务转移到目标小区，X2 切换优先级大于 S1 切换。X2 口切换信令流程如图 7-3 所示。

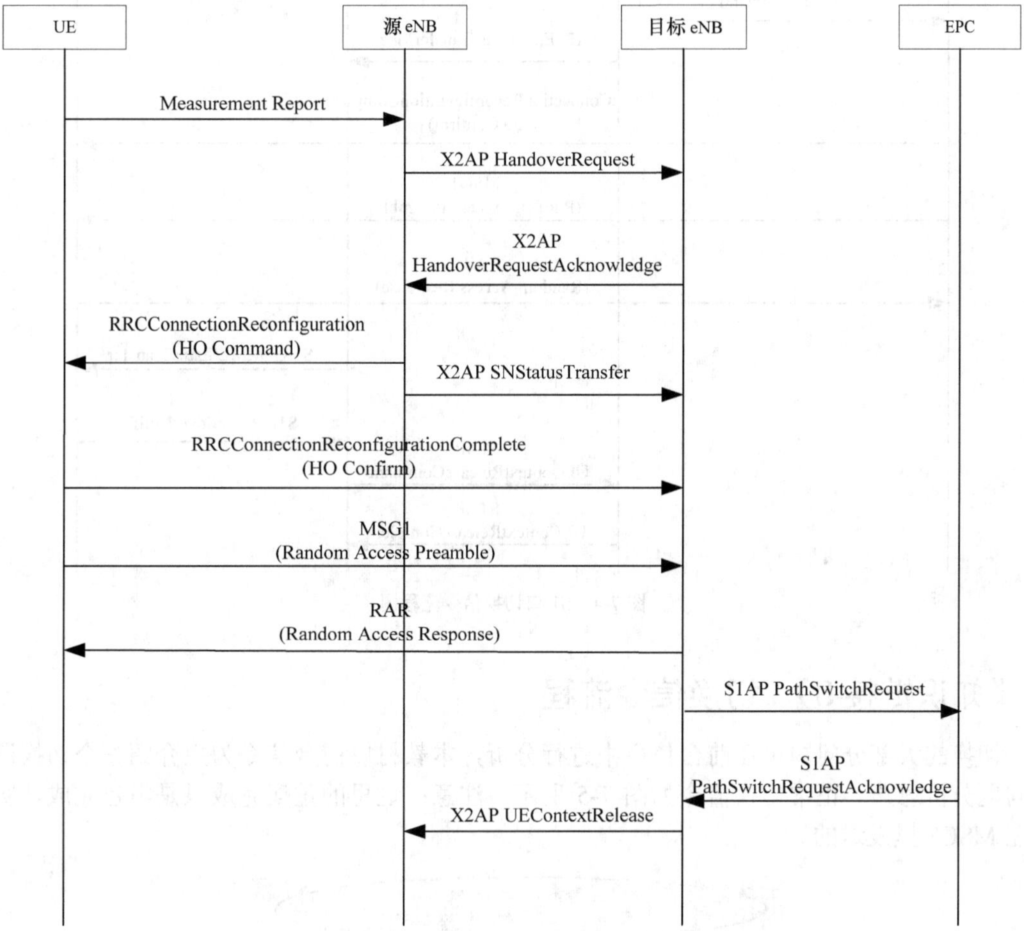

图 7-3　X2 口切换信令流程图

3．S1 口切换

S1 口发生在没有 X2 口且非站内切换的有邻区关系的小区之间，基本流程和 x2 口一致，但所有的站间交互信令都是通过核心网 S1 口转发，时延比 X2 口略大。S1 口切换信令流程如图 7-4 所示。

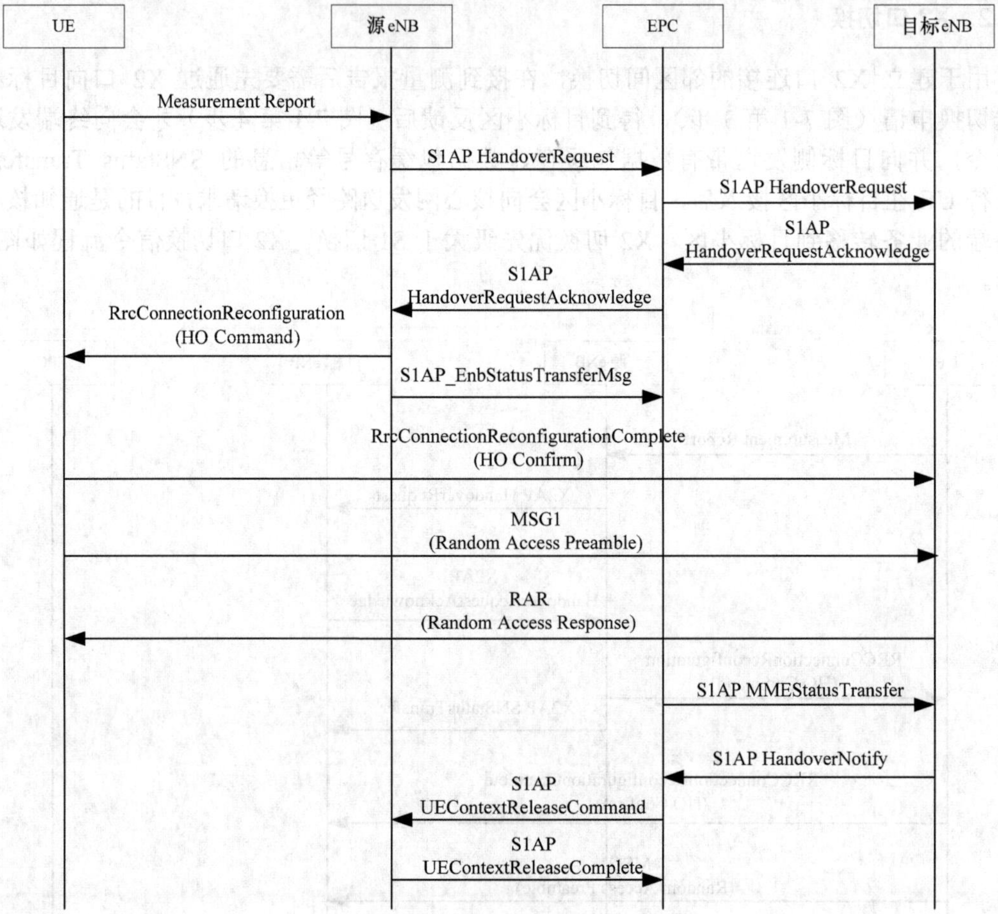

UE | 源 eNB | EPC | 目标 eNB

Measurement Report
S1AP HandoverRequest
S1AP HandoverRequest
S1AP
HandoverRequestAcknowledge
S1AP
HandoverRequestAcknowledge
RrcConnectionReconfiguration
(HO Command)
S1AP_EnbStatusTransferMsg
RrcConnectionReconfigurationComplete
(HO Confirm)
MSG1
(Random Access Preamble)
RAR
(Random Access Response)
S1AP MMEStatusTransfer
S1AP HandoverNotify
S1AP
UEContextReleaseCommand
S1AP
UEContextReleaseComplete

图 7-4　S1 口切换信令流程图

【知识链接 3】 切换信令流程

切换的大部分问题可在前台信令中进行分析，本教材以前台信令为主介绍整个切换流程及问题分析思路。正常切换信令如图 7-5 所示，注意：这里的重配完成只是组包完成，实际是在 MSG3 里发送的。

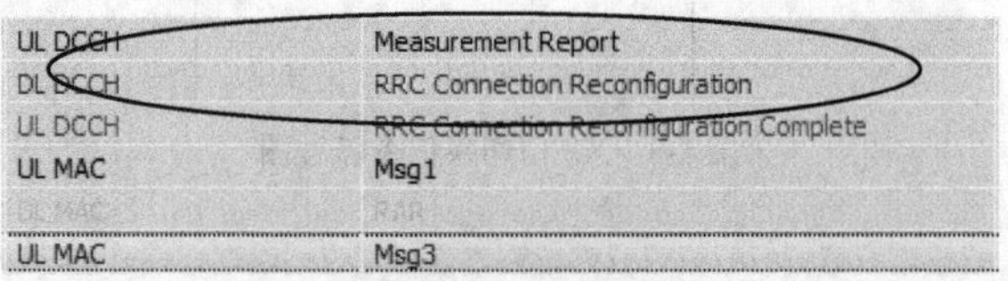

UL DCCH	Measurement Report
DL DCCH	RRC Connection Reconfiguration
UL DCCH	RRC Connection Reconfiguration Complete
UL MAC	Msg1
DL MAC	RAR
UL MAC	Msg3

图 7-5　正常切换信令

前台信令窗的交互过程主要是是图 7-1 里的 1、2、5、7、8、9 几步，现在来分别介绍。

1．测量控制

测量控制信息是通过重配消息里下发的，测量控制一般存在于初始接入时的重配消息和

切换命令中的重配消息中。重配消息中的测量控制（RRC CONNECT RECONFIGRATION）如图 7-6 所示。

测量控制信息包括邻区列表、事件判断门限、时延、上报间隔等信息。

2．测量报告

终端在服务小区下发的测量控制进行测量，将满足上报条件的小区上报给服务小区。

3．终端测量机制

首先了解终端是如何进行事件判断的，当前网络中采用的是 a3 事件，即目标小区信号质量高于本小区一个门限且维持一段时间就会触发。图 7-7 比较直观地介绍了这一个过程。

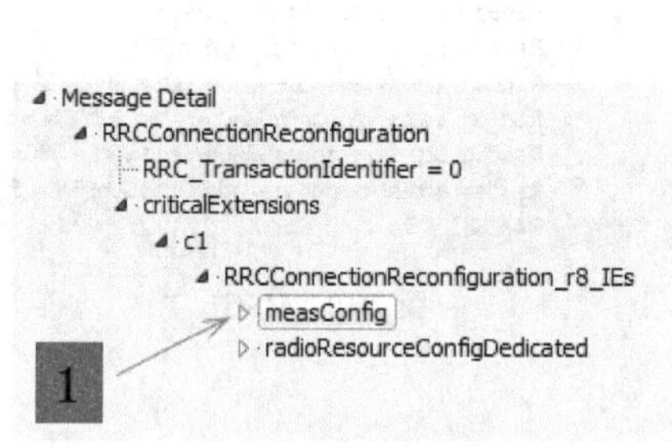

图 7-6　重配消息中的测量控制

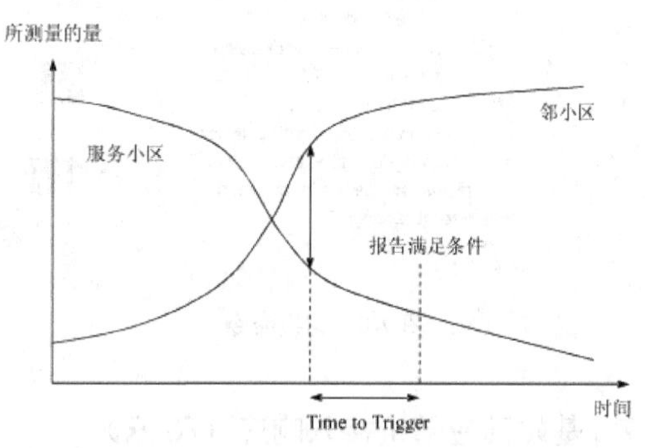

图 7-7　a3 事件报告示意图

终端在接入网络后会持续进行服务小区及邻区测量（邻区测量与传统意义上的邻区不同，是对整个同频网络中的小区进行测量，类似 Scanner 进行 TopN 扫频），当终端满足 Mn+Ofn+Ocn−Hys＞Ms+Ofs+Ocs+Off 且维持 Time to Trigger 个时段后上报测量报告。

测量报告内容包括：Mn，邻小区测量值；Ofn，邻小区频率偏移；Ocn，邻小区偏置；Hys，迟滞值；Ms，服务小区测量值；Ofs，服务小区频率偏移；Ocs，服务小区偏置；Off，偏置值。

4．测量报告

测量报告内容如图 7-8 所示。MeasResults：源小区测量值；MeasResultNeighCells：满足 a3 事件小区测量值。

测量报告会将满足事件的所有小区上报。需要注意的是 LTE 中终端上报的测量报告不一定是邻区配置里下发的邻区，目前网络暂不支持邻区自优化，故在分析问题时可以使用测量报告值及测量控制中的邻区信息来判断是否为漏配邻区。

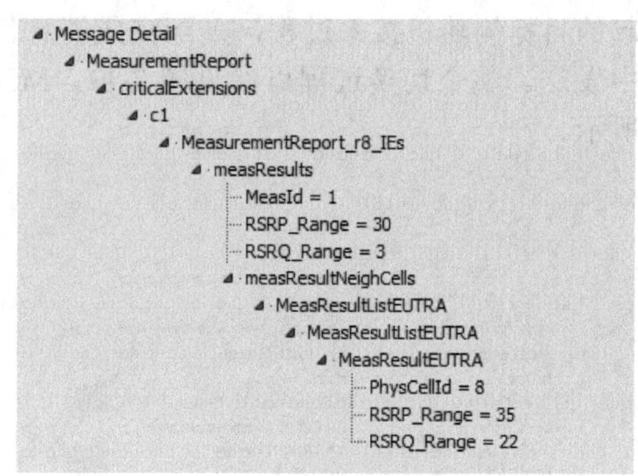

图 7-8　测量报告内容

5．切换命令

切换命令是指带有 mobility ControlInfo 的重配命令，mobility ControlInfo 里包含了目标

小区的 PCI 以及接入需要的所有配置。切换命令如图 7-9 所示，其中 1：切换命令；2：目标 PCI；3：T304 配置；4：C_RNTI；5：RACH 配置。

6．在目标小区随机接入

终端在目标小区使用源小区在切换命令中带的接入配置进行接入。MSG1 如图 7-10 所示。

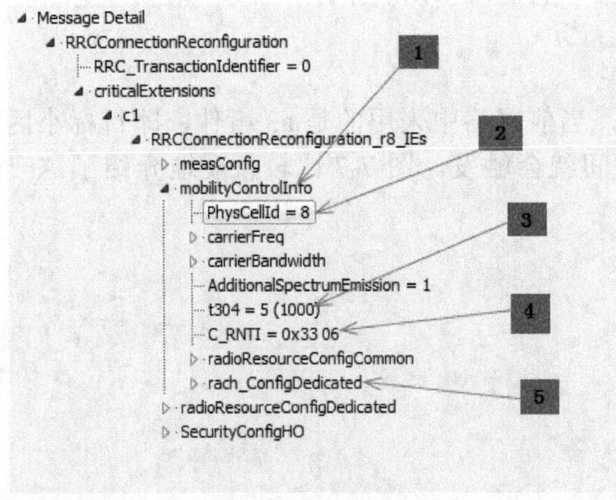

图 7-9　切换命令

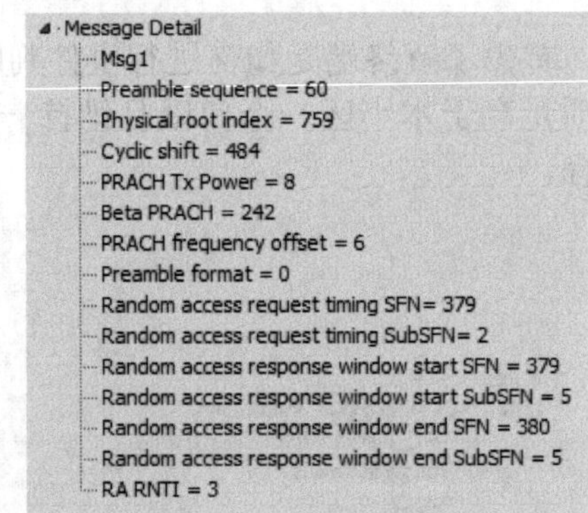

图 7-10　MSG1

7．基站回应随机接入响应（RAR）

目前切换都为非竞争切换，所以到这一步基本上就可以确认在目标小区成功接入。MSG2 如图 7-11 所示。

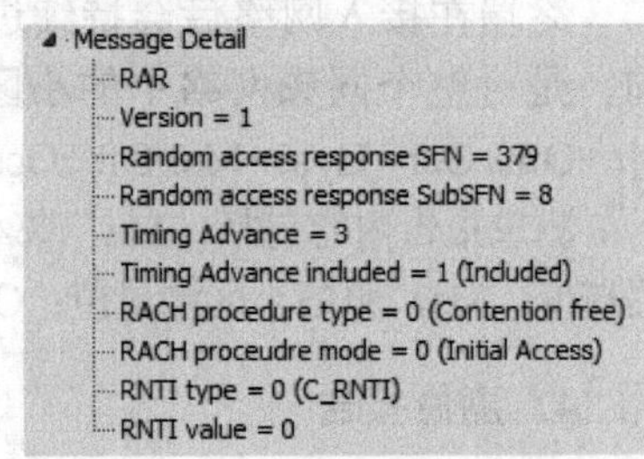

图 7-11　MSG2

8．终端反馈重配完成，切换结束

实际上重配完成消息在收到切换命令后就已经组包结束，在目标侧的随机接入可认为是由重配完成消息发起的目标侧随机接入过程，重配完成消息包含在 MSG3 中发送。整个切换过程可参见图 7-12，MSG3 如图 7-13 所示。

UL DCCH	RRC Connection Reconfiguration Complete
MAC Config	MAC RACH Trigger
UL MAC	Msg1
DL MAC	MAC DL Transport Block
DL PCFICH	LL1 PCFICH Decoding Result
MAC Config	MAC RACH Attempt
UL MAC	Msg1
DL PCFICH	LL1 PCFICH Decoding Result
DL PDSCH	LL1 PDSCH Demapper Configuration
DL PDCCH	LL1 PDCCH Decoding Result
DL MAC	RAR
MAC Config	MAC RACH Attempt
UL MAC	Msg3

图 7-12　切换执行过程

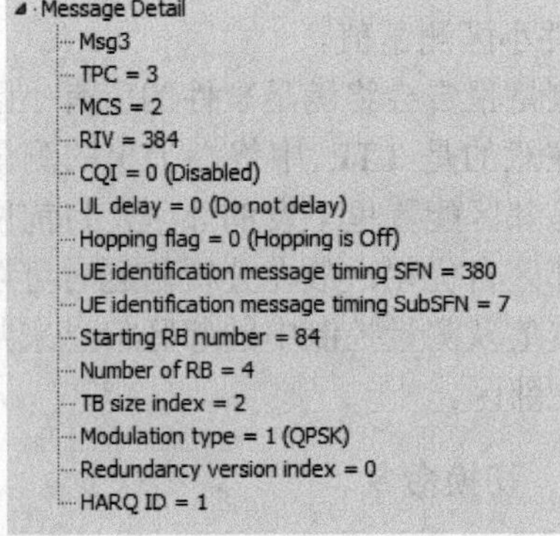

图 7-13　MSG3

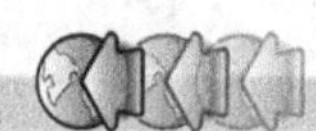

任务 2　LTE 切换相关参数及优化思路

【工作任务单】

工作任务单名称	LTE 切换相关参数及优化思路	建议课时	2
工作任务内容： 1. 掌握重要的 LTE 切换参数名称、取值及含义； 2. 理解 LTE 优化切换整体思路			
工作任务设计： 首先，教师讲解 LTE 切换重要参数的名称、功能、取值及含义知识点； 其次，情景模拟工程现场协调会，整理优化切换的整体思路； 最后，分组通过 Internet 进行现场工程项目切换优化专项优化项目资料收集和归纳			
建议教学方法	教师讲解、情景模拟、分组讨论	教学地点	实训室

【知识链接 1】 LTE 切换相关参数

1．小区参考信号功率

（1）基本信息

小区参考信号功率的基本信息见表 7-1 所示。

表 7-1　小区参考信号功率的基本信息

参数名称	取值范围	物理单位	调整步长
Cell-specific reference signals power	−60～50	dBm	0.1
缺省值	传送途径	作用范围	参数出处
9	ENB->UE	Cell	3GPP
设置途径			
OMCR 设置界面：服务小区配置>>Base Information>>Cell-specific reference signals power			

（2）参数功能描述

该参数指示了小区参考信号的功率（绝对值）。

小区参考信号用于小区搜索、下行信道估计、信道检测，直接影响到小区覆盖。该参数通过 SIB2 广播方式通知 UE，并在整个下行系统带宽和所有子帧中保持恒定，除非 SIB2 消息中有更新（如 RS 功率增强）。

（3）参数调整影响

下行信道的功率设定，均以参考信号功率为基准，因此参考信号功率的设定以及变更，影响到整个下行功率设定。RSRP 过大，会造成导频污染以及小区间干扰；过小会造成小区选择或重选不上，数据信道无法解调等。

2．中心 UE 的 PDCSH 与小区的 RS 的功率偏差

（1）基本信息

中心 UE 的 PDCSH 与小区 RS 功率偏差的基本信息见表 7-2 所示。

表 7-2　　中心 UEUPDCSH 与小区 RS 功率偏差的基本信息

参数名称	取值范围	物理单位	调整步长
The Offset Between PDSCH EPRE and Cell-specific RS EPRE (P_A_DTCH) of center user	−6, −4.77, −3, −1.77, 0, 1, 2, 3	dB	
缺省值	传送途径	作用范围	参数出处
−3	ENB->UE	Cell	3GPP
设置途径			
OMCR 设置界面：服务小区配置>>MAC ALG C >>The offset Between PDSCH EPRE and Cell-specifc RS EPRE(P_A_DTCH) of centre user			

（2）参数功能描述

表示某一 UE 的数据 RE（不含导频的 OFDM 符号内）功率与导频 RE 功率的比值。

3．小区选择所需要的最小接收水平

（1）基本信息

小区选择所需要的最小接收水平的基本信息见表 7-3 所示。

表 7-3　　小区选择所需要的最小接收水平的基本信息

参数名称	取值范围	物理单位	调整步长
Sel_Qrxlevmin	−140～−44	dBm	2
缺省值	传送途径	作用范围	参数出处
−130dBm	ENB->UE	Cell	3GPP
设置途径			
OMCR 设置界面：服务小区配置>>Cell Selection and Reselection >>Sel_Qrxlevmin			

（2）参数功能描述

Qrxlevmin 指示了小区满足选择和重选择条件的最小接收电平门限。被测小区的接收电平只有大于 Qrxlevmin 时，才满足小区选择的条件。

（3）参数调整影响

该参数的配置影响小区下行覆盖范围。

4．测量时的 RSRP 层 3 滤波系数

（1）基本信息

测量时的 RSRP 层 3 滤波系数的基本信息见表 7-4 所示。

表 7-4　　测量时的 RSRP 层 3 滤波系数的基本信息

参数名称	取值范围	物理单位	调整步长
Filter Coefficient for RSRP	0, 1, 2, 3, 4, 5, 6, 7, 8, 9, 11, 13, 15, 17, 19		
缺省值	传送途径	作用范围	参数出处
13	ENB->UE	Cell	3GPP
设置途径			
OMCR 设置界面：服务小区配置>>Parameters of Measurement Configuration >> Filter Coefficient for RSRP			

（2）参数功能描述

物理层上报的 RSRP 测量结果需要经过层 3 滤波以消除抖动，RRC 使用的结果都需要经过层 3 滤波后方可使用。滤波公式为 $F_n=(1-a)\cdot F_{n-1}+a\cdot M_n$，其中 $a=1/2(\mathrm{k}/4)$。

F_n 为更新后的滤波测量结果，F_n-1 为旧的滤波测量结果，M_n 为最新收到的来自物理层的测量结果。上式中的 k 即为层 3 滤波系数。

5．Event　Identity 事件标识

（1）基本信息

Event Identity 事件标识的基本信息见表 7-5 所示。

表 7-5　　Event Identity 事件标识的基本信息

参数名称	取值范围	物理单位	调整步长
Event Identity	A1, A2, A3,A4,A5		
缺省值	传送途径	作用范围	参数出处
测量量为 RSRP 的事件上报参数：A1, A2, A3,A4,A5 测量量为 RSRP 的周期上报参数：- 测量量为 RSRQ 的事件上报参数：A1, A2, A3,A4,A5 测量量为 RSRQ 的周期上报参数：-	ENB->UE	Cell	3GPP
设置途径			
OMCR 设置界面：Base Station Radio Resource Management>>Measurement Configuration >>IntraFreq Measurement for Handover>> Event Identity			

（2）功能参数描述

该参数指示了频内测量触发的事件标识，与测量量相关。

6．小区个体偏移

（1）基本信息

小区个体偏移的基本信息见表 7-6 所示。

表 7-6　　小区个体偏移的基本信息

参数名称	取值范围	物理单位	调整步长
Cell individual offset	−24～24	dB	1
缺省值	传送途径	作用范围	参数出处
0	ENB->UE	CELL	3GPP
设置途径			
OMCR 设置界面：服务小区配置>>ENodeB Neighbouring Relation >> Cell individual offset			

（2）功能参数描述

对每个被监视的小区，都用带内信令分配一个偏移，偏移可正可负。在 UE 评估是否一个事件已经发生之前，应将偏移加入到测量量中，从而影响测量报告触发的条件。

（3）参数调整影响

设置为正值，易切换到该小区；设置为负值，不易切换到该小区。

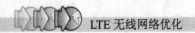

【知识链接 2】 Time to Trigger 触发事件

1. Time to Trigger 触发事件

（1）基本信息

Time to Trigger 触发事件的基本信息见表 7-7 所示。

表 7-7　Time to Trigger 触发事件的基本信息

参数名称	取值范围	物理单位	调整步长
Time to Trigger	0, 40, 64, 80, 100, 128, 160, 256, 320, 480, 512, 640, 1024, 1280, 2560, 5120	ms	
缺省值	传送途径	作用范围	参数出处
256	ENB->UE	eNb	3GPP
设置途径			
OMCR 设置界面：Base Station Radio Resource Management>>Measurement Configuration >>IntraFreq Measurement for Handover>> Time to Trigger			

（2）参数功能描述

该参数指示了监测到事件发生的时刻到事件上报的时刻之间的时间差。只有当事件被监测到且在该参数指示的触发时长内一直满足事件触发条件时，事件才被触发并上报。

Time to trigger 设置得越大，表明对事件触发的判决越严格，但需要根据实际的需要来设置此参数的长度，因为有时设置得太长会影响用户的通信质量。

2. Hysteresis 迟滞现象

（1）Hysteresis 迟滞现象的基本信息

Hysteresis 迟滞现象的基本信息见表 7-8 所示。

表 7-8　Hysteresis 迟滞现象的基本信息

参数名称	取值范围	物理单位	调整步长
Hysteresis	0, …, 15	dB	0.5
缺省值	传送途径	作用范围	参数出处
256	ENB->UE	Cell	3GPP
设置途径			
OMCR 设置界面：Base Station Radio Resource Management>>Measurement Configuration >>IntraFreq Measurement for Handover>> Hysteresis			

（2）参数功能描述

进行判决时迟滞范围，用于事件的判决。

3. 事件上报次数

（1）基本信息

事件上报次数的基本信息见表 7-9 所示。

表 7-9 事件上报次数的基本信息

参数名称	取值范围	物理单位	调整步长
Amount of Reporting for event	1, 2, 4, 8, 16, 32, 64, Infinity		
缺省值	传送途径	作用范围	参数出处
infinity	ENB->UE	Cell	3GPP
设置途径			
OMCR 设置界面：Base Station Radio Resource Management>>Measurement Configuration >>IntraFreq Measurement for Handover>> Amount of Reporting for event			

（2）参数功能描述

该参数指示了在触发事件后进行测量报告上报的最大次数。当事件触发后，UE 根据报告间隔上报测量结果，如果上报次数超过了该参数指示的值，则停止上报测量结果。

4．事件上报周期

（1）基本信息

事件上报周期的基本信息见表 7-10 所示。

表 7-10 事件上报周期的基本信息

参数名称	取值范围	物理单位	调整步长
Reporting Interval for Periodical	120, 240, 480, 640, 1024, 2048, 5120, 10240, 60000, 360000, 720000, 1800000, 3600000	ms	
缺省值	传送途径	作用范围	参数出处
1024	ENB->UE	Cell	3GPP
设置途径			
OMCR 设置界面：Base Station Radio Resource Management>>Measurement Configuration >>IntraFreq Measurement for Handover>> Reporting Interval for Periodical			

（2）参数功能描述

该参数指示了周期报告规则中周期报告的时间间隔。

5．事件上报周期

（1）基本信息

事件上报周期的基本信息见表 7-11 所示。

表 7-11 事件上报周期的基本信息

参数名称	取值范围	物理单位	调整步长
Reporting Interval for Periodical	120, 240, 480, 640, 1024, 2048, 5120, 10240, 60000, 360000, 720000, 1800000, 3600000	ms	
缺省值	传送途径	作用范围	参数出处
1024	ENB->UE	Cell	3GPP
设置途径			
OMCR 设置界面：Base Station Radio Resource Management>>Measurement Configuration >>IntraFreq Measurement for Handover>> Reporting Interval for Periodical			

（2）参数功能描述

该参数指示了周期报告规则中周期报告的时间间隔。

6. 最大上报小区

（1）基本信息

最大上报小区的基本信息见表 7-12 所示。

表 7-12　最大上报小区的基本信息

参数名称	取值范围	物理单位	调整步长
Maximum Cell Number reported	1, 2, …, 8		
缺省值	传送途径	作用范围	参数出处
8	ENB->UE	Cell	3GPP
设置途径			
OMCR 设置界面：Base Station Radio Resource Management>>Measurement Configuration >>IntraFreq Measurement for Handover>> Maximum Cell Number reported			

（2）参数功能描述

该参数指示了测量上报的最大小区数目。

【知识链接 3】 LTE 优化切换整体思路

所有的异常流程都首先需要检查基站、传输等状态是否异常，排查基站、传输等问题后再进行分析。

整个切换过程异常情况我们分为几个阶段：

（1）测量报告发送后是否收到切换命令；

（2）收到重配命令后是否成功在目标测发送 MSG1；

（3）成功发送 MSG1 之后是否正常收到 MSG2。

图 7-14 为切换问题整体过程流程图，在某一环节出现问题我们可查询相应处理流程进行排查。

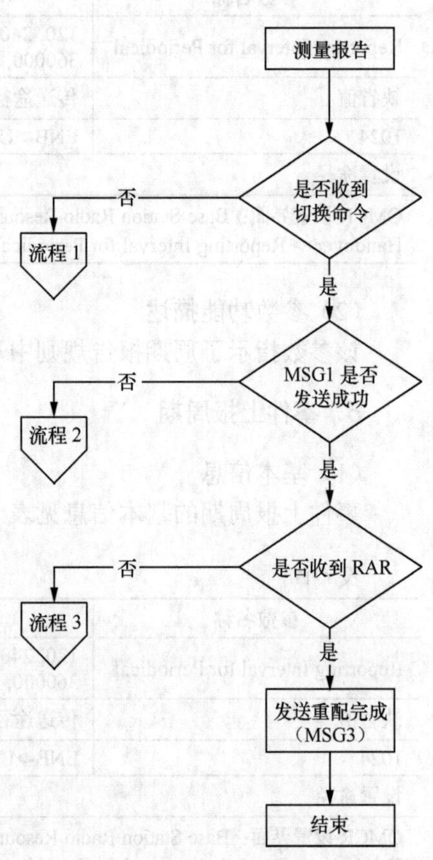

图 7-14　切换问题分析整体思路

1. 测量报告发送后未收到切换命令

这个情况是外场最常见问题，处理定位也比较复杂，分析流程见图 7-15 所示。

（1）基站未收到测量报告（可通过后台信令跟踪检查）

检查覆盖点是否合理，主要是检查测量报告点的 RSRP，SINR 等覆盖情况，确认终端是否在小区边缘，或存在上行功率受限情况（根据下行终端估计的路损判断）。如果确定是该情况，按照现场情况调整覆盖，及时切换参数，解决异常情况。

目前现场测试建议在切换点覆盖 RSRP 不要低于−120dBm，SINR 不要小于−5dB。

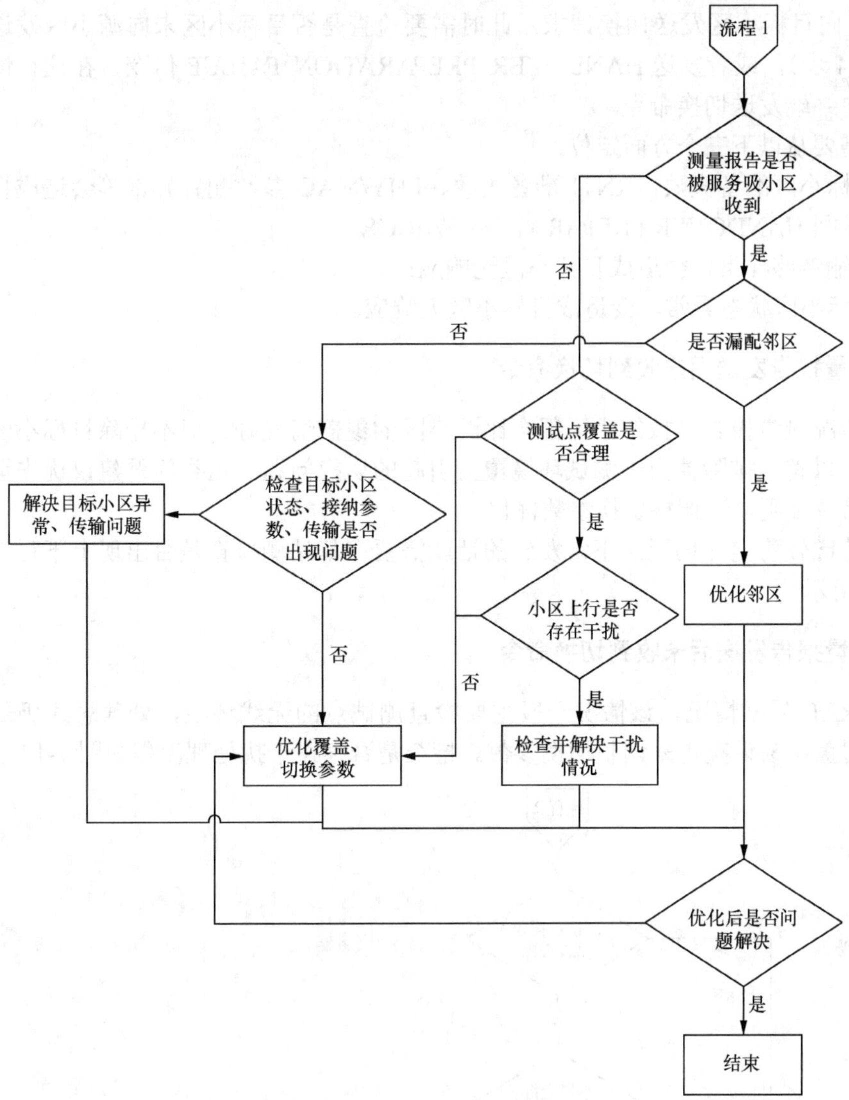

流程 1
测量报告是否被服务吸小区收到
是
否
是否漏配邻区
否
是
测试点覆盖是否合理
是
检查目标小区状态、接纳参数、传输是否出现问题
解决目标小区异常、传输问题
否
优化邻区
小区上行是否存在干扰
否
是
优化覆盖、切换参数
检查并解决干扰情况
优化后是否问题解决
是
结束

图 7-15　发送测量报告后未收到切换命令处理流程

检查是否存在上行干扰，可通过后台 MTS 查询，如在 20M 带宽下，基站接收无终端接入时接收的底噪约为−98dBm，如果在无用户时底噪过高则肯定存在上行干扰，上行干扰优先检查是否为邻近其他小区 GPS 失锁导致，当前版本暂不支持后台工具定位干扰源位置，只能将通过关闭干扰源附近站点，使用 Scanner 进行 CW 测试来排查。

（2）基站收到了测量报告（未向终端发送切换命令情况）

① 确认目标小区是否为漏配邻区，漏配邻区从后台比较容易看出来，直接观察后台信令跟踪中基站收到测量报告后是否向目标小区发送切换请求即可；漏配邻区也可在前台进行判断，首先检查测量报告中向源小区上报的 PCI，检查接入或切换至源小区时重配命令中的 MeasObjectToAddModList 字段中的邻区列表中是否存在终端测量报告携带的 PCI，如果确认为漏配邻区添加邻区关系即可。

② 在配置了邻区后若收到了测量报告，源基站会通过 X2 口或者 S1 口（若没有配置

X2 接口）向目标小区发送切换请求。此时需要检查是否目标小区未向源小区发送切换响应（图 7-1 第 4 步），或者发送 HANDOVER PREPARATION FAILUE 信令，在这种情况下源小区也不会向终端发送切换命令。

此时需要从以下三个方面定位：

a．目标小区准备失败，RNTI 准备失败、PHY/MAC 参数配置异常等会造成目标小区无法接纳而返回 HANDOVER PREPARATION FAILUE；

b．传输链路异常，会造成目标小区无响应；

c．目标小区状态异常，会造成目标小区无响应。

2．测量报告发送后未收到切换命令

正常情况测量报告上报的小区都会比源小区的覆盖情况好，但不排除目标小区覆盖陡变的情况，所以首先排除掉由于测试环境覆盖引起的切换问题。这类问题建议优先调整覆盖，若覆盖不易调整则通过调整切换参数优化。

当覆盖比较稳定却仍无法正常发送的话就需要在基站侧检查是否出现上下行干扰，流程如图 7-16 所示。

3．测量报告发送后未收到切换命令

接收 RAR 异常情况，该情况一般主要检查测试点的无线环境，处理思路仍是优先优化覆盖，若覆盖不易调整再来调整切换参数。检查是否存在干扰处理流程如图 7-17 所示。

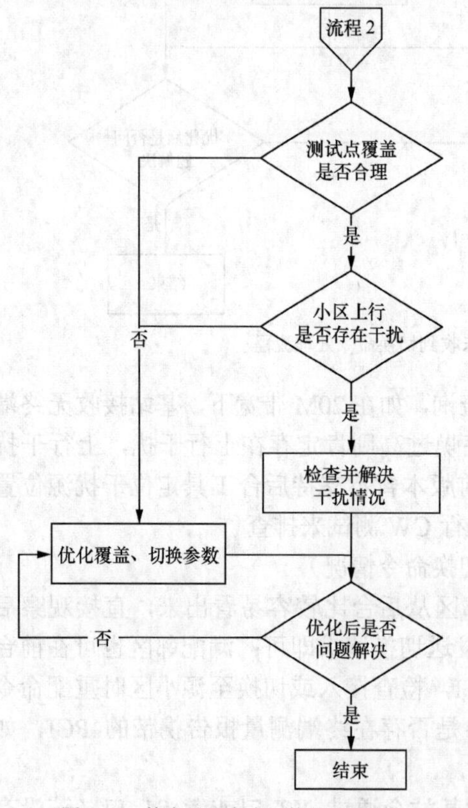

图 7-16　检查是否存在干扰处理流程

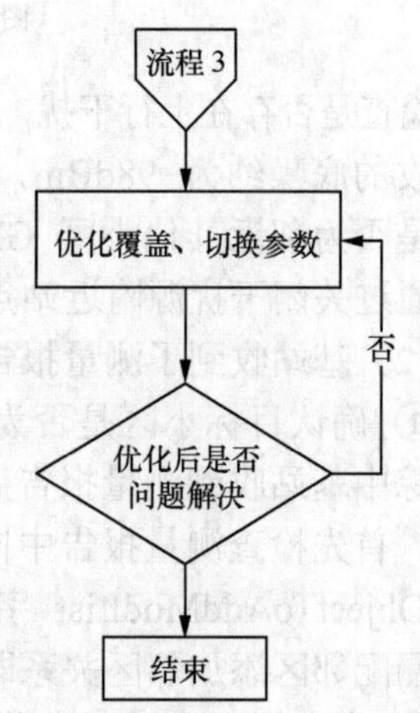

图 7-17　检查是否存在干扰处理流程

任务 3 切换问题案例分析

【工作任务单】

<table>
<tr><th>工作任务单名称</th><th>切换问题案例分析</th><th>建议课时</th><th>2</th></tr>
<tr><td colspan="4">工作任务内容：
1. 掌握邻区漏配引起的切换问题所产生的原因、问题分析的过程、解决方案；
2. 掌握无线环境引起切换异常问题所产生的原因、问题分析的过程、解决方案；
3. 掌握上行失步引起切换失败问题所产生的原因、问题分析的过程、解决方案；
4. 掌握不同厂商切换差异问题所产生的原因、问题分析的过程、解决方案</td></tr>
<tr><td colspan="4">工作任务设计：
首先，单个学生通过 Internet 对 LTE 切换问题的类型进行分类调查；
其次，分组进行资料归纳，总结 LTE 切换问题的特点及规律，能判断简单的切换问题；
最后，教师讲解各种切换问题出现的原因、分析过程、解决方案等知识点</td></tr>
<tr><td>建议教学方法</td><td>教师讲解、情景模拟、分组讨论</td><td>教学地点</td><td>实训室</td></tr>
</table>

【案例 1】 邻区漏配引起切换问题

1. 问题现象

漏配邻区一般可通过无线参数表结合测试数据检查，或者可以在后台直接通过信令跟踪确认收到测量报告后源小区是否向目标小区发生切换请求来确认，但某些场景下不易取得无线参数表，且无法进行后台信令跟踪，那么可以通过前台信令来分析得到。

LTE 网络在协议中是一个自优化的网络，终端上报测量报告中会按照 a3 事件判断原则进行上报，上报的小区不受测量控制中邻区影响，所以只需要将切换异常点的测量报告和当前服务小区的测量控制中的邻区进行对比就可得出是否为漏配邻区。

正常的流程终端在发送测量报告后基站会很快发送切换命令，但如果有漏配邻区，源小区就无法得知目标小区的基站信息，无法正常完成切换流程介绍中的（见图 7-1）中的第三步，故无法发送切换命令消息，此时由于终端仍在行进中，源小区信号越来越差，满足 a3 事件小区逐渐增加，触发新的测量报告，直到有邻接关系的小区出现，基站才能正常发送切换命令。

2. 问题分析

在某次路测中发现了一个切换问题，UE 通过上行链路发送多次测量消息之后基站才发送切换命令。如图 7-18 所示。

18:42:17:1...	0	0	UL DCCH	Measurement Report
18:42:33:8...	0	0	UL DCCH	Measurement Report
18:42:51:5...	0	0	UL DCCH	Measurement Report
18:42:59:9...	0	0	UL DCCH	Measurement Report
18:43:00:2...	0	0	DL DCCH	RRC Connection Reconfiguration

图 7-18 多次测量报告现象

查看测量消息的信令字段发现前三次测量报告目标 PCI 都是 28，前三次发起的测量消息与第一次发起的测量报告（见图 7-19）类似，PCI 相同，只是 RSRP 测量值的大小略有差异。

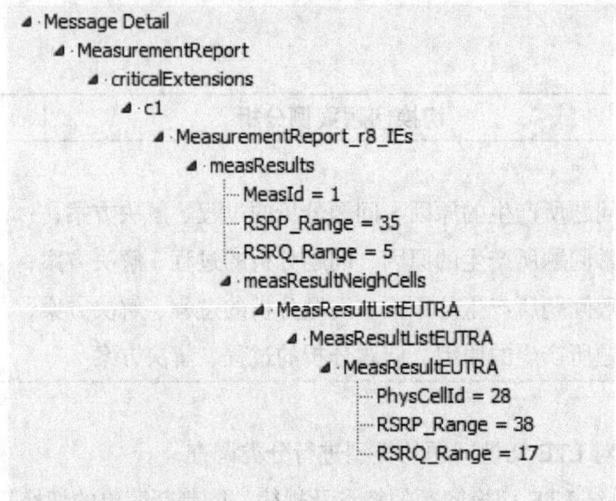

图 7-19　第一个测量报告内容

第四次测量报告（见图 7-20）中有 PCI28、19 两个小区。

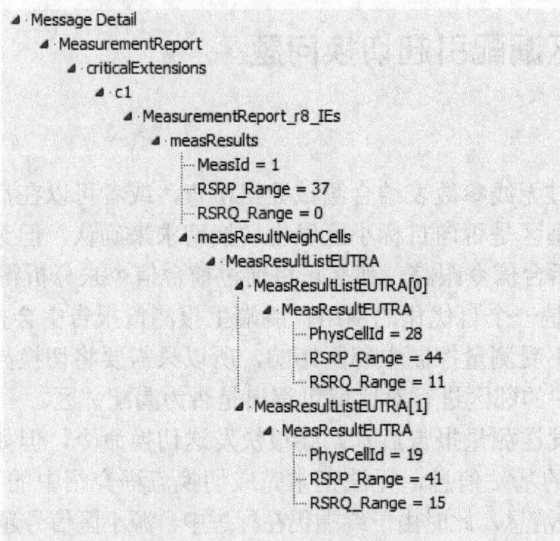

图 7-20　第四次测量报告内容

从测量值上看，28 比 19 高 3 个 dB，接着收到了切换命令，切换命令（见图 7-21）中的目标小区不是最高的 28 而是 19。此时即可初步怀疑 28 为漏配邻区（见图 7-22）。

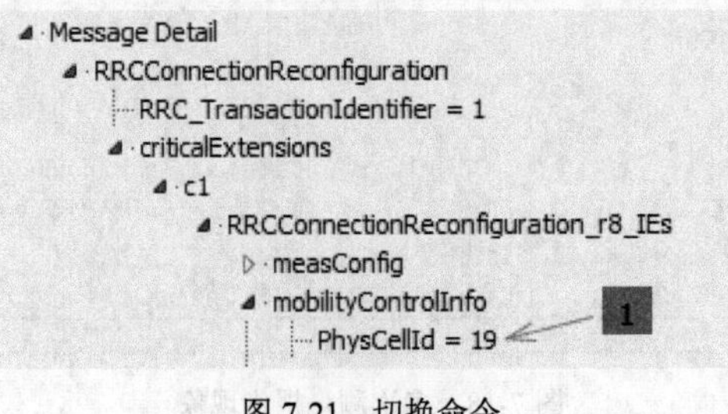

图 7-21　切换命令

```
Message Detail
  RRCConnectionReconfiguration
    RRC_TransactionIdentifier = 2
    criticalExtensions
      c1
        RRCConnectionReconfiguration_r8_IEs
          measConfig
            MeasObjectToRemoveList
            MeasObjectToAddModList
              MeasObjectToAddModList
                MeasObjectToAddMod
                  MeasObjectId = 1
                  measObject
                    measObjectEUTRA = false
                      ARFCN_ValueEUTRA = 40340
                      AllowedMeasBandwidth = 0 (mbw6)
                      NeighCellConfig = 0x40
                      Q_OffsetRange = 15 (0 dB)
                      CellsToAddModList
                        CellsToAddModList[0]
                          CellsToAddMod
                            cellIndex = 1
                            PhysCellId = 27
                            Q_OffsetRange = 15 (0 dB)
                        CellsToAddModList[1]
                          CellsToAddMod
                            cellIndex = 2
                            PhysCellId = 7
                            Q_OffsetRange = 15 (0 dB)
                        CellsToAddModList[2]
                          CellsToAddMod
                            cellIndex = 3
                            PhysCellId = 38
                            Q_OffsetRange = 15 (0 dB)
                        CellsToAddModList[3]
                          CellsToAddMod
                            cellIndex = 4
                            PhysCellId = 30
                            Q_OffsetRange = 15 (0 dB)
                        CellsToAddModList[4]
                          CellsToAddMod
                            cellIndex = 5
                            PhysCellId = 26
                            Q_OffsetRange = 15 (0 dB)
                        CellsToAddModList[5]
                          CellsToAddMod
                            cellIndex = 6
                            PhysCellId = 46
                            Q_OffsetRange = 15 (0 dB)
                        CellsToAddModList[6]
                          CellsToAddMod
                            cellIndex = 7
                            PhysCellId = 8
                            Q_OffsetRange = 15 (0 dB)
                        CellsToAddModList[7]
                          CellsToAddMod
                            cellIndex = 8
                            PhysCellId = 17
                            Q_OffsetRange = 15 (0 dB)
                        CellsToAddModList[8]
                          CellsToAddMod
                            cellIndex = 9
                            PhysCellId = 4
                            Q_OffsetRange = 15 (0 dB)
                        CellsToAddModList[9]
                          CellsToAddMod
                            cellIndex = 10
                            PhysCellId = 18
                            Q_OffsetRange = 15 (0 dB)
                        CellsToAddModList[10]
                          CellsToAddMod
                            cellIndex = 11
                            PhysCellId = 25
                            Q_OffsetRange = 15 (0 dB)
                        CellsToAddModList[11]
                          CellsToAddMod
                            cellIndex = 12
                            PhysCellId = 32
                            Q_OffsetRange = 15 (0 dB)
                        CellsToAddModList[12]
                          CellsToAddMod
                            cellIndex = 13
                            PhysCellId = 15
                            Q_OffsetRange = 15 (0 dB)
                        CellsToAddModList[13]
                          CellsToAddMod
                            cellIndex = 14
                            PhysCellId = 19
                            Q_OffsetRange = 15 (0 dB)
              1         CellsToAddModList[14]
                          CellsToAddMod
                            cellIndex = 15
                            PhysCellId = 20
                            Q_OffsetRange = 15 (0 dB)
            ReportConfigToRemoveList
            ReportConfigToAddModList
            MeasIdToAddModList
            quantityConfig
            RSRP_Range = 0
            speedStatePars
          mobilityControlInfo
          radioResourceConfigDedicated
          SecurityConfigHO
```

图 7-22　源小区测量控制信息

【案例 2】 无线环境引起切换异常

以站点 GPS 异常引起的其他站点小区上行干扰严重导致的切换成功率差情况为案例，整个处理思路可用来定位上行干扰问题。

1．问题现象

在测试福冈网络指标摸底阶段中，经常出现接入不成功，切换后异常掉话现象，这种现象表现无一定规律，有时成功有时失败。测试掉话点分布如图 7-23 所示。

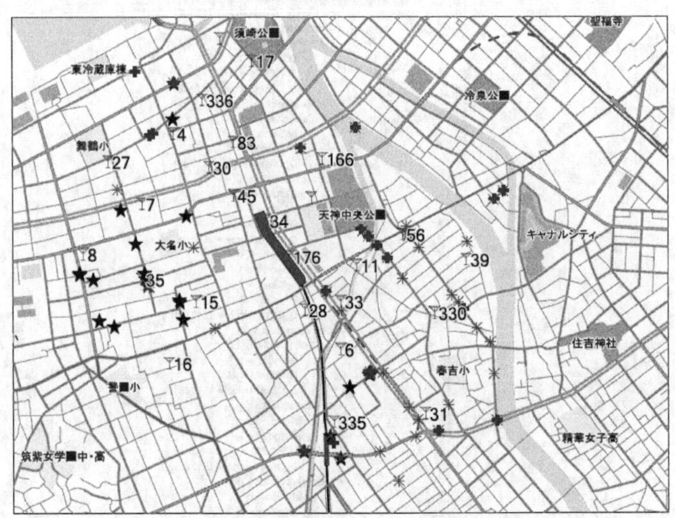

图 7-23　测试掉话点分布图

通过掉话点分布，可以看到掉话点基本在东南边。本次路测的指标结果统计如表 7-13 所示。

表 7-13　本次路测的指标结果统计表

序号	KPI 类型	KPI 类型（英文名称）	成功次数	尝试次数	比例
1	随机接入成功率	Random Access Success	207	215	96.28 %
2	RRC 连接成功率	RRC Connect Success	38	41	92.68 %
3	初始接入成功率	Initial Access Success	0	0	0.00 %
4	E-RAB 连接成功率	E-RAB Connect Success	44	44	100.00 %
5	掉话率	Call Drop	26	44	59.09 %
6	切换成功率	HO Success	106	130	81.54 %

从统计指标看到掉话率高、切换成功率差。

2．问题分析

针对该问题，挑选了部分小区定点做了测试，发现定点拨测中始终连接不到网络，高通终端状态指示灯一会儿红色（异常）一会儿绿色，同时 UE 也无法接入。UE 的测试表现如图 7-24 所示。

Num	SignalName	Direc...	MSGType	ChannelID	FN	SubFN	Length	Tim
36	ShortBufferStatusReport	Up	MAC_Msg	00011101	520	7	1	2011
37	ShortBufferStatusReport	Up	MAC_Msg	00011101	532	7	1	2011
38	RRCConnectionRelease	Down	RRC_Msg	00000001	536	1	2	2011
39	ATTACH_REQ	Up	NAS_Msg	00000001	524	9	25	2011
40	RRCConnectionRequest	Up	RRC_Msg	00000000	524	9	6	2011
41	MSG1	Up	MAC_Msg	00100001	527	2	1	2011
42	MSG1	Up	MAC_Msg	00100001	529	2	1	2011
43	MSG1	Up	MAC_Msg	00100001	531	2	1	2011
44	MSG1	Up	MAC_Msg	00100001	533	2	1	2011
45	MSG1	Up	MAC_Msg	00100001	535	2	1	2011
46	MSG1	Up	MAC_Msg	00100001	537	2	1	2011
47	MSG1	Up	MAC_Msg	00100001	539	2	1	2011
48	MSG1	Up	MAC_Msg	00100001	541	2	1	2011
49	MSG1	Up	MAC_Msg	00100001	543	2	1	2011
50	MSG1	Up	MAC_Msg	00100001	545	2	1	2011
51	MSG1	Up	MAC_Msg	00100001	547	2	1	2011
52	MSG1	Up	MAC_Msg	00100001	549	2	1	2011
53	MSG1	Up	MAC_Msg	00100001	551	2	1	2011
54	MSG1	Up	MAC_Msg	00100001	553	2	1	2011
55	MSG1	Up	MAC_Msg	00100001	555	2	1	2011
56	MSG1	Up	MAC_Msg	00100001	557	2	1	2011
57	MSG1	Up	MAC_Msg	00100001	559	2	1	2011
58	MSG1	Up	MAC_Msg	00100001	561	2	1	2011
59	MSG1	Up	MAC_Msg	00100001	563	2	1	2011
60	RAR	Down	MAC_Msg	00100010	563	8	27	2011
61	MSG3	Up	MAC_Msg	00100011	564	7	22	2011
62	MSG4	Down	MAC_Msg	00100100	566	5	61	2011
63	RRCConnectionSetup	Down	RRC_Msg	00000000	566	5	30	2011
64	RRCConnectionSetupComplete	Up	RRC_Msg	00000001	567	0	28	2011
65	ShortBufferStatusReport	Up	MAC_Msg	00011101	582	7	1	2011
66	ShortBufferStatusReport	Up	MAC_Msg	00011101	642	7	1	2011
67	RRCConnectionRelease	Down	RRC_Msg	00000001	665	9	2	2011
68	ATTACH_REQ	Up	NAS_Msg	00000001	655	2	25	2011
69	RRCConnectionRequest	Up	RRC_Msg	00000000	655	2	6	2011

图 7-24　UE 的测试表现

UE 不断尝试接入，始终无法成功，从 RRC 请求到最后 RRC 释放，频繁出现。高通终端表现同样如此，如图 7-25 所示，一直在 IDLE、CONNECTED 之前乒乓，无法正常接入。

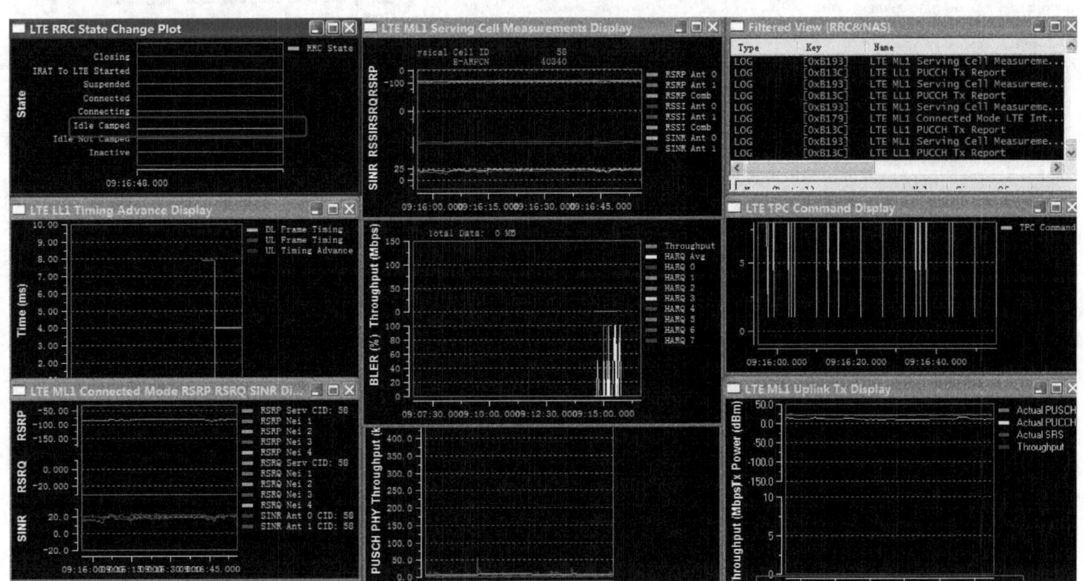

图 7-25　高通终端的测试表现

查看当时测试 LOG，在服务小区出现 RRC 重建后被拒绝，如图 7-26 所示。

通过高通分析软件 QCAT 查看掉话过程及重建过程。看到 UE 原因为 UL_DATA 后 DCI0 未达（见图 7-27），SR 达到最大次数，触发 MSG1，由于 MSG1 无法到达网络侧，不

断重发 8 次后失败，后触发重建。

1492	11:50:25:878	10:50:12:688	0	0	DL DCCH	RRC Connection Reconfiguration
1558	11:50:37:928	10:50:24:748	0	0	DL DCCH	RRC Connection Reconfiguration
1585	11:50:41:968	10:50:28:783	0	0	DL DCCH	RRC Connection Reconfiguration
1697	11:50:58:008	10:50:44:784	666	5	BCCH DL SCH	System Information Block Type1
1705	11:50:58:008	10:50:44:795	0	0	UL CCCH	RRC Connection Reestablishment Request
1724	11:50:58:208	10:50:44:979	686	0	DL CCCH	RRC Connection Reestablishment Reject
1738	11:50:58:408	10:50:45:204	708	5	BCCH DL SCH	System Information Block Type1

图 7-26　在服务小区出现 RRC 重建后被拒绝

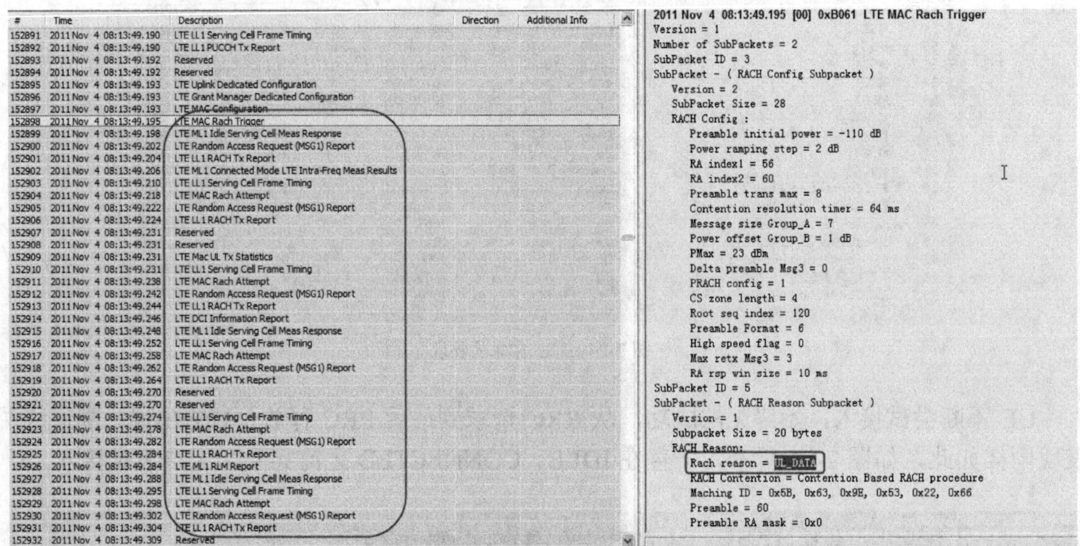

图 7-27　UE 原因为 UL_DATA

为了验证问题是否有规律性，对站点进行定点测试，测试区域如图 7-28 所示。

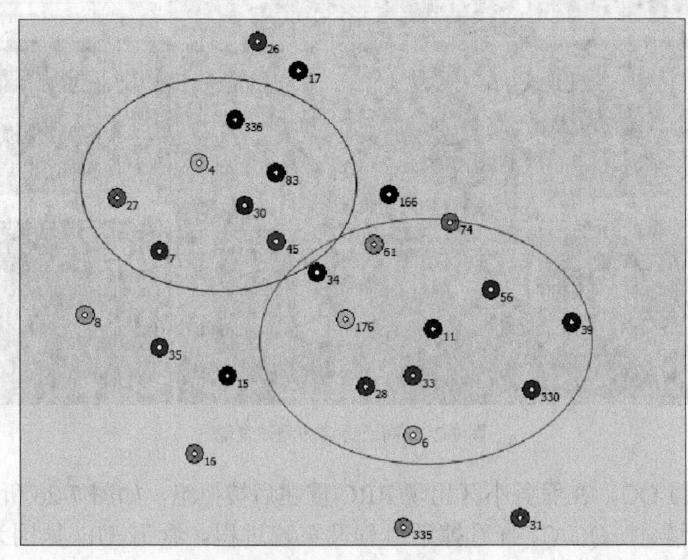

图 7-28　上行干扰问题验证

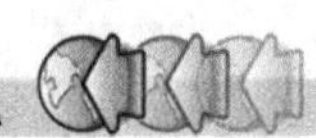

蓝色的小区随机接入和切换成功率比较高，而红色区域一些站点接入较困难，切换测试 RRC 重配后无果，随后触发重建后又被拒，后再次接入失败。

经过上述分析，初步怀疑可能是干扰导致上行数据异常造成。目前福冈站点分别是采取 GC 局的形式，一个 BBU 下挂几个 RRU 做为站点，且日本是全向站，站点分布如图 7-29 所示。

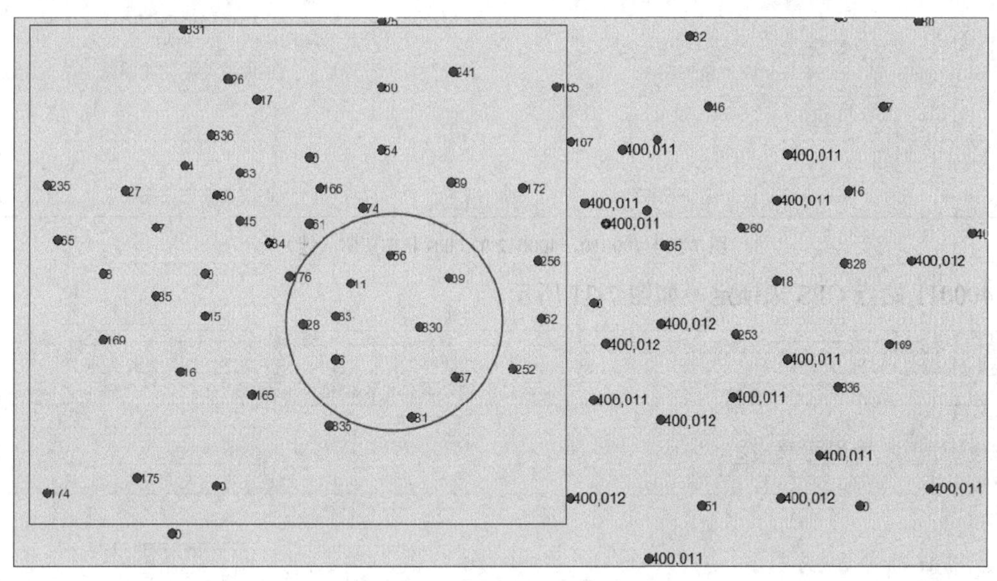

图 7-29　上行干扰引起的集中掉话区域

图 7-29 中红色区域是掉话集中区域，目前测试阶段为初期性能摸底阶段，因此测试只是围绕 Ref 区域进行（图中蓝色方框内）。后查看掉话点与 BBUID 关系，发现有一定联系，非掉话区域隶属于 BBUID=400010，越靠近掉话区域的隶属于 BBUID=400011、400012 的 BBU 下挂小区。因此怀疑可能 BBUID 为 400010 与 400011、400012 某些关联问题导致。

根据上述分析查看后台设备告警，首先查看 GPS 状态，发现 400010 和 400012 站点正常，400011 站点 GPS 未锁定。400010、400012 的 GPS 状态正常，如图 7-30 所示。

MML Terminal

Command Process

OPERATE OMCSUBNETID=40,OMCENODEBID=400010,CONFSETID=2,EQUIPMENTID=1,BYCLOCKID=3 Successfully

No.	SubNetwork ID	ManagedElement ID	External Clock Source ID	GpsStatus	Longitude	Latitude	Altitude	Gps Fix Type	Gps Antenna Feeding Line Status	Gps Time
1	40	400010	Main RGPS	normal	130.4175(degree)	33.5914(degree)	9085(cm)	Time only fix	Normal	2011-11-11 1:13:54

Rows: 1

Command Execute Result | Help | History Command | Upload Message

Code: QRY GPS　Execute(F5)　<<　>>　Find(F3)

*SubNetwork ID: 40　*ManagedElement ID: 400010

*External Clock Source ID: 3(Main RGPS)

图 7-30　400010、400012 的 GPS 状态正常

图 7-30　400010、400012 的 GPS 状态正常（续）

400011 站点 GPS 未锁定，如图 7-31 所示。

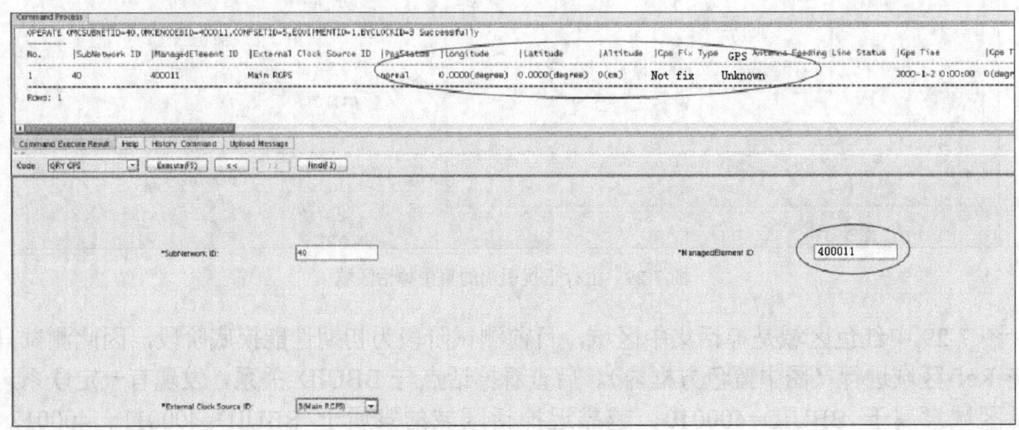

图 7-31　异常 GPS 后台查询图形

看站点分别 400011、400012 插花式分布，集中在一起，400011 无 GPS 锁星，那么可能导致其下挂的小区对周边小区造成 GPS 干扰，造成其他小区上行接入失败。后对接入切换不成功的小区提取 MTS 跟踪上行接收功率数据，发现基站侧接收功率普遍抬高（普通应该在-96～99dbm 左右），评价在-80dbm 左右，显然明显受到上行干扰。干扰情况如表 7-14 所示。

表 7-14　干扰指标

GPStime	RxPow0(dBm)	RxPow1	RxPow2	RxPow3	TxDPow0(dBm)	TxDPow1	TxDPow2	TxDPow3
2011-11-11 11:02:02:74	-84.6	-81.55	-88.1	-84.13	37.17	37.02	37.78	37.21
2011-11-11 11:02:08:75	-84.6	-81.55	-88.1	-84.13	37.17	37.02	37.78	37.21
2011-11-11 11:02:15:45	-84.18	-81.51	-88.1	-84.13	37.13	37.16	37.78	37.21
2011-11-11 11:02:21:35	-84.18	-81.51	-88.1	-84.13	37.13	37.16	37.78	37.21
2011-11-11 11:02:27:34	-84.18	-81.51	-88.1	-84.13	37.13	37.16	37.78	37.21
2011-11-11 11:02:33:96	-84.62	-81.51	-88.1	-84.15	37.3	37.16	37.78	37.11
2011-11-11 11:02:39:95	-84.62	-81.51	-88.1	-84.15	37.3	37.16	37.78	37.11
2011-11-11 11:02:46:61	-84.62	-81.53	-80.87	-84.11	37.3	37.21	37.79	36.99
2011-11-11 11:02:52:56	-84.62	-81.53	-80.87	-84.11	37.3	37.21	37.79	36.99
2011-11-11 11:02:58:57	-84.62	-81.53	-80.87	-84.11	37.3	37.21	37.79	36.99
2011-11-11 11:03:05:15	-84.62	-81.53	-80.3	-83.41	37.3	37.21	38.09	37
2011-11-11 11:03:11:15	-84.62	-81.53	-80.3	-83.41	37.3	37.21	38.09	37
2011-11-11 11:03:17:78	-84.6	-81.53	-80.3	-83.69	37.15	37.21	38.09	37.18
2011-11-11 11:03:23:75	-84.6	-81.53	-80.3	-83.69	37.15	37.21	38.09	37.18

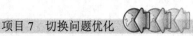

基站侧接收到的 RxPow0～3 都很高，上行干扰严重。

经过上述逐步分析，大体推断出问题可能是由于 BBUID=400011 的 GPS 失星造成对别的小区干扰。后经过后台配合查看，400010、400012 当天的 GPS 状态正常，无任何问题，但是 400011 的 BBU 根本没有对 GPS 上电，但电波信号确已发送，造成对周边小区干扰。后把 400011 所属的所有小区闭塞后测试，发现还有 400010 的一些小区接入切换不成功，提取上行接收功率，仍然存在一定干扰。

对福冈下挂的 BBU 连接各个小区的接入方式进行分析发现：目前日本福冈采用 GC 局方式，一个 BBU 统一管理下挂的所有小区，而每个 BBU 共享一个 GPS 信号源，发现 400012 下的站点共享 GPS 虽然已上电，可是会出现偶然性的 GPS 失星，这个也是造成 400012 下的另外一些离 400010 站点比较近的小区受到干扰，因此把 400011、400012 的 2 个 BBU 下挂的所有站点闭塞，后再次测试，问题消失，400010 下的所有小区接入切换均成功，问题得以解决。

3．解决方案及验证

对福冈下挂的 BBU 连接各个小区的接入方式进行分析发现：目前日本福冈采用 GC 局方式，一个 BBU 统一管理下挂的所有小区，而每个 BBU 共享一个 GPS 信号源，发现 400012 下的站点共享 GPS 虽然已上电，可是会出现偶然性的 GPS 失星，这个也是造成 400012 下的另外一些离 400010 站点比较近的小区受到干扰，因此把 400011、400012 的 2 个 BBU 下挂的所有站点闭塞，后再次测试，问题消失，400010 下的所有小区接入切换均成功，问题得以解决。

4．问题总结

根据上述的分析得知，如果 GPS 一旦出现异常，那么对周边站点的干扰是比较严重的。对于没有接通 GPS 的情况要坚决不能开通释放电波。对于偶然存在 GPS 失星的情况要通过参数来控制其对别的站点干扰，目前后台有关于 GPS 失星后的控制方案，其中包含 2 个参数：A.GPS 同步保持开/关；B.GPS 同步保持时间门限 1～4 小时。

具体配置在 EMS-eNodeB 节点配置表，第一个参数必须配置为开，再设置保持时间，默认是 1 小时。参数网管截图如图 7-32 所示。

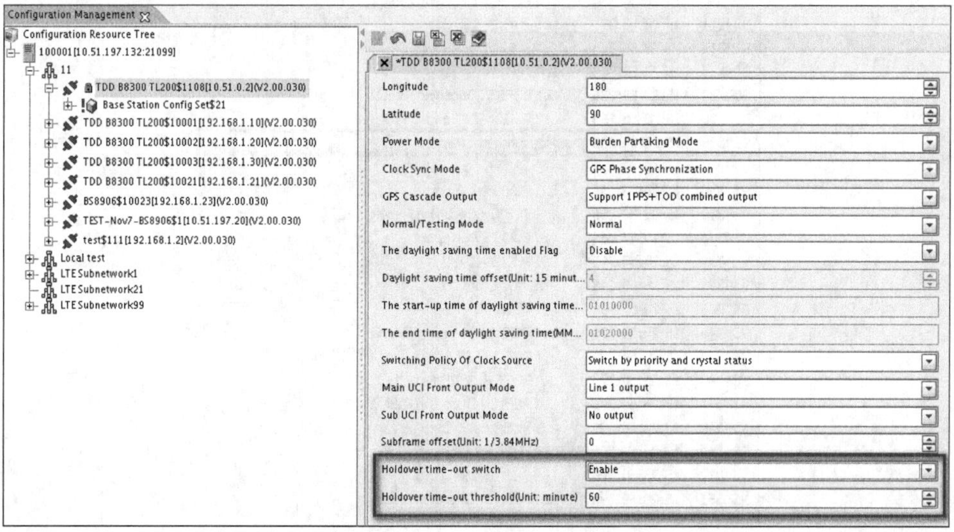

图 7-32　GPS 失步闭塞小区配置

开关状态为 enable，时间默认为 1 小时：表示开关打开，基站在 1 小时内，GPS 没有同步则关闭小区；

开关状态为 disable，时间默认为 1 小时：表示开关关闭，小区状态不受 GPS 是否同步影响，始终保持正常建立状态。

【案例 3】 上行失步引起切换失败

1．问题描述

在一次测试过程中发现终端在行至蓝框所在位置后请求重建，但重建立被拒，如图 7-33 所示。

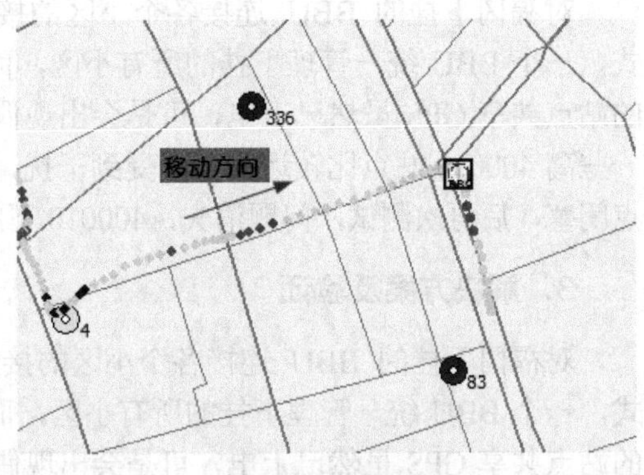

图 7-33 问题现象

2．问题分析

首先检查信令，在重建立之前发送了两次测量报告，但没有收到切换命令，导致终端失步，重建立被拒，如图 7-34 所示。

打开诊断信令，发现终端在发送测量报告前终端在通过发送 SR 申请调度了，但一直没有收到 PDCCH 反馈调度信息，即 SR 申请失败。如图 7-35 所示。

680491	15:26:36:109	5	BCCH DL SCH	System Information Block Type1
934336	15:28:50:265	0	UL DCCH	Measurement Report
934392	15:28:50:609	0	UL DCCH	Measurement Report
934426	15:28:50:906	5	BCCH DL SCH	System Information Block Type1
934431	15:28:50:906	0	BCCH DL SCH	System Information
934439	15:28:50:906	0	UL CCCH	RRC Connection Reestablishment Request
934452	15:28:50:921	0	DL CCCH	RRC Connection Reestablishment Reject

图 7-34 在重建立之前发送了两次测量报告

934329	15:28:50:265	LL1 PUCCH Tx Report
934330	15:28:50:265	LL1 PCFICH Decoding Result
934331	15:28:50:265	LL1 PUCCH CSF Log
934332	15:28:50:265	LL1 PUCCH Tx Report
934333	15:28:50:265	LL1 PUCCH CSF Log
934334	15:28:50:265	LL1 PCFICH Decoding Result
934335	15:28:50:265	LL1 PUCCH Tx Report
934336	15:28:50:265	Measurement Report
934337	15:28:50:265	ML1 DCI Information Report
934338	15:28:50:265	LL1 PUCCH CSF Log
934339	15:28:50:265	LL1 PCFICH Decoding Result
934340	15:28:50:265	LL1 PUCCH Tx Report
934341	15:28:50:265	LL1 PUCCH CSF Log
934342	15:28:50:296	PDCP UL Statistics
934343	15:28:50:296	LL1 PUCCH Tx Report
934344	15:28:50:296	LL1 PCFICH Decoding Result
934345	15:28:50:296	LL1 PUCCH CSF Log
934346	15:28:50:296	LL1 PUCCH Tx Report
934347	15:28:50:296	LL1 PCFICH Decoding Result
934348	15:28:50:296	LL1 PUCCH CSF Log
934349	15:28:50:390	LL1 PUCCH Tx Report
934350	15:28:50:390	LL1 PUCCH CSF Log
934351	15:28:50:390	LL1 PCFICH Decoding Result
934352	15:28:50:390	LL1 PUCCH Tx Report

图 7-35 SR 申请失败

直到 SR 发送最大次数后，在源小区发起了随机接入，查询 MAC RACH Trigger 信令，发送随机接入的原因值为 UL data arrival，即 SR 申请失败，MR 未发送成功，为了恢复上行链路发起的随机接入。如图 7-36 所示。

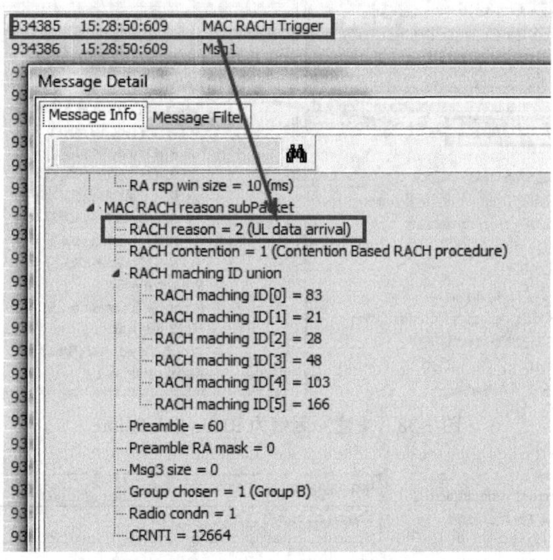

图 7-36　发送随机接入的原因值为 UL data arrival

整个随机接入过程在源小区发送 msg1 都未收到 RAR，如图 7-37 所示。

934386	15:28:50:609	Msg1
934387	15:28:50:609	LL1 PUCCH Tx Report
934388	15:28:50:609	ML1 Radio Link Monitoring
934389	15:28:50:609	MAC RACH Attempt
934390	15:28:50:609	Msg1
934391	15:28:50:609	LL1 PCFICH Decoding Result
934392	15:28:50:609	Measurement Report
934393	15:28:50:609	MAC RACH Attempt
934394	15:28:50:609	Msg1
934395	15:28:50:609	MAC RACH Attempt
934396	15:28:50:609	Msg1
934397	15:28:50:609	LL1 PCFICH Decoding Result
934398	15:28:50:609	MAC RACH Attempt
934399	15:28:50:609	Msg1
934400	15:28:50:609	LL1 PCFICH Decoding Result
934401	15:28:50:609	MAC RACH Attempt
934402	15:28:50:609	Msg1
934403	15:28:50:656	MAC RACH Attempt
934404	15:28:50:656	Msg1
934405	15:28:50:656	LL1 PCFICH Decoding Result
934406	15:28:50:656	MAC RACH Attempt
934407	15:28:50:656	Msg1
934408	15:28:50:656	MAC RACH Attempt
934409	15:28:50:656	MAC RACH Attempt
934410	15:28:50:656	Msg1
934411	15:28:50:656	LL1 PCFICH Decoding Result

图 7-37　发送 msg1 后一直未收到 RAR

当 MSG1 发送最大次数后，即在源小区恢复上行链路失败，进入重建流程，重建原因值为 Radio link failure，如图 7-38 所示。

但重建需要小区选择，选择的小区没有终端上下文信息，重建被拒，导致掉话。如图 7-39 所示。

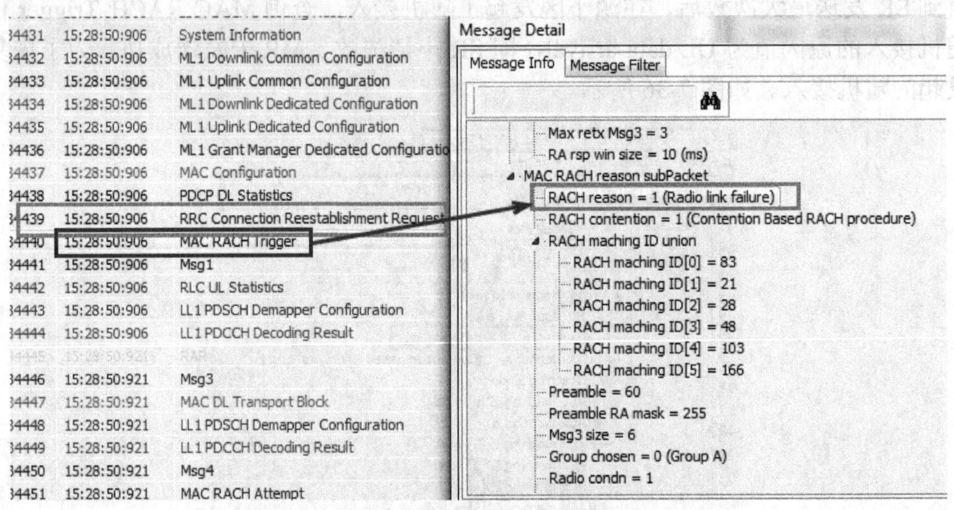

图 7-38　重建原因值为 Radio link failure

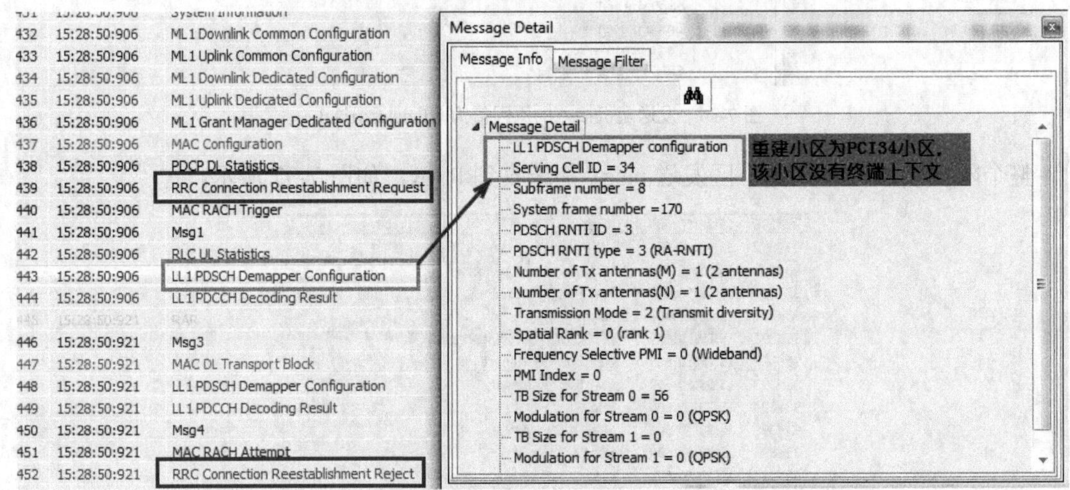

图 7-39　重选的小区没有终端上下文信息

3．解决方案及验证

UL data arrival 问题一般出现在源小区弱场，若是切换带可以通过提前切换到其他信号质量较好小区解决。

如图 7-40 所示。查询问题点 RSRP 变化情况，发现源小区在很短的时间内强度陡降，邻区则是短时间陡升的情况，此时调整小区个体偏移效果不明显，故减小当前网络 Time to trigger。

当前网络配置 time to trigger 为 320ms，尝试修改为 256ms，缩短 A3 事件判决时间，修改后经多次测试，问题解决，如图 7-41 所示。

4．问题总结

从诊断信令中可以看到比较详细的高通内部信令，通过信令的解析可以定位大部分常见问题，在解决问题时需要灵活根据现场情况进行参数调整，达到优化目的。

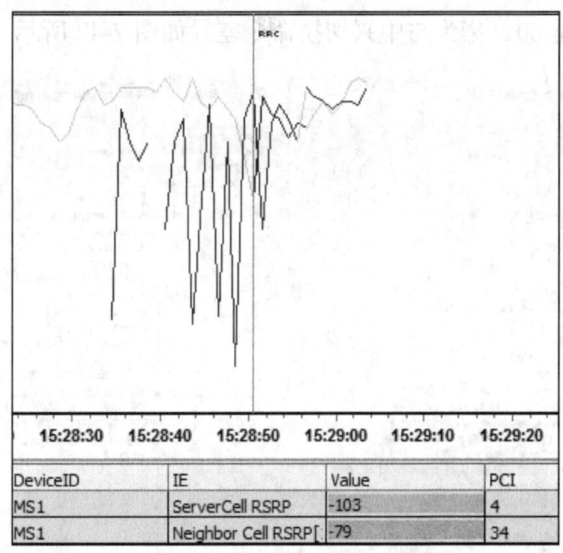

图 7-40　查询问题点 RSRP 变化情况

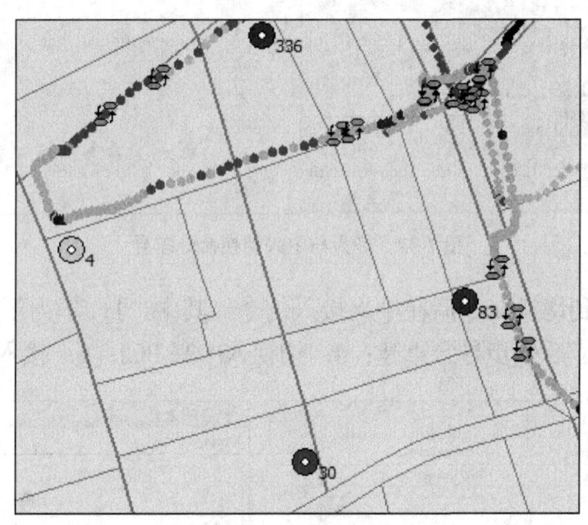

图 7-41　问题解决

【案例 4】 不同厂商切换差异

1. 问题描述

在对 FT 区域边界进行路测时发现大量的切换失败情况，前台信令现象都是在 FT 网络下发送测量报告未发送切换命令，导致切换失败。或者在未知 PCI 下（查询华为网络确认为华为站点）在收到切换命令后无法在中兴小区接入。

2. 问题分析

测试中发现华为给中兴切换命令的重配消息中所携带的 preamble ID 为 63，中兴在切换中实现方式是 60～63 按顺序发送，即在目前单用户切换时目标小区通过源小区对 UE 提供

的 preamble ID 一般都是 60。华为与中兴切换命令差异如图 7-42 所示。

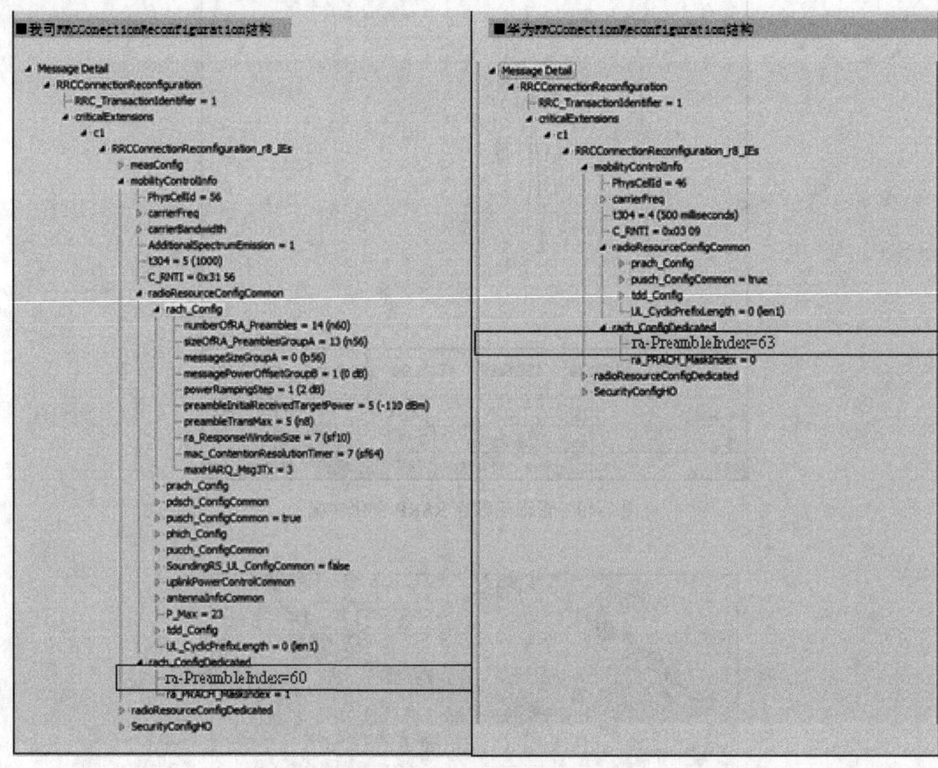

图 7-42　华为与中兴切换命令差异

如图 7-43 所示，收到切换命令后在中兴接入信令。其中，1：华为下发的切换命令；2：中兴小区接入；3：接入无响应后失步导致重建；4：切换入中兴 PCI；5：接入时使用的 PreambleID。

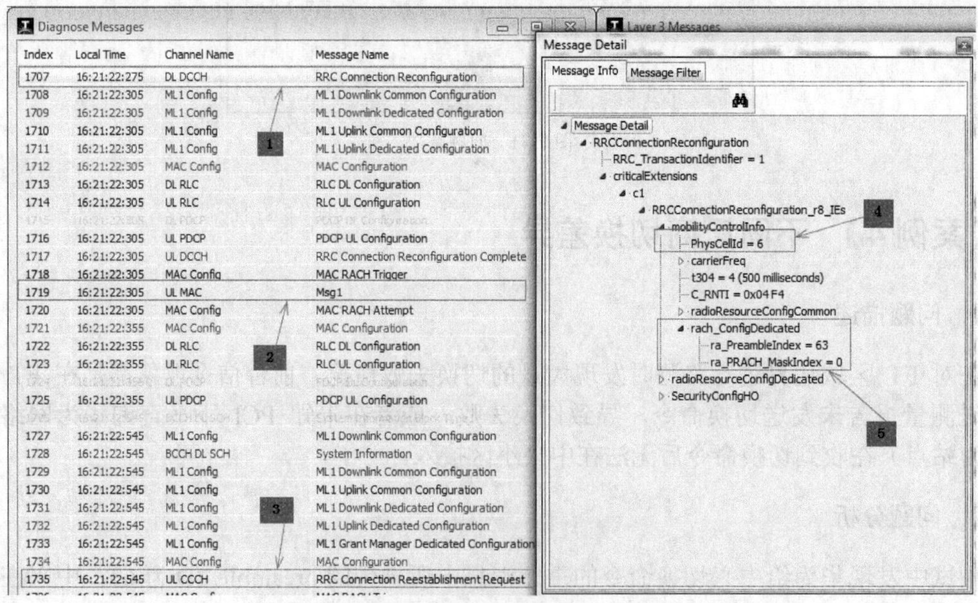

图 7-43　收到切换命令后在中兴接入信令

为了进一步确认问题，截取前后台的信令对比，从中兴后台配置上看未配置加 X2 接口，即如果需要切换的话，华为站点应该从 S1 口向中兴站吴发送切换请求信令，对其前后台信令（见图 7-44，图 7-45）进行对齐后发现，在失步之前未收到任何 S1 口消息，导致没有终端上下文信息，重建立被拒。

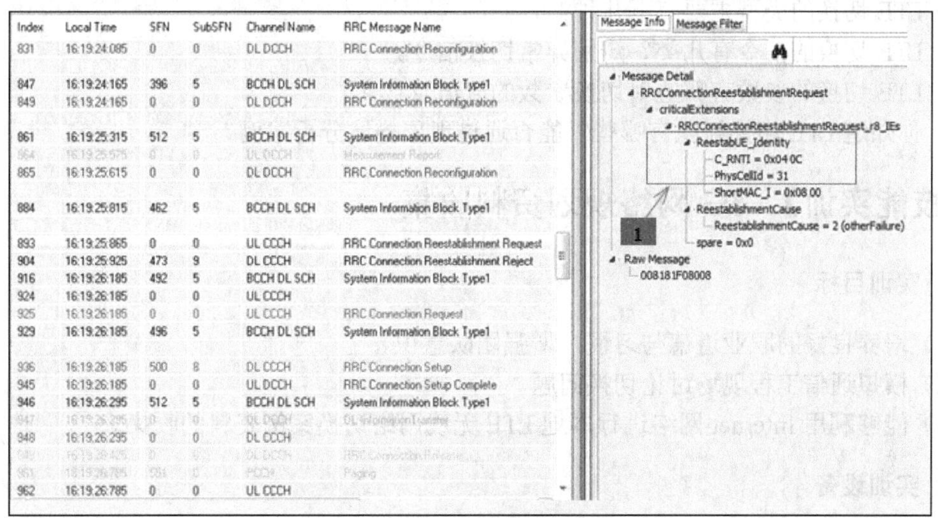

图 7-44　前台发送的重建立消息

Time	Name	Type	Direction	GID	CellID	eNodeBID	MsgLen
16:19:43 300	RrcConnectionReestablishmentRequest	Uu Interface	Receiving	65535	77	400018	18
16:19:43 300	RrcConnectionReestablishmentReject	Uu Interface	Sending	65535	77	400018	21
16:19:43 560	RrcConnectionRequest	Uu Interface	Receiving	125	77	400018	18
16:19:43 570	RrcConnectionSetup	Uu Interface	Sending	125	77	400018	50
16:19:43 620	RrcConnectionSetupComplete	Uu Interface	Receiving	125	77	400018	57
16:19:43 620	S1AP_InitialUeMessageMsg	S1 Interface	Sending	125	77	400018	84
16:19:43 690	S1AP_DownlinkNasTransportMsg	S1 Interface	Receiving	125	77	400018	56
16:19:43 690	DlInformationTransfer	Uu Interface	Sending	125	77	400018	40
16:19:43 790	S1AP_UeContextReleaseCommandMsg	S1 Interface	Receiving	125	77	400018	27
16:19:43 790	RrcConnectionRelease	Uu Interface	Sending	125	77	400018	14
16:19:43 790	S1AP_UeContextReleaseCompleteMsg	S1 Interface	Sending	125	77	400018	26
16:19:44 0	S1AP_PagingMsg	S1 Interface	Receiving	N/A	N/A	400018	47
16:19:44 120	RrcConnectionRequest	Uu Interface	Receiving	126	77	400018	18
16:19:44 130	RrcConnectionSetup	Uu Interface	Sending	126	77	400018	50
16:19:44 170	RrcConnectionSetupComplete	Uu Interface	Receiving	126	77	400018	23
16:19:44 170	S1AP_InitialUeMessageMsg	S1 Interface	Sending	126	77	400018	63
16:19:44 320	S1AP_DownlinkNasTransportMsg	S1 Interface	Receiving	126	77	400018	73
16:19:44 330	DlInformationTransfer	Uu Interface	Sending	126	77	400018	57
16:19:44 440	UlInformationTransfer	Uu Interface	Receiving	126	77	400018	44
16:19:44 440	S1AP_UplinkNasTransportMsg	S1 Interface	Sending	126	77	400018	78
16:19:44 550	S1AP_DownlinkNasTransportMsg	S1 Interface	Receiving	126	77	400018	45
16:19:44 550	DlInformationTransfer	Uu Interface	Sending	126	77	400018	29
16:19:44 600	UlInformationTransfer	Uu Interface	Receiving	126	77	400018	38
16:19:44 600	S1AP_UplinkNasTransportMsg	S1 Interface	Sending	126	77	400018	72
16:19:44 670	S1AP_InitialContextSetupRequestMsg	S1 Interface	Receiving	126	77	400018	133
16:19:44 670	SecurityModeCommand	Uu Interface	Sending	126	77	400018	15
16:19:44 690	RrcConnectionReconfiguration	Uu Interface	Sending	126	77	400018	94
16:19:44 710	SecurityModeComplete	Uu Interface	Receiving	126	77	400018	18
16:19:44 730	RrcConnectionReconfigurationComplete	Uu Interface	Receiving	126	77	400018	18
16:19:44 730	S1AP_InitialContextSetupResponseMsg	S1 Interface	Sending	126	77	400018	45
16:19:51 230	MeasurementReport	Uu Interface	Receiving	126	77	400018	24
16:19:52 760	RrcConnectionReconfiguration	Uu Interface	Sending	126	77	400018	30
16:19:52 830	RrcConnectionReconfigurationComplete	Uu Interface	Receiving	126	77	400018	18

图 7-45　后台收到重建立消息

在图 7-44 中，前台看到重建信令里失步小区（即接入失败小区）PCI 及终端的 C-RNTI。

在图 7-45 中，后台看到重建信令里失步小区（即接入失败小区）PCI 及终端的 C-RNTI。

3．问题总结

通过这个现象初步怀疑华为站点在实现切换的方式上和中兴存在一定差异，可能会将

63 作为预留 Preamble ID，待切换请求中存在未添加邻区的小区时使用，优先满足切换成功率，但由于实现机制不同，导致了中兴网络的 KPI 指标受到比较大的影响。

【想一想】

1．简述 LTE 切换基本流程。

2．LTE 切换的类型主要有哪几种？

3．LTE 切换的信令有几类？辨别异常切换信令。

4．LTE 切换的参数有哪些？切换参数的取值及含义？

5．你知道 LTE 切换问题有哪些？能否通过现象描述分析案例？

【技能实训】 3G 网络规划资料收集

1．实训目标

（1）培养良好的职业道德与习惯，增强团队意识。

（2）模拟通信工程现场讨论切换问题。

（3）能够利用 Internet 网络进行本地 LTE 无线网络切换案例资料的收集。

2．实训设备

（1）工程公司办公仿真场地；

（2）具有 Internet 网络连接的计算机一台。

3．实训步骤及注意事项

（1）通过 Internet 网络了解本地 LTE 无线网络建设情况。

（2）模拟通信第三方公司进行切换优化专题项目讨论会议，了解本地网络现状。

（3）通过 Internet 网络访问本地 LTE 无线网络布网资料、了解本地 GTP 地图。

（4）通过前面的调查，对资料进行电子归档，并整理成一个文档。

4．实训考核单

考核项目	考 核 内 容	所占比例	得分
实训态度	1. 积极参加技能实训操作； 2. 按照安全操作流程进行操作； 3. 纪律遵守情况	30%	
实训过程	1. 本地 LTE 无线网络状况资料收集； 2. 情景模拟：第三方公司 LTE 无线网络优化项目切换优化专题开工及中期问题解决汇报会，获得本地网络现状； 3. 本地 GTP 地图资料收集。	40%	
成果验收	1. 提交本地 LTE 无线网络问题整理报告及分析资料	30%	
合计		100%	

项目 8 功率控制问题优化

【知识目标】掌握功率控制的概念及作用；掌握开环功控与闭环功控的特点；掌握内环功控与外环功控的特点；领会 LTE 功率控制与 3G 的码分多址系统功率控制的差异；掌握 LTE 下行功控概念及作用；掌握 LTE 下行功控概念及作用；领会下行专用小区参考信号、PDSCH 及其他物理下行控制信道的功率控制；领会上行探测参考信号、PUSCH 及其他物理上行控制信道的功率控制。

【技能目标】会进行下行专用小区参考信号、PDSCH 的功率参数调整；会进行上行探测参考信号、PUSCH 的功率参数调整；能通过用户功率分配达到小区间干扰协调；能够查看并分析网优案例中的功控信令。

任务 1　功率控制概述

【工作任务单】

工作任务单名称	功率控制基本概念	建议课时	2
工作任务内容： 1. 掌握功率控制的概念及作用； 2. 掌握开环功控与闭环功控的特点； 3. 掌握内环功控与外环功控的特点； 4. 领会 LTE 功率控制与 3G 的码分多址系统功率控制的差异			
工作任务设计： 首先，单个学生通过 Internet 进行功率控制资料收集； 其次，分组进行资料归纳，总结不同类型的功控方式； 最后，教师讲解 LTE 功率控制的特点			
建议教学方法	教师讲解、情景模拟、分组讨论	教学地点	实训室

【知识链接 1】 功率控制的基本概念及作用

1．功率控制的概念

在第三代移动通信网络中，TD-SCDMA、WCDMA、CDMA2000 的三个主流系统都是基于码分多址（CDMA）的系统。其系统的功率控制主要用于解决远近效应，可以通过图 8-1 所示来简单说明一下功率控制过程。

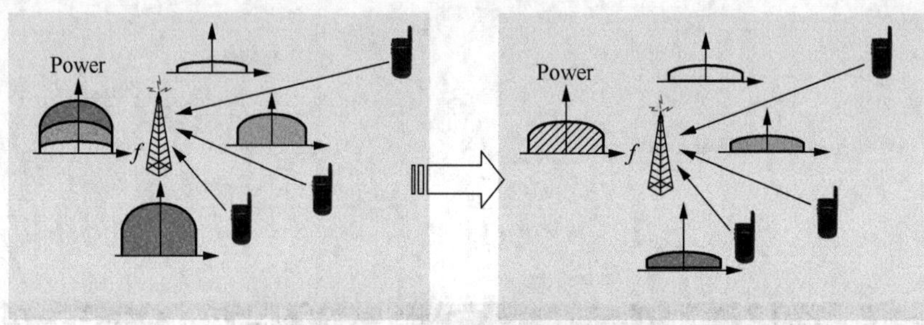

图 8-1　功率控制示意图

如果小区中的所有用户均以相同功率发射，则靠近基站的移动台到达基站的信号强；远离基站的移动台到达基站的信号弱，导致强信号掩盖弱信号。这就是移动通信中的“远近效应”问题。

CDMA 是一个自干扰系统，所有用户共同使用同一频率，所以“远近效应”问题更加突出。同样的道理，在更早期的 2G 时期主流的 GSM 系统，因为其采用的是 FDMA 的多址技术，因此“远近效应”对 GSM 系统的影响比较微弱，远不如对 CDMA 系统的影响巨大。

CDMA 系统中某个用户信号的功率较强，对该用户的信号被正确接收是有利的，但却会增加对共享频带内其他用户的干扰，甚至淹没有用信号，结果使其他用户通信质量劣化，导致系统容量下降。为了克服远近效应，必须根据通信距离的不同，实时地调整发射机所需的功率，这就是“功率控制”。

2．功率控制的作用及主要参数

（1）功率控制的作用

在采用了不同技术的移动通信系统中，功率控制的作用的侧重点不太一样。但不管网络技术如何演进，功率控制的作用不外乎以下几点：

功控最主要的目的是在保证用户最低通信质量需求的前提下，尽量降低发射功率，使之到达接收端的功率最小，从而避免对其他用户信号产生不必要的干扰，使整个系统的容量最大化。因此，当手机在小区内移动时，它的发射功率需要进行变化。当它离基站较近时，需要降低发射功率，减少对其他用户的干扰；当它离基站较远时，就应该增加功率，克服路径损耗的增加。

功率控制还可以降低小区内和小区间用户的相互干扰，降低手机功率消耗，增加手机待机时间。

（2）功率控制的两个主要参数

功率控制中最重要的参数就是功控的频率和功控的步长。

功控的频率就是多长时间进行一次功率调整，单位是 Hz。如功控频率是 1Hz，就是一秒钟调整 1 次功率。功控时间过长，会导致无线信号的电平跟不上无线环境的变化，突然的衰落和干扰会导致掉话；功控时间越短越有利于无线信号应对无线环境的变化，但会增加对系统计算能力和复杂性的要求。在不同的系统中，功控的频率是不一样的。例如 3G 中的 WCDMA 系统其功控频率是 1500Hz，即系统一秒钟调整 1500 次功率。

功率控制的步长就是每次功率控制调整的功率增加或减少的幅度，有些资料也叫做功率增量。功率控制步长的单位是 dB。功控每次调整的步长过小，会跟不上无线环境的变化；功控每次调整的步长过大，增加功率过大会导致功率供给大于功率需求，造成资源浪费，引

起干扰；降低功率过大会导致信号电平降低过快，引起通话质量下降，甚至掉话。因此在网络优化中功率调整的步长一般宜采用“快升慢降”原则（如功率每次增加 0.5dB，但需降低时，每次只降低 0.2dB）。无线环境突然变坏，为了保证通话质量，避免掉话，迅速将功率调上去；当不需要这么大功率的时候，慢慢地把它降下来，这样可以避免功率随着无线环境反复大幅上升，大幅下降，引起不必要的网络性能恶化。

【想一想】

1．功率控制的主要作用是什么?

2．功率控制的两个主要参数是什么，它们的调整会有怎样的影响？

【知识链接 2】 功率控制的分类

功率控制有不同的分类标准。如果按照无线链路方向，可以分成上行功率控制（反向功率控制）、下行功率控制（前向功率控制）。如果按照功控中调整方式是否需要反馈，可以分成开环功控和闭环功控（其中闭环功控又可分为内环功控与外环功控）。接下来我们依次介绍这几种不同的功控类型。

1．按无线链路方向分类

（1）上行功率控制（反向功率控制）

反向功控用来控制每一个移动台的发射功率，使所有移动台在基站端接收的信号功率或 SIR 基本相等，达到克服远近效应的目的。

（2）下行功率控制（前向功率控制）

前向功控用来控制基站的发射功率，使所有移动台能够有足够的功率正确接收信号，在满足要求的情况下，基站的发射功率应尽可能小，以减少对相邻小区间的干扰，克服角效应。前向链路公共信道的传输功率是由网络决定的。

【想一想】

前向功控与反向功控的过程如图 8-2 所示，请观察图 8-2 后思考，前向功控、反向功控调整的是谁的发射功率？

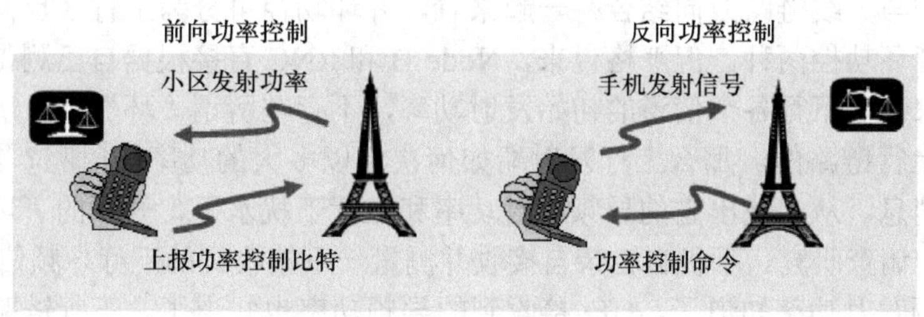

图 8-2　前向功控和反向功控过程图

2．按功控调整方式分类

（1）开环功控

开环功率控制就是不需要接收方对接收情况进行反馈，发射端根据自身测量得到的信息判断自己的发射功率的方式，如图 8-3、图 8-4 所示。打个比方我们在人际交往的过程中熟悉的人好办，见面就采用习惯的交谈方式便可。但是一旦你想主动和一个陌生的人交谈一些

问题，正常交互之前总需要寒暄几句，试探一下他的说话方式、态度、立场，以免过于唐突。和陌生人的第一句话最难张口，你不知道他听力如何，喜欢听什么。这很类似于开环功率控制过程，在接收方没有反馈信息的情况下，你要初步判断如何首先发话，用多大的声音说话。你完全根据对他的外观判断距离远近来决定说什么、怎么说。

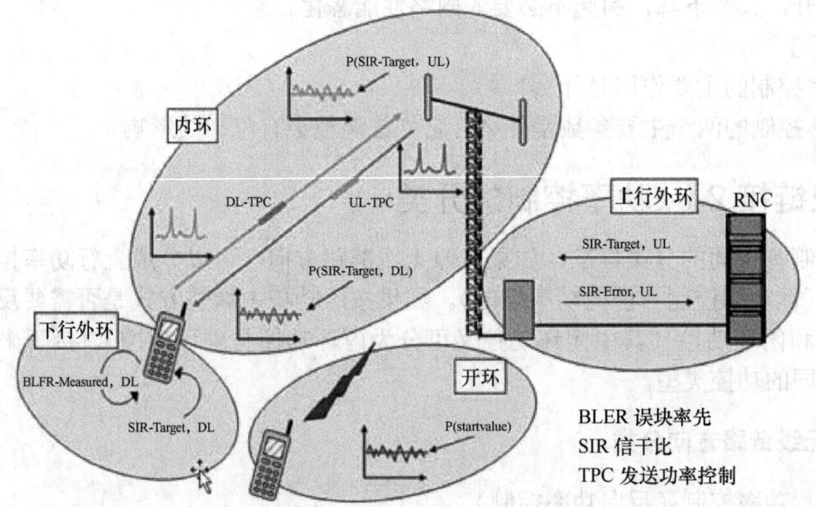

图 8-3　不同功控类型过程图

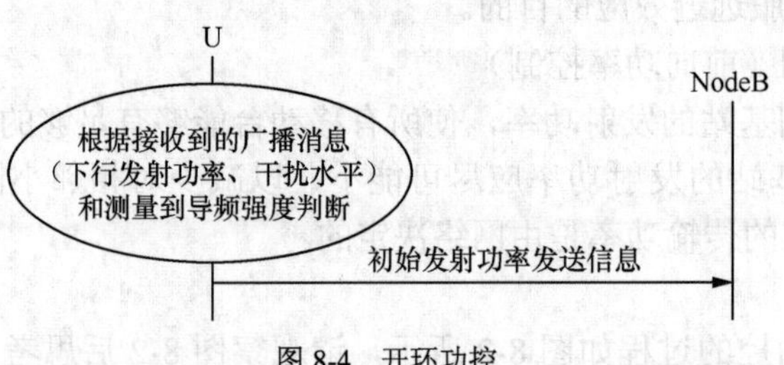

图 8-4　开环功控

如开环功控与无线链路方向结合在一起来看，开环功控可分为上行（反向）开环功控和下行（前向）开环功控两种。但严格说来，Node B 和 RNC 直接根据自己测得的信噪比和所需的解调门限来决定下行各个信道的初始发射功率，不存在所谓“环”字。所以准确地说，开环只是针对上行链路的。那么上行发射端如何决定以多大的功率发射呢？第一，UE 接收基站来的系统消息，从中找出它的导频发射功率和上行干扰水平，开环的“环”字主要体现在这里；第二，调查研究。手机自己亲自接收并测量一下接收到的下行导频信道的功率。

基站的导频发射功率知道了，UE 接收到的导频功率也知道了，下行链路的损耗就可以估算出来。UE 把下行链路的损耗值近似地认为和上行链路的损耗相近，然后考虑一定的上行干扰水平，和一个常量（和接收需要的信号强度有关），就可以计算出上行链路的发射功率了。如下式：上行开环发射功率=上行路径损耗（导频发射功率−接收到的导频功率）+干扰水平+常量（相当于接收所需的信号强度）。因此开环功控对信道衰落估计的准确度是建立在默认为上行链路和下行链路具有一致的衰落情况下的，但是由于频率双工 FDD 模式中，上下行链路的频段相差 190MHz，远远大于信号的相关带宽，所以上行和下行链路的信道衰落情况是完全不相关的，这导致开环功率控制的准确度不会很高，只能起到粗略控制的

作用，所以开环功率控制有其局限性，必须使用闭环功率控制达到相当精度的控制效果。

（2）闭环功控（其中闭环功控又可分为内环功控与外环功控）

闭环功控是指发射端根据接收端送来的反馈信息对发射功率进行控制的过程，闭环功率控制发射端的功率大小是根据接收端接收效果来动态调节的。闭环功控示意图如 8-5 所示。

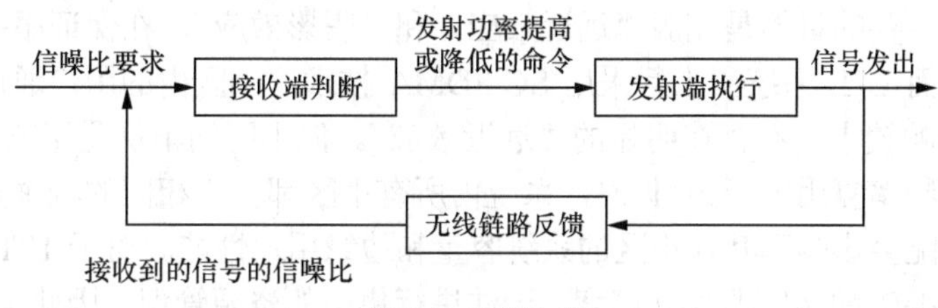

图 8-5　闭环功控

闭环功率控制由内环功率控制和外环功率控制两部分组成。需要分内环功率控制和外环功率的原因是在信噪比测量中，很难精确测量信噪比的绝对值。且信噪比与误码率（误块率）的关系随环境的变化而变化，是非线性的。比如，在一种多径的传播环境时，要求 1%的误块率（BLER），信噪比（SIR）是 5dB；在另外一种多径环境下，同样要求 1%的误块率，可能需要 5.5dB 的信噪比；而最终接入网提供给 NAS 层的服务中 QoS 表征量为 BLER，而非 SIR。业务质量主要通过误块率来确定，二者是直接的关系，而业务质量与信噪比之间则是间接的关系。

① 内环功控

如图 8-3 所示，内环功控是一种快速闭环功率控制，在基站与移动台之间的物理层进行。通信本端接收通信对端发出的功率控制命令控制本端的发射功率，通信对端的功率控制命令的产生是通过测量通信本端的发射信号的功率和信干比，与预置的目标功率或信干比相比，产生功率控制命令以弥补测量值与目标值的差距，即测量值低于预设值，功率控制命令就是上升；测量值高于预设值，功率控制命令就是下降。

② 外环功控

如图 8-3 所示，外环功控是一种慢速闭环功率控制，其目的是使每条链路的通信质量基本保持在设定值。外环功率控制通过闭环功率控制间接影响系统的用户容量和通信质量。外环功控调节闭环功率控制可以采用目标 SIR 或目标功率值。基于每条链路，不断地比较误码率（BER）或误帧率（FER）与质量要求目标 BER 或目标 FER 的差距，弥补性地调节每条链路的目标 SIR 或目标功率，即质量低于要求，就调高目标 SIR 或目标功率；质量高于要求，就调低目标 SIR 或目标功率。

【想一想】

1．开环功控与闭环功控的区别?

2．内环功控与外环功控的区别?

【知识链接 3】 LTE 网络功率控制的特点

由于 LTE 下行采用 OFDMA 技术，一个小区内发送给不同 UE 的下行信号之间是相互正交的，因此不存在 CDMA 系统因远近效应而进行功率控制的必要性。就小区内不同 UE 的路径损耗和阴影衰落而言，LTE 系统完全可以通过频域上的灵活调度方式来避免给 UE 分配路径损耗和阴影衰落较大的 RB，这样对 PDSCH 采用下行功控就不是那么必要了。另一

方面，采用下行功控会扰乱下行 CQI 测量，影响下行调度的准确性。因此，LTE 系统中不对下行采用灵活的功率控制，而只是采用静态或半静态的功率分配（为避免小区间干扰采用干扰协调时半静态功控还是必要的）。

系统中的上行功控是非常重要的，通过上行功控，可以使得小区中的 UE 在保证上行发射数据质量的基础上尽可能地降低对其他用户的干扰，延长终端电池的使用时间。CDMA 系统中，上行功率控制主要的目的是克服“远近效应”和“阴影效应”，在保证服务质量的同时抑制用户之间的干扰。而 LTE 系统，上行采用 SC-FDMA 技术，小区内的用户通过频分实现正交，因此小区内干扰影响较小，不存在明显的“远近效应”。但小区间干扰是影响 LTE 系统性能的重要因素。尤其是频率复用因子为 1 时，系统内所有小区都使用相同的频率资源为用户服务，一个小区的资源分配会影响到其他小区的系统容量和边缘用户性能。对于 LTE 系统分布式的网络架构，各个 eNodeB 的调度器独立调度，无法进行集中的资源管理。因此 LTE 系统需要进行小区间的干扰协调，而上行功率控制是实现小区间干扰协调的一个重要手段。

与 3G 网络的码分多址（CDMA）系统比较，LTE 系统的功率控制有以下特点：

1．LTE 系统与 3G 的 CDMA 系统中远近效应的影响不同

CDMA 系统为自干扰系统，并且采用相干解调，如果没有功率控制，小区边缘用户的信号会被淹没在小区中心用户的信号中而无法正确解调。有了功控，各用户的功率都刚刚好，这样小区中心用户发射功率低一些，小区边缘用户发射功率高一些，就避免了远近效应。由于 LTE 当中上下行分别采用 OFDMA 和 SC-FDMA 的多址方式，所以各子载波之间是正交不相关的，这样就克服了 CDMA 当中远近效应的影响。

2．LTE 系统与 3G 的 CDMA 系统下行功率控制重要性不同

由于在 LTE 中，同一个小区内的下行用户是互相正交的，所以，功率控制显得不是特别重要。尤其在分组交换（PS）及全 IP 的网络中，由于经常可能有 burst traffic，因此通过调整功率而获取相对稳定的速率的需求并不大。相比之下，在下行速率控制（rate control）就更为有效。在 LTE 中因为采用了 AMC 等自适应选择功能，下行功控是要所有的用户接收到的信噪比相等，但是这样与注水法是相违背的，而 AMC 是给信道好的用户分配较多的资源，不好的分配较少的资源，这样能够得到更大的系统吞吐量。

3．LTE 系统与 3G 的 CDMA 系统上行功率控制侧重点不同

LTE 上行功控有几个目的：省电、控制干扰等。由于 LTE 上行采用 SC-FDMA 技术，一个小区内不同 UE 的上行信号之间是互相正交的，因此不存在 CDMA 系统因远近效应而进行功率控制的必要性。LTE 上行功控主要用于补偿信道的路径损耗和阴影，并用于抑制小区间干扰。用于这些目的的功率控制不需要采用像 CDMA 那样快的频率，而采用慢功控方式即可，功率控制频率不高于 200Hz。UE 的发射功率可以通过由 eNodeB 发送的慢功控指令和通过下行 RS 测量的路损值等进行计算。

小区间干扰抑制的功控机制和单纯的单小区功控不同。单小区功控只用于路损补偿，当一个 UE 的上行信道质量下降时，eNodeB 根据该 UE 的需要指示 UE 加大发射功率。但当考虑多个小区的总频谱效率最大化时，简单地提高小区边缘 UE 的发射功率，反而会由于小区间干扰的增加造成整个系统容量的下降。

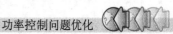

而 TDD-LTE 系统可以利用上下行信道的对称性进行更高频率的功率控制。

【想一想】

简述 LTE 系统功控与 3G 系统功控作用的异同。

任务 2　LTE 下行功率分配

【工作任务单】

工作任务单名称	LTE 下行功率控制	建议课时	2
工作任务内容： 1. 掌握 LTE 下行功率分配概念及作用； 2. 掌握下行小区专用参考信号功率控制（RS　EPRE）； 3. 掌握物理下行共享信道 PDSCH 功率控制（PDSCH　EPRR） 4. 了解其他物理下行控制信道及信号功率控制			
工作任务设计： 首先，单个学生通过 Internet 进行功率控制资料收集； 其次，分组进行资料归纳，总结不同类型的功控方式； 最后，教师讲解 LTE 下行功率分配的特点			
建议教学方法	教师讲解、情景模拟、分组讨论	教学地点	实训室

【知识链接 1】 LTE 下行功率分配的概念及作用

1．LTE 下行功率分配的概念

首先复习一下之前的 LTE 物理层中讲到过，FDD-LTE 的物理层下行链路的资源分配方式是时域与频域综合调度的方式。频域上是多个正交的子载波，时域上是多个时隙组成的帧结构。其最小的一个物理资源单位叫 RE，它的时域宽度是一个 OFDMA 符号，频域宽度是一个子载波。一个 PRB 在时域上包含 7（6）个连续的 OFDM 符号即一个时隙长度 0.5 ms，在频域上包含 12 个连续的子载波，共 180kHz。如图 8-6 所示。

通过上面复习的 LTE 下行物理资源分配方式可以知道，LTE 的下行功率分配也是以每个 RE 为单位，控制基站在各个时刻各个子载波上的发射功率，即系统在频率和时间上采用恒定的发射功率，基站通过高层信令指示该发射功率数值。因此 LTE 的下行功控决定了每个 RE 上的能量 EPRE。在 LTE 系统中，使用每资源单元容量（Transmit Energy per Resource Element，EPRE）来衡量下行发射功率大小。

LTE 的下行功率分配分别控制各个物理层信道和物理信号，大致可分为：下行小区专用参考信号功率控制（RS EPRE）、物理下行共享信道 PDSCH 功率控制（PDSCH EPRR）、其他物理下行控制信道或信号功率控制（包括 PBCH、PCFICH、PHICH、PDCCH、PSS+SSS 等）。请注意：下行小区专用参考信号 RS 一般以恒定功率发射，LTE 下行信道或符号的功率开销是相对于参考信号（RS）功率进行设置的。基站下行功率在各个时隙恒定分配，每个时隙中主要在下行参考信号（RS）和业务信道（PDSCH）之间分配，且下行共享信道 PDSCH 的发射功率是与 RS 发射功率有一定关系的，两者的功率分配在后文知识链接 2 和 3

中重点讨论。其他下行信道或信号的功率分配方式对于采用静态功率分配方式，很好理解，即配置一个与 RS 信号功率的偏置。

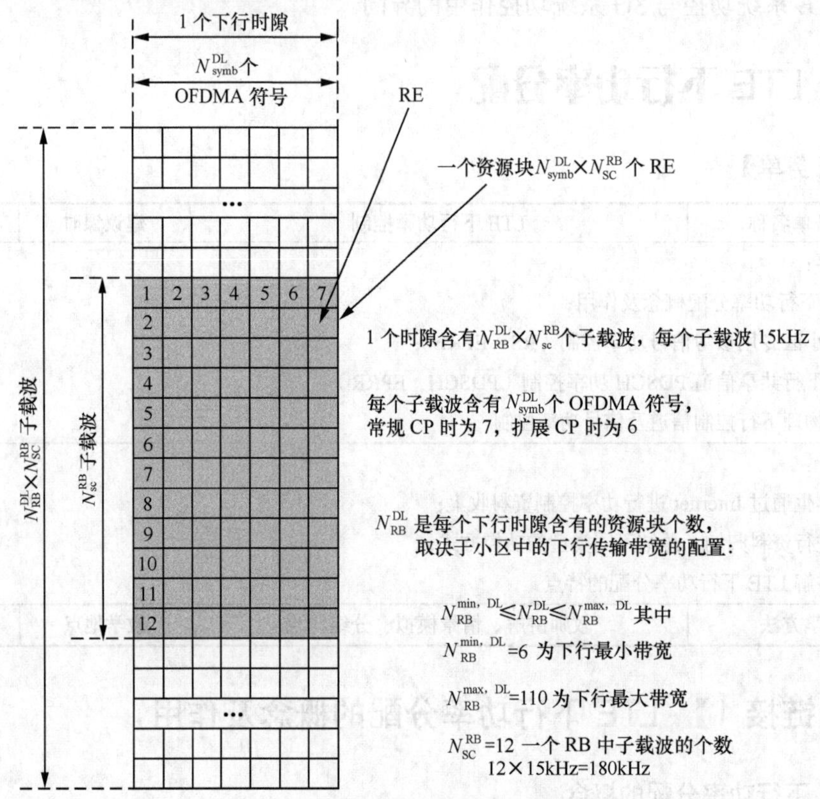

图 8-6 下行物理资源分配示意图

2．LTE 下行功率分配的作用

由于 LTE 下行采用 OFDMA 技术，一个小区内发送给不同 UE 的下行信号之间是相互正交的，因此不存在 CDMA 系统因远近效应而进行功率控制的必要性。因此就重要性而言，LT 的下行功率分配不如其上行功控那么重要。LTE 的下行功率分配第一个主要作用为减少小区间干扰，第二个主要作用是补偿信道的路径损耗和阴影。但下行功率分配和频域调度存在一定的冲突。就小区内不同 UE 的路径损耗和阴影衰落而言，LTE 系统完全可以通过频域上的灵活调度方式来避免给 UE 分配路径损耗和阴影衰落较大的 RB，这样，对 PDSCH 采用下行功控就不是那么必要了。另一方面，采用下行功控会扰乱下行 CQI 测量，影响下行调度的准确性。

【想一想】

1．LTE 下行功率控制可以控制哪些物理信道和物理信号？

2．LTE 下行功率控制作用是什么？

【知识链接 2】 下行小区专用参考信号功率

LTE 下行功率分配的目标是在满足用户接收质量的前提下尽量降低下行信道的发射功率，来降低小区间干扰。LTE 的下行功率分配方法主要有两种：提高参考信号的发射功率

（Power Boosting）；与用户调度相结合实现小区间干扰抑制的相关机制。

1. 下行 RS 概念及作用

LTE 下行参考信号有三种：小区专用参考信号（也可叫作小区特定参考信号）、MBSFN 参考信号、终端（UE）专用的参考信号。其中最重要的是第一种小区专用参考信号（RS），通常也称为导频信号。和 3G 中导频信号的作用相同，主要作用包括：下行信道质量测量；下行信道估计，用于 UE 端的相干检测和解调；小区搜索等。

2. 下行 RS 分布方式

下图 8-7 给出了单天线、两天线及四天线在常规 CP 配置情况下的 RS 信号分布示意图。从单天线的情况可以看出，RS 是时域频域错开分布，这样更有利于进行精确信道估计。对于双天线和四天线来说，每个天线上的参考信号图案都不相同，但各个天线占用的 RE 都不能用于数据传输。例如双天线情况下，第一个天线的某些 RE 正好对应第二个天线的 RS 图案，那么这些 RE 在实际中必须空在那里，不能用来传输数据，反之亦然。

在图 8-7 中，RS 的配置单位是两个横向的 RB（这是自己便于理解的说法，就是频域 12 个子载波、时域上 1 个子帧，因为其他的配置都是重复这个单位的），且在该范围内是均匀分布，目的是更准确地抽样测出信道的质量。

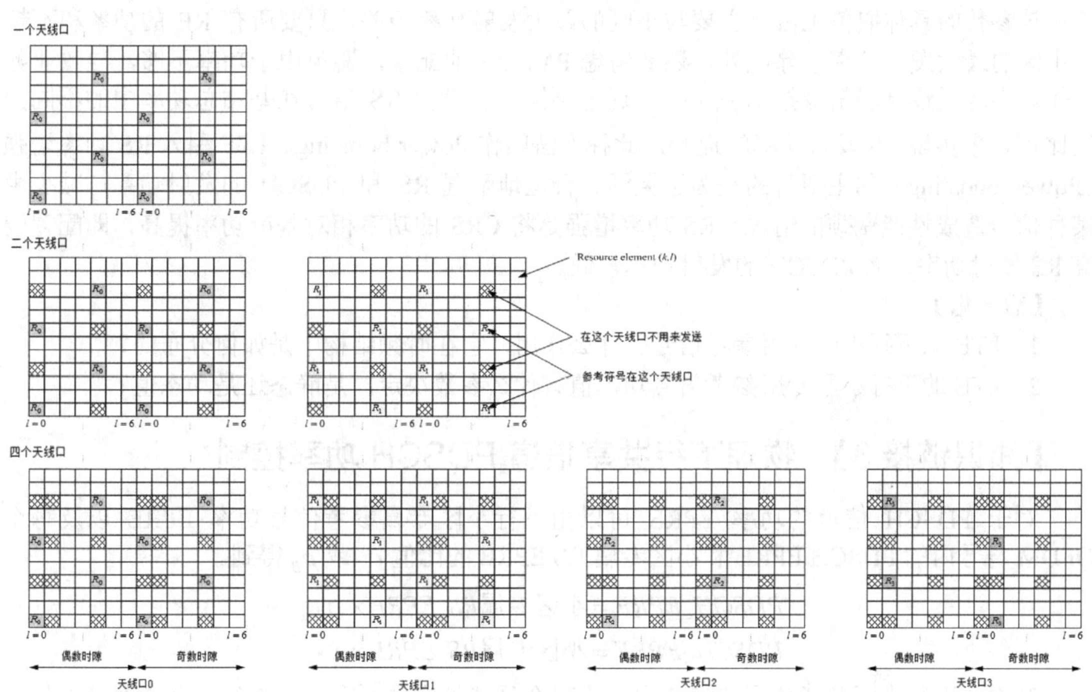

图 8-7　RS 分配示意图

3. 下行参考信号功率

下行小区参考信号传输功率定义为系统带宽内所有承载小区专用参考信息的资源粒子功率的线性平均，取值 INTEGER（−60，50）之间。在网优路测中通常用 RSRP (Reference

Signal Receiving Power，参考信号接收功率)表示，在 LTE 的协议中用 RS EPRE（Transmit Energy per Resource Element，每个 RE 上的能量）表示。根据 OFDM 符号中是否存在 RS 信号，把 PDSCH OFDM 符号分为 A 类和 B 类。

将 A 类符号的 PDSCH RE 功率（mw）与 RS 功率（mw）比值记作ρ_A；将 B 类符号的 PDSCH RE 功率与 RS 功率比值记作ρ_B。

在 LTE 中这个功率是子载波功率，类似于 GSM 的 BCCH 或 CDMA 里面的导频功率。对于 LTE，一个 OFDM 子载波是 15kHz，这样只要知道载波带宽，就知道里面有几个子载波，也就能推算 RSRP 功率了。对于单载波 20M 带宽的配置而言，里面共有 1200 个子载波，RSRP 功率=RU 输出总功率−10lg1200 就可以了，如果是单天线端口 20W 的 RRU，那么可以推算出 RSRP 功率为 43-10lg1200=12.2dBm。如果是单载波 10MHz 带宽配置，1200 改成 600 就行了，其他带宽同理可得。在 LTE 的 MIMO 技术中如果使用了多天线，可以借用另一个端口不发送 CRS 的功率，使得本端口 CRS 发射功率得以加倍，成为 12.2 + 3 =15.2dBm。

LTE 下行参考功率是由信令中 reference Signal Power 规定的。这个参数调整一般是静态的，也就是说固定之后，就不会在变动。当小区用默认的取值，配置之后，会根据网络的覆盖优化，避免一些越区覆盖、覆盖空洞之类的事情，会对部分的小区 RS 做适当的调整，调整之后，一般就不会再变动了，这个参数在广播和重配的信元中都带有，该参数的作用主要用于下行信道的信道估计。

该参数的具体取值上限，主要与小区的最大发射功率相关，只要所有 RE 的功率和不超过小区的最大发射功率。除此外，还要考虑 PA、PB 的配置，避免由于功率不够，导致业务太差。小区通过高层信令指示 ρ_B / ρ_A，通过不同比值设置 RS 信号在基站总功率中的不同开销比例，来实现 RS 发射功率的提升，此种方法叫作 Power boosting。LTE 引入 RS 功率增强（Power boosting）的主要目的是为了灵活、合理地配置 RS 和 PDSCH 的发射功率，减少由某种信号造成性能瓶颈的情况。RS 功率增强是将 CRS 的功率相对基准功率提高，即配置较高 RS 发射功率，而 PDSCH 的发射功率较低。

【想一想】

1. LTE 的下行小区专用参考信号有什么作用，它在时频结构中是如何分布的？
2. LTE 的下行小区专用参考信号功率值有什么参数决定，是静态还是动态值？

【知识链接 3】 物理下行共享信道 PDSCH 功率控制

对于 PDSCH 信道的功率 EPRE 可以由下行小区专属参考信号功率 EPRE 以及每个 OFDM 符号内的 PDSCH EPRE 和小区专属 RS EPRE 的比值 ρ_A 或 ρ_B 得到。

$$PDSCH\_EPRE = \text{小区专属} RS\_EPRE \times \rho_A$$

$$PDSCH\_EPRE = \text{小区专属} RS\_EPRE \times \rho_B$$

其中，下行小区参考信号 EPRE 定义为整个系统带宽内所有承载下行小区专属参考信号的下行资源单元（RE）分配功率的线性平均。UE 可以认为小区专属 RS_EPRE 在整个下行系统带宽内和所有的子帧内保持恒定，直到接收到新的小区专属 RS_EPRE。小区专属 RS_EPRE 由高层参数 Reference-Signal-power 通知。

ρ_A 或 ρ_B 表示每个 OFDM 符号内的 PDSCH EPRE 和小区专属 RS EPRE 的比值。具体来说，在包含 RS 的数据 OFDMA 的 EPRE 与小区专属 RS EPRE 的比值标识用 ρ_B 表示；在

不包含 RS 的数据 OFDMA 的 EPRE 与小区专属 RS EPRE 的比值标识用 ρ_A 表示，反映了 PDSCH 信道功率与参考信号功率的比值。

一个时隙内不同 OFDMA 的比值标识 ρ_A 或 ρ_B 与 OFDMA 符号索引对应关系，见表 8-1 所示。

表 8-1　　ρ_A 或 ρ_B 与 OFDMA 符号索引对应关系

天线端口数	PDSCH EPRE 与小区专属 RS EPRE 的比值标识为 ρ_A 的 1 个时隙内的符号索引		PDSCH EPRE 与小区专属 RS EPRE 的比值标识为 ρ_B 的 1 个时隙内的符号索引	
	常规 CP	扩展 CP	常规 CP	扩展 CP
1 或者 2	1.2，3.4、5、6	1、2、4、5	0，4	0、3
4	2、3、4、5、6	2、4、5	0、1、4	0、1、3

小区通过高层信令指示 P_A、P_B，$P_A = 10\lg\rho_A, P_B$表示ρ_B / ρ_A的索引。通过不同比值设置 RS 信号在基站总功率中的不同开销比例，来实现 RS 与 PDSCH 发射功率的调整，如图 8-8 所示。

5	4	4	4	5	4	4
5	4	4	4	5	4	4
	4	4	4	4	4	4
5	4	4	4	5	4	4
5	4	4	4	5	4	4
4	4	4	4		4	4
5	4	4	4	5	4	4
5	4	4	4	5	4	4
	4	4	4	4	4	4
5	4	4	4	5	4	4
5	4	4	4	5	4	4
4	4	4	4		4	4

4	4	4	4	4	4	4
4	4	4	4	4	4	4
	4	4	4	8	4	4
4	4	4	4	4	4	4
4	4	4	4	4	4	4
8	4	4	4		4	4
4	4	4	4	4	4	4
4	4	4	4	4	4	4
	4	4	4	8	4	4
4	4	4	4	4	4	4
4	4	4	4	4	4	4
8	4	4	4		4	4

3	4	4	4	3	4	4
3	4	4	4	3	4	4
12	4	4	4		4	4
3	4	4	4	3	4	4
3	4	4	4	3	4	4
	4	4	4	12	4	4
3	4	4	4	3	4	4
3	4	4	4	3	4	4
12	4	4	4		4	4
3	4	4	4	3	4	4
3	4	4	4	3	4	4
	4	4	4	12	4	4

2	4	4	4	2	4	4
2	4	4	4	2	4	4
16	4	4	4		4	4
2	4	4	4	2	4	4
2	4	4	4	2	4	4
	4	4	4	16	4	4
2	4	4	4	2	4	4
2	4	4	4	2	4	4
16	4	4	4		4	4
2	4	4	4	2	4	4
2	4	4	4	2	4	4
	4	4	4	16	4	4

ρ_B/ρ_A	5 / 4	4 / 4	3 / 4	2 / 4
ρ_B	5 / 4	4 / 8	3 / 12	2 / 16
ρ_A	4 / 4	4 / 8	4 / 12	4 / 16
RS 所占功率	4/24=1/6	8/24=2/6	12/24=3/6	16/24=4/6

图 8-8　RS 与 PDSCH 发射功率资源占比

在指示 ρ_B / ρ_A 基础上，通过高层参数 P_A 确定 ρ_A 的具体数值，得到基站下行针对用户的 PDSCH 发射功率。见表 8-2。

表 8-2　　1、2 或 4 小区专属天线端口下的 ρ_B/ρ_A 比

ρ_n	ρ_B/ρ_A	
	单天线端口	2/4 个天线端 U
0	5/5	5/4
1	4/5	4/4
2	3/5	3/4
3	2/5	2/4

① 关系：$\rho_A = \delta\text{power -offset} + P_A$，其中，在除了多用户 MIMO 之外的所有传输模式

中，δpower -offset 均为 0；为高层指示的 UE 特定参数。

② δpower -offset 用于 MU-MIMO 的场景。

③ δpower -offset = −3dB 表示功率平均分配给两个用户。

④ 为了支持下行小区间干扰协调，定义了基站窄带发射功率限制（RNTP，Relative Narrowband Tx Power）的物理层测量，在 X2 口上进行交互。它表示了该基站在未来 一段时间内下行各个 PRB 将使用的最大发射功率的情况，相邻小区利用该消息来协调用户，实现同频小区干扰协调。

【想一想】

1. PDSCH 信道的发射功率取决于什么？

2. 在一个固定的 RB 中，RS 功率与 PDSCH 信道的发射功率如何实现动态调整？

任务 3　LTE 上行功率控制

【工作任务单】

工作任务单名称	LTE 上行功率控制	建议课时	2
工作任务内容： 1. 掌握 LTE 上行功控概念及作用； 2. 掌握上行探测参考信号功率控制； 3. 掌握物理上行共享信道 PUSCH 功率控制； 4. 了解其他上行控制信道功率控制			
工作任务设计： 首先，单个学生通过 Internet 进行功率控制资料收集； 其次，分组进行资料归纳，总结不同类型的功控方式； 最后，教师讲解 LTE 上行功率控制的特点			
建议教学方法	教师讲解、情景模拟、分组讨论	教学地点	实训室

【知识链接 1】 LTE 上行功率控制概述

1. LTE 上行功率控制的概念及作用

无线系统中的上行功控是非常重要的，通过上行功控，可以使得小区中的 UE 在保证上行发射数据的质量的基础上尽可能降低对其他用户的干扰，延长终端电池的使用时间。

CDMA 系统中，上行功率控制的主要目的是克服“远近效应”和“阴影效应”，在保证服务质量的同时抑制用户之间的干扰。而 LTE 系统，上行采用 SC-FDMA 技术，小区内的用户通过频分实现正交，因此小区内干扰影响较小，不存在明显的“远近效应”。但小区间干扰是影响 LTE 系统性能的重要因素。尤其是频率复用因子为 1 时，系统内所有小区都使用相同的频率资源为用户服务，一个小区的资源分配会影响到其他小区的系统容量和边缘用户性能。对于 LTE 系统分布式的网络架构，各个 eNodeB 的调度器独立调度，无法进行集中的资源管理。因此 LTE 系统需要进行小区间的干扰协调，而上行功率控制是实现小区间干扰协调的一个重要手段。

按照实现的功能不同，LTE 上行功率控制可以分为小区内功率控制（补偿路损和阴影衰落），以及小区间功率控制（基于邻小区的负载信息调整 UE 的发送功率）。其中小区内功率控制目的是为了达到上行传输的目标 SINR，而小区间功率控制的目的是为了降低小区间干扰水平以及干扰的抖动性。用于这些目的的功率控制不需要采用像 CDMA 那样快的频率，而采用慢功控方式即可，功率控制频率不高于 200Hz。UE 的发射功率可以通过由 eNodeB 发送的慢功控指令和通过下行 RS 测量的路损值等计算。小区间干扰抑制的功控机制和单纯的单小区功控不同。单小区功控只用于路损补偿，当一个 UE 的上行信道质量下降时，eNodeB 根据该 UE 的需要指示 UE 加大发射功率。但当考虑多个小区的总频谱效率最大化时，简单地提高小区边缘 UE 的发射功率，反而会由于小区间干扰的增加造成整个系统容量的下降。

应采用部分功控的方法，从整个系统总容量最大化角度考虑，限制小区边缘 UE 功率提升的幅度。具体的部分功控操作通过 X2 接口传递的相邻小区间的小区间干扰协调信令指示来实现。通过 X2 接口交换小区间干扰信息，进行协调调度，抑制小区间的同频干扰，交互的信息有：

（1）过载指示 OI（被动）：指示本小区每个 PRB 上受到的上行干扰情况。相邻小区通过交换该消息了解对方的负载情况。

（2）高干扰指示 HII（主动）：指示本小区每个 PRB 对于上行干扰的敏感程度。反映了本小区的调度安排，相邻小区通过交换该信息了解对方将要采用的调度安排，并进行适当的调整以实现协调的调度。

2. LTE 上行小区内功率控制

LTE 的上行信道包括：接入信道（PRACH）、业务共享信道（PUSCH）和公共控制信道（PUCCH），它们都有功率控制的过程。此外，为了便于 eNodeB 实现精确的上行信道估计，UE 需要根据配置在特定的 PRB 发送上行参考信号（SRS），且 SRS 也要进行功率控制。除接入信道 PRACH 外（对于上行接入的功控如随机接入前导码，RA Msg3 会有所区别），其他 3 类信道上的功率控制的原理是一样的，主要包括 eNodeB 信令化的静态或半静态的基本开环工作点和 UE 侧不断更新的动态偏移。

UE 发射的功率谱密度（即每个 RB 上的功率）=开环工作点+动态的功率偏移。

（1）开环工作点

$$\text{开环工作点}=\text{标称功率 } P_0+\text{开环的路损补偿}（\mathrm{PL}\times\alpha）$$

标称功率 P_0 又分为小区标称功率和 UE 特定的标称功率两部分。eNodeB 为小区内所有 UE 半静态的设定标称功率 $P_{0\text{-pusch}}$ 和 $P_{0\text{-pucch}}$，通过 SIB2 系统消息广播。每 RB 而言 $P_{0\text{-pusch}}$ 的取值范围是（−126dBm～+24dBm），$\mathrm{P}_{0\text{-pucch}}$ 的取值范围是（−126dBm～−96dBm）。除此之外，每个 UE 还可以有 UE specific 的标称功率偏移，该值通过 dedicated RRC 信令（Uplink Power Control Dedicated: p0-UE-PUSCH, p0-UE-PUCCH）下发给 UE。P0_UE_PUSCH 和 P0_UE_PUCCH 的单位是 dB，在−8 到+7 之间取值，是不同 UE 对于系统标称功率 $\mathrm{P}_{0\text{-pusch}}$ 和 $\mathrm{P}_{0\text{-pucch}}$ 的一个偏移量。

开环的路损补偿 PL 基于 UE 对于下行的路损估计。UE 通过测量下行参考信号 RSRP，并与已知的 RS 信号功率进行相减，从而进行路损估计。RS 信号的原始发射功率在 SIB2 中广播 PDSCH-ConfigCommon:reference Signal Power，范围是−60dBm～50dBm。为了抵消快

速衰落的影响，UE 通常在一个时间窗口内对下行的 RSRP 进行平均。时间窗口的长度一般在 100ms 到 500ms 之间。

对于 PUSCH 和 SRS，eNodeB 通过参数α来决定路损在 UE 的上行功率控制中的权重。比如说，对于处于小区边缘的 UE，如果其发送功率过高，会对别的小区造成干扰，从而降低整个系统的容量。通过α可以对此加以控制。α在系统消息中（Uplink Power Control Common）半静态设定：$\alpha=0$，UE 均以最大功率发送，这导致高的干扰水平，恶化了小区边缘的性能；$\alpha=1$，边缘用户以最大功率发送，小区内其他用户进行完全的路损补偿，每个用户到达接收端的功率相同，则 SINR 相同，这降低了系统的频谱效率；$0<\alpha<1$，UE 的发送功率处于最大功率和完全的路损补偿之间，小区内部的用户越靠近小区中心，到达接收端 SINR 越高，具有更高的传输速率，实现了小区边缘性能和系统频谱的平衡。

对于 PUCCH 来说，由于不同的 PUCCH 用户是码分复用的，α取值为 1，可以更好地控制不同 PUCCH 用户之间的干扰。

（2）动态功率偏移

动态的功率偏移包含两个部分，基于 MCS 的功率调整△TF 和闭环的功率控制。

基于 MCS 的功率调整可以使得 UE 根据选定的 MCS 来动态地调整相应的发射功率谱密度。

UE 的 MCS 是由 eNodeB 来调度的，通过设置 UE 的发射 MCS，可以较快地调整 UE 的发射功率

密度谱，达到类似快速功控的效果。

△TF 的具体计算公式在协议 36.213 中可以查到。eNodeB 还可以基于每个 UE 关闭或开启基于 MCS 的功率调整，通过 dedicated RRC 信令（UplinkPowerControlDedicated: deltaMCS-Enabled）实现。

闭环的功率控制是指 UE 通过 PDCCH 中的 TPC 命令来对 UE 的发射功率进行调整，可以分为累积调整和绝对值调整两种方式。累积调整方式适用于 PUSCH，PUCCH 和 SRS，绝对值调整方式只适用于 PUSCH。这两种不同的调整方式之间的转换是半静态的，eNB 通过专用 RRC 信令（UplinkPowerControlDedicated: accumulationEnabled）指示 UE 采用累积方式还是绝对值方式。累积方式是指当前功率调整值是在上次功率调整的数值上增加/减少一个 TPC 中指示的调整步长，累积方式是 UE 缺省使用的调整方式。LTE 中累积方式的 TPC 可以有两套不同的调整步长，第一套步长为（−1，0，1，3）dB，对于 PUSCH，由 DCI format 0/3 指示；对于 PUCCH，由 DCI format 1/1A/1B/1D/2/2A/3 指示。第二套步长为（−1，1），由 DCI format 3α指示（适用于 PUCCH 和 PUSCH）。绝对值方式是指直接使用 TPC 中指示的功率调整数值，只适用于 PUSCH。此时，eNodeB 需要通过 RRC 信令显式地关闭累积方式地功率调整方式。当采用绝对值方式时，TPC 数值为（−4，−1，1，4）dB，由 DCI format 0/3 指示，其功率调整地范围可达 8db，适用于 UE 不连续的上行传输，可以使得 eNodeB 一步调整 UE 的发射功率至期望值。

3．LTE 上行小区间功率控制

LTE 系统小区间功率控制的目的是实现小区间干扰协调，即协调小区间的干扰，提高小区边缘用户的吞吐量。小区间干扰协调和功率控制的基本原理是避免相邻 eNodeB 服务的 UE 以较高的功率调度到相同的资源块，因此关键问题是对相邻小区相同资源块的使用和这

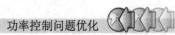

些资源块功率水平的设置，以避免过载，保证调度 UE 可接受的上行 SINR 水平。

目前上行小区间干扰协调主要有两个方法：Reactive 方法和 Proactive 方法。其中，

Reactive 方法是小区干扰水平超过一定门限时，通过向邻区发送过载指示，以通知调度器和功率控制机制采取措施；Proactive 方法是通过调度邻区不用的资源块或者对干扰不敏感的资源块，试图避免小区边缘用户之间的资源冲突。下面将对这两种方法进行介绍。

（1）基于过载指示（OI）的小区间功率控制

“Reactive 方法”是通过在 X2 接口交互过载指示信息（OI，Overload Indicator），以进行上行功率控制和干扰协调。该技术具有如下特点和要求：

① OI 携带当前小区基于每个 PRB 的干扰水平；

② 报告值的范围包含 3 种干扰水平指示：低（low）、中（medium）、高（high）；

③ 报告是基于事件触发，报告频率不高于 20ms—次（这受限于 X2 接口时延～20ms）。

OI 是一个反映过去状态的测量，基于 eNodeB 对上行一些子带的干扰测量（例如 RIP，包含热噪声），当检测到干扰水平超过一定的门限时，通过 X2 接口触发向邻区的汇报。邻小 区收到 OI 指示后，将采取一定的措施，以抑制小区间干扰，改善过载小区的性能。eNodeB 可以有下面几种方式进行功控的自适应调整：

① eNodeB 调整功控公式的参数，然后广播到 UE；

② eNodeB 调整单个 UE 的传输功率；

③ eNodeB 广播（处理的）X2 消息，然后 UE 相应地调整各自的传输功率。

（2）基于高干扰指示（HII）的小区间干扰协调

高干扰指示是“Proactive 方法”。在这个概念中，每个小区有一些分配给边缘用户的高干扰频段，小区将高干扰指示通过 X2 接口传送给邻小区，使得邻小区调度器知道哪些是干扰频段，即产生最强的干扰的用户（即小区边缘用户）将调度的频段。这是非常重要的，接收小区将不允许在这些频段调度边缘用户，倘若边缘用户的可用资源不充足时，调度器也可以结合邻小区的高干扰频段和自己小区内的用户路损信息，进行合适的调度决策，以最小化小区间干扰。假定给每个邻小区指定一个不同的频段用于小区边缘的用户，则只需要 3 个高干扰频段，如图 8-9 所示。

HII 具有如下的特点和要求：

① HII 指示服务 eNodeB 内调度给小区边缘用户的 PRB，这些 PRB 将产生高的小区间干扰，同时这些 PRB 对于小区间的干扰也是最敏感的；

② “cell-edge UE”可以通过 UE 测量的服务小区和邻小区 RSRP 确定；

③ HII 以 Bitmap 形式发送（1bit/PRB），不同邻小区可以有不同的 bitmap，目标小区可以明确自己的 HII；

④ 基于事件触发，HII 更新频率不高于 20ms 一次（这受限于 X2 接口时延～20ms）；

⑤ 服务小区和目标小区之间不需要 handshake 过程。

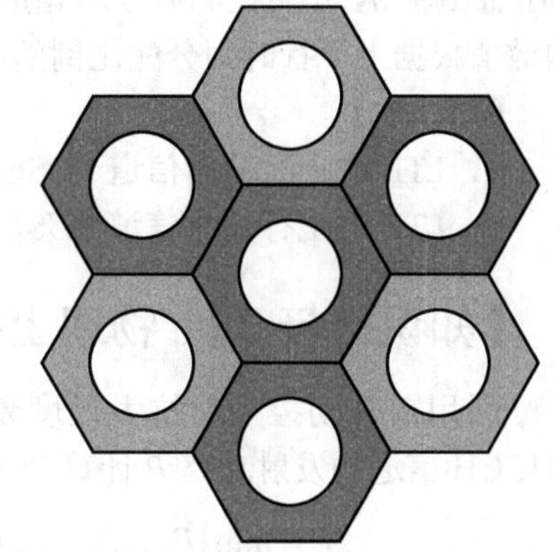
图 8-9　高干扰指示的小区间干扰协调

【想一想】

1．LTE 上行功率控制可以控制哪些物理信道和物理信号？

2．LTE 上行功率控制作用是什么？

【知识链接 2】 上行共享信道 PUSCH 的功率控制

LTE 上行功率分配的目标是在满足信号接收质量的前提下尽量降低上行信道的发射功率，来降低小区间干扰。LTE 的上行功率分配方法主要有两种：提高参考信号的发射功率（Power Boosting）；与用户调度相结合实现小区间干扰抑制的相关机制。

采用部分功控（对抗大尺度衰落）+闭环功率控制（对抗小尺度衰落）的方案，终端 PUSCH 信道的发射功率 P 计算公式（单位 dBm）：

$$P = \min\{P_{\max}, 10\log M + P_{0\_\text{PUSCH}}(j) + \alpha(j)PL + \Delta_{\text{TF}} + f(i)\}$$

- $P_{\max}$：UE 的最大发射功率；
- M：分配给该 UE 的 PUSCH 的传输带宽 RB 数量；
- $P_{0\_\text{PUSCH}}(j) = P_{0\_\text{NOMINAL\_PUSCH}}(j) + P_{0\_\text{UE\_PUSCH}}(j)$

由高层信令设置的功率基准值。反映上行接收端的噪声水平，针对小区内用户不同类型的上行传输数据包有不同的数值，例如，由 PDCCH 调度的数据包 j=0，没有 PDCCH 调度的半静态 SPS 调度的数据包 j=1，根据随机接入相应发送的数据包 j=2。

- α={0,0.4,0.5,0.6,0.7,0.8,0.9,1}：小区特定的路损（大尺度衰落）补偿系数（取决于部分功控的幅度，等于 1 即进行完全的路损补偿）。由高层信令 3bit 指示本小区所使用的数值。
- PL：UE 测量的下行路损值
- $\Delta_{TF} = 10\lg\left(\left(2^{MPR\ K_s} - 1\right)\beta_{\text{offset}}^{\text{PUSCH}}\right)$

由调制编码方式和数据类型（控制或数据信息）所确定的功率偏移量。MPR 与采用的调制编码方式相关，表示每个资源符号上传输的比特数；K_s=1.25 或 0，表示是否针对不同的调制方式进行补偿（通常为 1.25）；β 表示当 PUSCH 用于传输控制信息时可能进行的补偿。

- $f(i)$：由终端闭环功控所形成的调整值，大小根据 PDCCH format 0/3/3A 上的功控命令进行调整。物理层有两种闭环功率控制类型：累计型和绝对值型。在 FDD 下，PDCCH format 0/3/3A 功率控制命令和相应的 PUSCH 发送之间的时延是 4ms；在 TDD 下，该时延的数值根据上下行时间分配比例的不同有所不同。

【想一想】

1. LTE 的上行共享信道 PUSCH 有何作用？
2. LTE 的上行共享信道 PUSCH 功控取决于哪些因素？

【知识链接 3】 物理上行控制信道 PUCCH 的功率控制

采用部分功控（对抗大尺度衰落）+闭环功率控制（对抗小尺度衰落）的方案。终端 PUCCH 信道的发射功率 P 计算公式（单位 dBm）：

$$P = \min\{P_{\max}, P_{0\_\text{PUSCH}}(j) + PL + h(n_{\text{CQI}}, n_{\text{HARQ}}) + \Delta_{\text{F\_PUCCH}}(F) + g(i)\}$$

$P_{\max}$：UE 的最大发射功率；

PL：UE 测量的下行路损值，进行完全的路损补偿 ；

$h(n_{\text{CQI}}, n_{\text{HARQ}})$根据所承载的 CQI 和 ACK/NCK 比特的数目，所设置的 PUCCH 发送功率的偏移量；

$\Delta_{F\_PUCCH}(F)$ 表示由 PUCCH format 1/1a/1b/2/2a/2b 所设置的发送功率的偏移量；

g(i)：由终端闭环功控所形成的调整值，功率控制命令由下行调度消息 PDCCH format 1/1A/1B/1D/2/2A 或者功率控制消息 PDCCH format 3/3A 所承载。

【想一想】

1．物理上行控制信道 PUCCH 信道的有什么作用？

2．物理上行控制信道 PUCCH 的功率控制受哪些因素影响？

【知识链接 4】 SRS 的功率控制

与 PUSCH 信道功率控制相类似，采用部分功控（对抗大尺度衰落）+闭环功率控制（对抗小尺度衰落）的方案。终端 SRS 的发射功率 P 计算公式（单位 dBm）：

$$P = \min\{P_{\max}, P_{SRS\_OFFSET} + 10\log M_{SRS} + P_{0\_PUSCH}(j) + \alpha(j)PL + \Delta_{TF} + f(i)\}$$

P_{SRS_OFFSET} 表示用于 SRS 的功率偏移，由用户高层信令半静态的指示；

M_{SRS} 表示 SRS 的传输带宽 RB 数量；

其他参数与 PUSCH 信道功率控制相同。

【想一想】

1．物理上行 SRS 有什么作用？

2．物理上行 SRS 的功率控制受哪些因素影响？

任务 4　LTE 功率控制案例分析

【工作任务单】

工作任务单名称	LTE 功率控制案例分析	建议课时	2
工作任务内容： 掌握 LTE 功率控制问题产生的原因、问题分析的过程、解决方案。			
工作任务设计： 首先，单个学生通过 Internet 对 LTE 功率控制问题的类型进行分类调查； 其次，分组进行资料归纳，总结 LTE 功率控制的特点及规律，能判断简单的功控问题； 最后，教师讲解各种功控问题出现的原因、分析过程、解决方案等知识点。			
建议教学方法	教师讲解、情景模拟、分组讨论	教学地点	实训室

【案例】 LTE 发射功率不足接入失败

1．问题现象

如图 8-10 所示，在师大图书馆测试时，UE 发起随机接入时出现多次接入失败现象。

2．问题分析

分析 log 文件时发现 eNodeB 要求 UE 按照 Preamble Initial Received Target Power=

-110dBm 随机接入，此期望电平值设置较低可能会影响接入成功率。

3. 解决措施

将随机接入功率参数 Preamble Initial Received Target Power 由-110dBm 改为-104dBm。参数修改后，再未出现随机接入失败现象，问题得到解决，如图 8-11 所示。

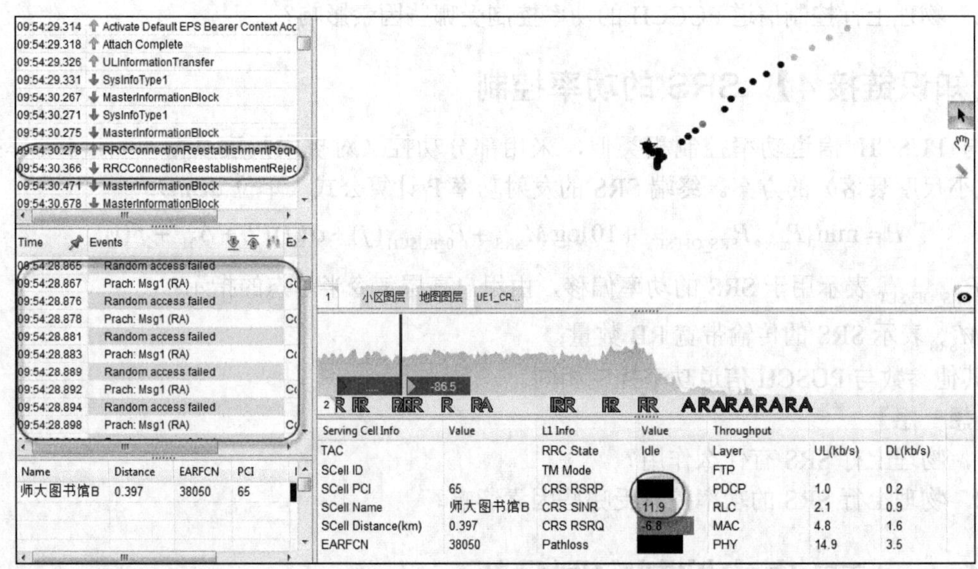

图 8-10 功率不足接入失败

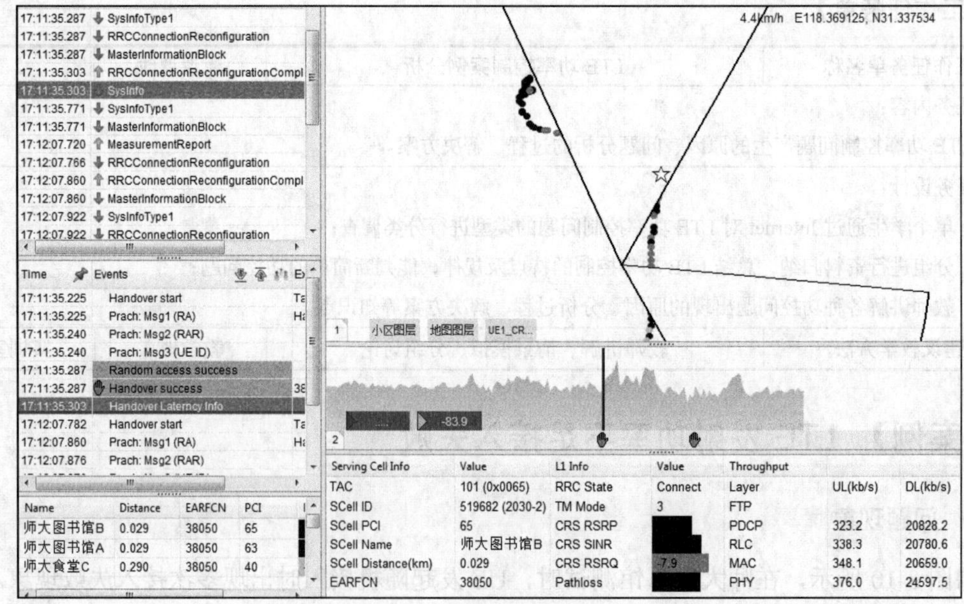

图 8-11 功率调整后接入成功

参 考 文 献

［1］Erik Dahlman,Stefan Parkvall 等．4G 移动通信技术权威指南：LTE 与 LTE-Advanced．北京：人民邮电出版社，2015.05

［2］沈嘉等．3GPP 长期演进（LTE）技术原理与系统设计．北京：人民邮电出版社，2008.09

［3］赵训威，林辉等．3GPP 长期演进（LTE）系统架构与技术规范．北京：人民邮电出版社，2009.12

［4］王映民，孙韶辉等．TD-LTE 技术原理与系统设计．北京：人民邮电出版社，2010.06

［5］林辉等．LTE-Advanced 关键技术详解．北京：人民邮电出版社，2012.03

［6］元泉．LTE 轻松进阶．北京：电子工业出版社，2012.04

［7］赵绍刚，李岳梦．LTE-Advanced 宽带移动通信系统．北京：人民邮电出版社，2012.09

［8］陈宇恒，肖竹等．LTE 协议栈与信令分析．北京：人民邮电出版社，2013.01

［9］朱雪田．TD-LTE 无线性能分析与优化．北京：电子工业出版社，2014.05

［10］郭宝，张阳等．TD-LTE 无线网络优化与应用．北京：机械工业出版社，2014.11

［11］3GPP 相关协议